城市与区域规划研究

顾朝林　主编

2018年·北京

图书在版编目（CIP）数据

城市与区域规划研究. 第10卷. 第2期：总第27期/顾朝林主编. —北京：商务印书馆，2018

ISBN 978-7-100-16118-3

Ⅰ.①城… Ⅱ.①顾… Ⅲ.①城市规划—研究—丛刊②区域规划—研究—丛刊 Ⅳ.①TU984-55②TU982-55

中国版本图书馆CIP数据核字（2018）第094324号

城市与区域规划研究

顾朝林 主编

商 务 印 书 馆 出 版

（北京王府井大街36号邮政编码100710）

商 务 印 书 馆 发 行

北京虎彩文化传播有限公司印刷

ISBN 978-7-100-16118-3

2018年6月第1版 开本787×1092 1/16

2018年6月北京第1次印刷 印张14

定价：42.00元

主编导读
Editor’s Introduction

新时代城市与区域规划改革和创新
Reform and Renovation of Urban and Regional Planning in the New Era

China has entered a new area. Faced with the uneven and insufficient regional development, we must stay true to mission, and keep on reforming and improving. In this issue, discussion is centered around the topic “Reform and Renovation of Urban and Regional Planning in the New Era.”

In this new era, China has started its new journey to build a modern socialist country in an all-round way, and endeavors to improve the quality and efficiency of development. Improving the construction level of cities and towns has become one of the key missions of China. The reports of the 19th National Congress of the Communist Party of China clearly points out that, “Development has to be scientific. The development idea of renovation, coordination, environmental protection, openness, and sharing must be insisted on. Now, the idea of urban construction is changing. More emphasis has been laid on the quality, coordination, stock, characteristic, and management of development. In the “Global Perspectives” column of this issue, the article “Eco-Industrid Parks and the Role of Incubators” by Professor Gerhard O. Braun (translated by Feng Rong and Cao Qiwen) is selected to introduce how environmental industry

中国进入新时代，面对不平衡不充分的区域发展，唯有不忘初心，不断改革进取。本期主题为“新时代城市与区域规划改革和创新”。

新时代开启全面建设社会主义现代化国家新征程，大力提升发展质量和效益，提高城镇建设水平成为中国新型城镇化的核心任务之一。十九大报告明确指出：“发展必须是科学发展，必须坚定不移贯彻创新、协调、绿色、开放、共享的发展理念。”城市建设理念发生转变，主要体现在重质量、重协调、重存量、重特色、重生态、重治理等方面。本期“国际快线”刊载格哈德·布劳恩（封蓉、曹祺文译）“生态产业园与孵化器的作用”一文，介绍生态产业园以最低生态足迹，优化生态、经济和社会各子系统内部及相互之间的关系，提高社会、经济和环境效益的新型产业园区，

parks can lower down the ecological footprint and better the relation between economic and social subsystems. This article points out that the key to building industry parks with high social, economic, and environmental benefit is to optimize the management of parks and to promote the exchange of materials, energy, and knowledge between enterprises. Incubator, as a "trust institution," can help university districts to build a network through a dynamic input-output process and help research result transfer into start-up companies.

The new contradiction in the new area is "uneven and insufficient development," especially the spatial uneven and insufficient development. It has been widely acknowledged that the spatial planning system in China has certain problems, which are resulted from some inappropriate practices after the reform and opening-up. It is hard to illustrate these problems one by one, because the current types of organization of China's provinces, cities, towns, and villages vary a lot and the distribution of power is complex. Different regions have different problems to solve. However, in 2014 and 2017, the Chinese central government has prompted two rounds of centralized pilot programs in "multiple plans integration" and spatial planning reform at two different levels. A series of feasible paths and models with various features has been summarized. In March 2018, during the 13th National People's Congress of the PRC, a new round of political system reform was proposed, and the Ministry of Natural Resources (MNR) was established to build and supervise a national spatial planning system, which is an effective governmental platform to solve various types of problems of spatial planning system. Nevertheless, we cannot perceive that all the problems of previous spatial planning can be instantly solved after the establishment of MNR. Nowadays, the spatial development and planning deeply intertwines with the distribution of power of government. If we ignore the central and

重点在于优化园区管理功能，促进企业间的材料流、能量流或知识流的交换、协作和共生；孵化器作为“信托机构”，使大学和地区在一个动态的投入—产出互动过程中建立起网络关系，促进研究成果向初创企业转移，从而促进生态产业园的发展。

新时代面临新矛盾，关键在于解决“不平衡不充分的发展”，尤为重要的是解决空间的不平衡不充分发展。中国空间规划体系存在问题已经成为共识，也是中国“改革开放”进入“深水区”不可逾越的改革领域。这些困难和问题很难一一说清楚，因为中国现行的省级行政区、城市和县乡镇管理类型多样，事权分配也不尽一致，不同省市的问题不完全一样。在中央政府的推动下，2014 年和 2017 年先后开展了两轮次、两层级“多规合一”和空间规划改革试点工作，并已总结出一系列各具特色、可供选择的路径和模式。2018 年 3 月，十三届全国人大会议推出了新一轮行政机构改革，组建自然资源部，负责建立并监督实施国家统一的空间规划体系，这为有效解决空间规划体系问题提供了有力的政府框架平台。然而，也不能说，建立了统一的空间规划管理部门，原来的空间规划问题就会迎刃而解。当下空间发展和规划已经涉及政府治理模式选择中分权和放权问题，如果回避中央和地方财政分配、基于财政分配的事权划分、空间事权中发

local finance allocation, the power distribution based on finance allocation, the development and protection of spatial power, and the self-management of finance of local governments, we would never find a solid answer to the problems we have now. Although the issues of spatial development and planning are indeed complex, for China, which is going through drastic reform and development, "to solve problems by the thinking of spatial planning" could be the optimal choice. In this issue, "Reconsideration on 'Multiple Plans Integration' and Spatial Planning with the Practice in Zhejiang" by Pang Haifeng and Jiang Hua is selected. This article refers to the practices of "multiple plans integration" and some pilots projects in Zhejiang Province, and introduces the evolving "1+X→1→Y" spatial planning system in Zhejiang provincial level and city level, which offers us an inspirational example for the next round of spatial planning reform.

In 2017, Changchun city undertake three pilots project related to spatial planning, urban design, and comprehensive planning. "The Exploration of Reform Direction on the Urban Master Planning in the New Period: Based on the Exploration of Changchun Pilot Project" by Yang Shaoqing et al. refers to the experience of Changchun pilot project, in which a "management-feedback-discipline-assessment-multiple plan integration platform" urban and rural planning system was established. The pilot project is led by comprehensive planning, supported by specific sub-planning, implemented with a spatial division platform, elaborated by detailed planning and urban design. Different sectors have free information flow and can cover both urban and rural areas. "The system is carried out from goals to indicators and then to coordinates. Planning goals are divided into different sectors and different sectors can give each other feedbacks in time." In the project, the new idea of "one evaluation report, one planning, one blueprint, one indicator system, one division

展与保护、地方政府治理和财政自治等问题谈"完善空间规划体系"，可以说"没有对症下药"。尽管空间发展和规划问题错综复杂，解决起来存在相当难度，对改革和增长中的中国来说，"通过空间发展，解决空间发展中的问题"可能是最好的选择。本期"空间规划争鸣"刊载庞海峰、姜华"'多规合一'再思考与浙江空间规划实践"一文，结合浙江"多规合一"实践经验以及最新省级空间规划试点工作，介绍了形成中的浙江省级和县市级两个层面"1+X→1→Y"空间规划层次体系，无疑为下一阶段的空间规划改革给出一个可供参考和借鉴的样本。

2017 年，长春市同时承担了空间规划、城市设计和总体规划的三个国家试点，杨少清等撰写的"新时期城市总体规划编制改革方向探究"，基于长春总规试点工作实践经验，构建了"以编管体系为核心，以实施体系为反馈，以法规标准、考核评估体系为保障，以'多规合一'信息平台为支撑"的城乡空间规划体系，"以总体规划为统领、专项规划为支撑、分区规划（县市）为平台、实施性详细规划为依据、城市设计贯穿各层级"的逐级传导、条块结合、城乡覆盖的编管体系，"从目标到指标再到坐标的传导体系，从目标体系分解到部门事权相衔接的动态反馈机制"，通过一个评估报告、一本规划、一张蓝图、

instruction, one action plan" was insisted. Shenyang is another pilot city of comprehensive planning under the new era. "Shenyang Master Plan Based on the 'Multi-Plan Coordination' Reform: Preparation Pilot and Innovation Practice" by Yan Wenfu et al. introduces the experience of Shenyang pilot project. The project sticks to a goal-oriented and problem-oriented approach and is led by the strategic plan, in order to strengthening the public policy attributes of master plan. It continues and deepens the work pattern of strategic plan and "multi-plan coordination," constructs the planning outcome system of "1+4+6+22," and practices the conceptual innovation from spatial planning to public policy, the mode innovation from department planning to action program, and the implement innovation from graphic planning to urban governance. Moreover, Wang Yuhu et al. share their research on planning control of whole-area in the comprehensive planning reform. They acclaim that the delimitation and management of "three zones and three boundaries" is a core element, and explore deeper into three aspects: "zone dividing" and "boundary dividing" modes, dynamic implementation of control management, and grading strategies and combination of inflexibility and flexibility.

Currently, China's cities are pacing into an era of land-use stocks. However, there still exist inefficient and wasteful land-use scenarios. In the article "Study on the Reform of Term for State-Owned Land Use Oriented by the Optimization of Urban Spatial Structure" by Zhou Songbai et al., researchers review the laws related to term for state-owned land use since the reform and opening-up and some practices of the reform in a few cities, and point out some problems yielded by the present long-term term for state-owned land use (e.g., low return of urban land, difficulty in implementing the optimization of urban spatial structure), and puts forward some suggestions of

一套指标体系、一套分区指引、一套行动计划探索新时代城市总体规划编制和实施的改革。沈阳也是新时代城市总体规划编制试点城市，严文复等撰写的"基于'多规合一'改革的沈阳总体规划编制试点创新实践"，从目标导向和问题导向出发，以战略规划为统领，强化总规的公共政策属性，构建了"1+4+6+22"的规划成果体系，实现从"空间规划"转向"公共政策"的理念创新、从"部门规划"到"行动纲领"的模式创新、从"图文规划"到"城市治理"的城市总体规划编制改革和创新。王玉虎等以"三区三线"划定及管控为核心，探讨城市总体规划改革中的全域空间管控问题，尤其从"分区"和"划线"模式、管控手段的动态实施、分层分级和刚弹结合等方面进行了梳理与总结。

当前，中国城市逐渐进入土地利用的存量时代，但城市土地粗放低效利用和闲置浪费等现象依然存在。周松柏等撰写的"优化城市空间结构导向的国有土地使用权转让年限制度改革探讨"，通过对改革开放以来城镇国有土地使用权年限制度变迁的回顾，结合近年来地方城镇国有土地年限制度改革实践和相关典型案例的分析，针对现行长年限制度造成城市内部土地收益不高、城市空间结构优化的规划方案难以实施问题，提出了改革国有土地使用权年限制度问题。

城市总体规划的战略引领如何通

improving the state-owned land usufruct system, which is oriented by the optimization of urban spatial structure into the future approval of land renewal.

How to show the strategic guidance of comprehensive planning through urban development goals? Zhai Wei illustrates the example of Changchun. By analyzing industry space, cultural space, and green space, he explores the comprehensive planning and spatial strategic planning of Changchun from four aspects: automobile manufacture, characteristic culture and film culture, traffic joint, and high-tech agriculture.

For the past 100 years, northeastern China has been the fastest developing region in China. If we went back for 30 to 50 years, the southeastern China cities like Guangzhou and Shenzhen would have been in the similar situation as the current northeastern China. 50 to 60 years ago, the rapid development of northeastern China benefited a lot from the cooperation between foreign investment, technology, well-educated labor forces, and local land, resources, and market. Now everyone is discussing the failure on northeastern China, which reveals the lack of core competence in this area. When the economy of a region climbs to a certain height, if the region lacks of sustainable core competence, decrease of production quality, failure of market, and decline of market occupancy will naturally follow, and the indecisive reform and opening-up, which in current context mainly lies on the lack of innovation and entrepreneurship, is the trigger of failure of this kind. If we realize the key of this problem, we could go further to conquer it. It is important for urban planners to look on the compilation of urban comprehensive planning of Shenyang and Changchun and understand their status and function in the northeastern Asian city system. The article “Implementation Path Selection of Central City of Northeast Asia for Changchun” by Zhai Wei and Gu Chaolin concludes the scientific meaning of “central city” and

过城市发展和建设目标实现？翟炜以长春为例，在汽车制造、特色文化与影视文化、交通枢纽、现代高新技术农业四个方面，从产业空间、文化空间和绿色空间入手，对长春城市总体规划的空间战略布局进行了探索。

从最近一百年看，东北地区是经济发展和增长最快的区域，尤其将时间向前推 30～50 年，东北地区就是现在的东南沿海地区，沈阳和长春就是现在的广州和深圳。东北前 50～60 年的快速发展，得益于外部资本、技术、高素质劳动力输入和本地土地、资源及市场的配合。大家都在讨论“东北现象”，可以说区域增长的核心竞争力出了问题。当区域经济发展到一定时期，可持续的核心竞争力不足，导致产品质量、产业体系和市场占有率下降，最终导致原有快速增长的地区出现衰退。这个问题的出现和蔓延是“改革”不力及“开放”不足所致，本质是“科技创新和创业”不足。认识到这一点可以进一步破解这个难题。结合沈阳和长春城市总体规划编制，深入研究“在东北亚城市体系中地位和作用”非常重要。翟炜、顾朝林的“东北亚国际中心城市建设指标体系选择”一文，从世界城市、全球城市、全球城市网、国家中心城市多个层级入手，综述不同层级中心城市的科学内涵、指标体系内容与选取原则，旨在为长春和沈阳城市总体规划目标——建设东北亚国际中心城市提

extracts the indicator systems from the aspect of world city, global city, global city network, and national center city. It aims at offering a framework for Changchun and Shenyang to develop as the international central city of northeast Asia. The article "Research on the Evaluation of Shenyang's Central City Position in Liaoning Province" by Li Le is based on the multi-source data collected by the method of web data mining, and systematically evaluates the centrality index of 31 cities' in Liaoning province, combining qualitative and quantitative analysis methods. It finds that Shenyang is a national central city with the central city index obviously higher than its equivalents. "The Indicator System of Shenyang for Developing as the International Center of Northeast Asia" proposed by the School of Architecture, Tsinghua University and Shenyang Urban Planning & Design Institute reviews the requirements to build Shenyang as an international center of northeast Asia, follows the idea of "depend on central Liaoning urban agglomeration, lead northeast Asia, and serve the world," and proposes to develop Shenyang into "one of the three most influential cities in northeast Asia, an economic central city with a proper scale, a production base of high-tech equipment, a city oriented by the renovation of science and education, and a charming city with harmonious living, working, and natural environment." It proposes an indicator system with 5 city images, 18 targets, and 47 indicators to evaluate this process. Similarly, the article "Research on the Northeast Asian Central City Indicator System and Current Status of Changchun" by the School of Architecture, Tsinghua University and Changchun Institute of Urban Planning & Design constructs a spatial development and construction indicator system. It explores deeply into the city's current situation aims at finding a nice way to better city's planning strategies.

Rural revitalization is a key topic under the new era. The key content of rural planning nowadays would be "improve

供研究框架。李玏的"沈阳在辽宁省的中心城市地位"一文，利用网络数据挖掘方法采集多源数据，采取定性与定量分析相结合的方法，对辽宁省31个城市进行了中心性指数评价，发现沈阳在辽宁省的中心城市指数显著高于其他城市，中心城市的地位显著。清华大学建筑学院、沈阳市规划设计研究院合作进行的"沈阳建设东北亚国际化中心城市指标体系"，配合沈阳建设东北亚国际化中心城市要求，按照"依托辽中城市群、引领东北亚、服务全世界"的思路，提出把沈阳打造成"东北亚三大影响力城市、一定规模的经济中心城市、先进装备智能制造基地、科教创新引领发展城市、宜居宜业绿色魅力之都"的目标定位，提出由东北亚三大影响力城市、一定规模的经济中心城市、先进装备智能制造基地、科教创新引领发展城市、宜居宜业绿色魅力之都 5 个方向、18个目标、47 个指标构成的沈阳东北亚国际化中心城市发展和建设指标体系。与此类似，清华大学建筑学院、长春市城乡规划设计研究院合作进行的"长春建设东北亚区域性中心城市指标体系研究及其现状水平分析"，以东北亚地区的经济繁荣之城、枢纽网络中心、文化创新之都、国际开放高地、宜居幸福家园为建设目标，构建了长春东北亚区域性中心城市发展和建设指标体系，并就城市现状与指标值进行了深入分析，为城市规划空

industry, protect nature, moralize behaviors, enhance management, and increase income." The article "Guidelines for Town and Village System Planning of County (Draft)" by Shao Lei et al. is selected here. Based on the strategy of basically achieving socialistic modernization and revitalizing rural areas, this article proposes to draw the town boundaries, agriculture boundaries, nature boundaries, environment control lines, boundaries for permanent modern rural areas, and boundaries for town development after figuring out the spatial functional planning and land conditions. All the boundaries would become the foundation for the identification of future development intensity and construction boundaries. It also points out that rural planning should put emphasis on improving the quality of development, social harmony, the beauty of rural construction, the level of infrastructure, public facilities, and natural environment.

In the column "Exploration of Equal Planning," the article "Spatial Differentiation and Variation of Social Stratification in Chinese Cities: From the Perspective of Occupational Status" by Yu Taofang is selected. This research has several conclusions. Firstly, the social stratification of China's urban area has obvious spatial and regional characteristics, and corresponds with cities' economic scale, politic status, and functional specialization. Secondly, the stratification of megacity districts as well as non-megacity districts is getting more obvious. Thirdly, megacity regions of different locations, different development phases, and different functions vary to a large extent. These conclusions can help us solve the main contradiction of uneven and insufficient development.

In the column "Planning Research Methods'" the article "Space Syntax Analysis and Heat Map Verification of Guangzhou Spatial Structure Based on Residents' Trip" by Jin Letian and Liu Xuan is selected. The research finds out that:

间配置寻找发力点。

乡村全面振兴是新时代的发展大题目、改革新文章。产业兴旺、生态宜居、乡风文明、治理有效、生活富裕将是乡村规划的核心内容。本期刊出邵磊等编撰的“县域镇村体系规划编制技术导则（草案）”，以基本实现社会主义现代化为总目标落实乡村振兴战略和新型城镇化战略，提出按照主体功能区规划，在全面摸清并分析县域国土空间本底条件的基础上，划定城镇、农业、生态空间，以及基本生态控制线、永久现代农村边界线、城镇开发边界线，作为县域空间开发强度管控和主要控制线落地依据，注重从县域经济高质量增长、社会发展和谐幸福、乡村建设美丽现代、基础设施适度超前、社会设施便民便利、生态环境自然优美等方面规划。

“平等规划探索”刊出于涛方“中国城市社会阶层空间分异及变化:基于职业地位视角”研究成果。该文发现:中国城市地区的社会阶层分化具有显著的空间地域性特征，并且与城市经济规模和政治等级性、功能专门化等有一定的关联；巨型城市区和非巨型城市区的阶层分化日益拉大；巨型城市区之间在不同地带、不同发展阶段、不同功能驱动类型等方面也存在显著的差异性。这些研究结论对深刻认识中国新时代人民日益增长的美好生活需要和不平衡不充分的发展之间的社会主要矛盾，无疑是有所裨益的。

Firstly, the downtown area of Guangzhou has a central radial structure with low intelligibility, and it strengthen residents' dependence on short-distance walking. Secondly, there are obvious local integrator in each district with high better intelligibility, which is friendly to residents. Thirdly, residents' trip data based on heat maps and integration are highly correlated, and it shows a high correlation between workday's data and local integration, and weekends' data and global integration.

President Xi recently points out that, "Making a blueprint into the reality is a Long March. Although we have a long way to go, times waits for nobody, and we cannot be too careful." Under this new era, the reform and innovation of urban and spatial planning is the "storm troops" of the Long March, which needs to go ahead and set a good example. The *Journal of Urban and Regional Planning*, as an academic exchange platform, will continue to put forward more latest academic results in the next issue.

本期"规划研究方法"刊出金乐天、刘宣撰写的"基于居民出行的广州市空间形态句法分析及热力图验证"，文章通过句法分析手段对广州市中心城区的空间形态特征作定量分析，研究发现：广州市中心城区空间形态呈中心放射状结构，各区范围内均存在明显独立局部集成核，基于热力图的居民日常出行数据和整合度相关性较高，显示出广州环城高速范围内职住匹配良好。

习近平总书记最近指出："把蓝图变为现实，是一场新的长征。路虽然还很长，但时间不等人，容不得有半点懈怠。"新时代城市与区域规划改革和创新，是新长征的突击队，开路的急先锋，需要快马加鞭，勇往直前，《城市与区域规划研究》作为学术交流平台，下期将继续分享相关的最新研究成果。

城市与区域规划研究

目　次 [第 10 卷 第 2 期 （总第 27 期）2018]

Journal of Urban and Regional Planning

CONTENTS [Vol.10, No.2, Series No.27, 2018]

生态产业园与孵化器的作用[1]

格哈德·布劳恩
封 蓉 曹祺文 译

Eco-Industrial Parks and the Role of Incubators

Gerhard O. BRAUN
(Institut für Geographische Wissenschaften, Freie Universität Berlin, Berlin 14195, Germany)
Translated by FENG Rong, CAO Qiwen
(School of Architecture, Tsinghua University, Beijing 100084, China)

Abstract This paper analyzes the global development of the eco-industrial parks (EIPs), revealing the gap between the reality and the ideal. It then discusses the goals and tasks of EIPs, the transformation from classical parks to the EIPs, and the thresholds of growth and development in EIPs to show the requirements and potential to achieve sustainability goals. Based on these, the paper focuses on the role of the incubator as a "player in trust" to enable the university and region to network by improving the readiness and ability of universities to re-think and conceptualize their tasks and the regions' potentials.The incubator also practically facilitates the transfer of patents into start-ups. Thus, the application of the incubator model conduces to the development of EIPs. In addition, the example of Adlershof is introduced to show how the combination of the incubator and the EIPs can initiate endogenous economic development and the restructuring of the entire urban space.

Keywords eco-industrial parks; incubator; sustainability; network; Science and Technology Park Adlershof (Berlin)

作者简介
格哈德·布劳恩，柏林自由大学城市研究所。
封蓉、曹祺文，清华大学建筑学院。

摘 要 文章从生态产业园的全球发展现状切入，揭示生态产业园发展现状与理想目标的差距；而后从生态产业园的目标与任务、传统产业园向生态产业园转型、生态产业园发展门槛三个方面，对生态产业园实现可持续目标的要求和潜力进行讨论；在此基础上，梳理孵化器的作用，认为孵化器可作为“信托机构”使大学和地区在一个动态的投入产出互动过程中建立起网络关系，提高大学对地区发展的社会责任，并促进研究成果向初创企业转移，从而助益生态产业园的发展；最后，以柏林阿德勒斯霍夫产业园为例，介绍孵化器在生态产业园中的应用是如何促进地区经济发展、推动城市结构变化的。

关键词 生态产业园；孵化器；可持续；网络；阿德勒斯霍夫高科技产业园

有关生态产业园（EIPs）的最新国际研究表明，大多数生态产业园仍处于非常早期的发展阶段，因为产业生态学的关键特征，如企业间网络及其在原材料和知识交换上的合作以及能源梯级利用等，或仍缺失，或尚处于早期规划阶段（Bai et al.，2014）。

生态产业园的定义和目标看似清晰，但实际发展中仍存在巨大的不足。尽管如此，自 20 年前引进以来，其毋庸置疑的优势仍使其广泛分布于世界各地。这种经济组织形式不仅减轻了规模经济的作用，而且指明范围经济是一种系统集成型经济，有利于向更可持续的现实发展转型。

1 生态产业园及其发展

1.1 全球发展现状

从全球来看，生态产业园集中分布在北美、东南亚和欧洲三个地区（Massard et al.，2014），并且在世界其他地区也如雨后春笋般兴起，尽管它们的发展条件和目标各不相同——有些是内生驱动的，有些是外生驱动的。其中仅有少数生态产业园实现了经济系统的整合，如一些主要从事自然资源加工的园区，但它们的效益仍主要来自于规模经济，对可持续性的贡献基本局限于环境和经济层面。就高技术园区的经济层面而言，系统间的协同作用虽然难以察觉，但无疑是存在的。产品和生产周期日益缩短的现实，也迫使大公司在其传统的生产和开发框架内寻求可整合的子系统，与其他有相同或类似重组需求的企业实现协同。这并不意味着企业间能避免竞争或者可以从系统中随意退出。这种情况下，成功合作的关键因素是信任。只有基于信任，面向系统整合的管理重组才能使企业在专注于既有核心竞争力的同时，寻求新的竞争力。

由此可见，即使只实现部分协同，系统集成的概念也要求企业在处理自然资源加工、资源生产和服务方面做出改变，更为重要的是，要在处理多边组织和人力资源的过程中做出思维上的转变。

1.2 目标与任务

总的来说，生态产业园描述了一种实现可持续发展及其他诸多益处的理想情况（Caroli et al.，2015；Mouzakitis et al.，2003）。其目标是以最低的生态足迹，优化生态、经济和社会各子系统内部及相互之间的关系，从而提高整个园区的效益。子系统的整合有助于形成集聚和专业化分工，不仅能降低生产和运营成本，还能改善企业绩效平衡，更好、更及时地提高流程适应能力与创新能力，促进分工，扩大就业，形成更具成本优势的集群，最终强化企业的社会责任。如此一来，便接近了 Krugman 国际贸易理论中的循环积累过程，形成基于软区位因素的集聚和溢出效应。

生态产业园的主要任务是优化管理功能，以允许和促进企业间的交换、协作与副产品（如材料流、能量流或知识流等）共生。园区内的企业常常遇到一些共性的问题，如组织、获取和营销联合项目，提供、调节和优化各类基础设施、未来设计、形象推广、现场管理，完善集群和促进园区内外企业之间的竞争。生态产业园管委会就是致力于构建企业之间的网络，以便更高效地解决上述问题。

1.3 传统产业园向生态产业园的转型

传统产业园和生态产业园的本质区别是什么？为何后者在可持续发展方面更为成功（Greenberg and Rogerson，2014；Côtéa and Cohen-Rosenthal，1998）？

传统产业园中各企业在市场需求和规模优势作用下独立发展演化，而生态产业园的设计中充分考虑企业的共同利益，被设计为一种嵌入式系统，园区的企业间通常拥有相同或互补的产品、技术、研究方法、基础设施或服务，从而产生互动、交换和流动等过程。相较之下，生态产业园的设施设计基于协同企业间的资源再利用、再回收、再循环、混合利用和多用途使用，其系统整合型经济理念建立在企业网络以及生态产业园与外部市场互动的基础上，属于一种较为开放的系统。系统中设有灵活的管理和控制制度，以确保园区进一步发展的质量。园区内通用的管理系统会通知、建议和启动项目，以构建企业之间投入—产出的关联关系。园区管理手段包括为成员企业提供营销和持续的培训项目，以优化园区的发展模式。

图 1 描述了从传统产业园向生态产业园的转型，前者以各企业的大规模内部化生产为特征，后者则以共生企业组成的系统集成型经济为指导原则和发展基础。Mouzakitis 等（2003）认为，转型过程意味着三个方面的基本变化。①对于各个企业：更加强调去物质化、生态效率和生态效益。②对于整个园区：园区集体管理将取代企业自主管理，企业间合作交流与相互竞争共存的平衡网络将取代产品主导的企业间关系。③对于园区条件：协作企业形成的开放系统将取代原来各企业独立的业务系统，新的开放系统由所有成员企业公认的决策和管理机构进行设计。

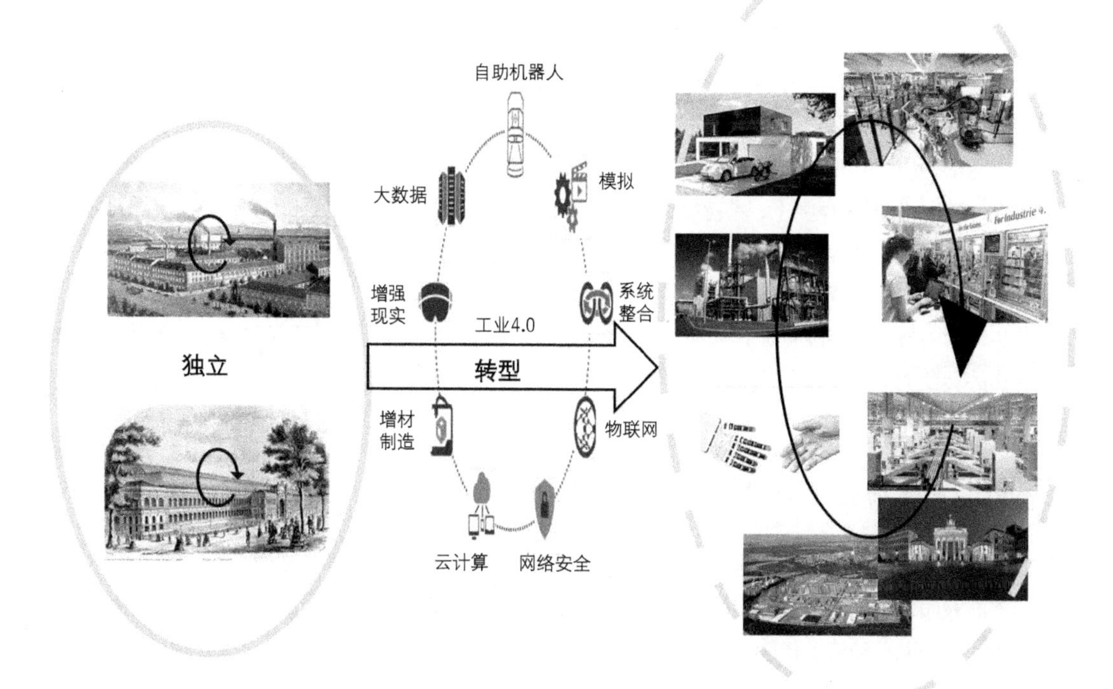

图 1　传统产业园向生态产业园的转型

资料来源：改绘自格哈德于 2017 年在维也纳研讨会上的讲稿。

具体而言，转型过程是由企业独立经营向代表个体企业的集体决策模式的转变。这样一来，整个园区将对不断变化的市场形势做出更为迅速的反应，同时节约各种成本，实现可持续发展的目标。由于整个园区采取协调一致的行动，受益于园区规模、组织架构和企业互信等条件，将会在全球范围内具备极强灵活性的竞争力。

相比于传统产业园，生态产业园的效益体现在以下三个层面。①经济效益：生态产业园运营中的生产成本降低，总体能耗减少，废物管理效率提高，并且在研发、基础设施和服务方面实现了企业间的合作共享、成本共担。②环境效益：生态产业园对自然资源的需求减少，废弃物得以回收利用，且减少了不必要的交通需求。③社会效益：生态产业园中经济差异化更为明显，从而创造出更多的技术性岗位，提高了住房和生活水平，并提供了更具适应性的基础设施和服务。

1.4 增长和发展门槛

无论是单个企业还是集成系统中的企业，增长都不是一个持续的过程，而是通过竞争优势在周期性阶段中发生的。根据定义，生态产业园是高等经济体系中的综合系统。只有当系统中各企业始终保持着相互依存的平衡状态，在不损失竞争优势的情况下共同达到增长和发展的极限，才能实现效率和效益双赢。企业及其所在的企业系统，在发展过程中将经历若干个层级的发展门槛，直到被新的产品和生产周期取代。打破系统内部或系统间的平衡，将导致生态产业园可持续性目标的损失；若嵌入式子系统的发展质量无法保证，系统集成型经济将会消溃。

可以从部门经济的视角识别由自然资源加工为主的园区向高新科技园的转变。丹麦卡伦堡工业园区的案例[②]表明，在很大程度上，可持续性目标可以通过共生企业间的要素（如水、能源、热能、废弃物、蒸汽、污泥、灰烬等）流动来实现，“不同行业的合作，使得每个行业的存在都增加了其他行业的活力，也使得社会对资源节约和环境保护的要求得以实现”（Chertow，2007）。就科研园区而言，这些共生性收益最初可能没有那么明确，但整体效益尤其是社会和经济效益至关重要，它们使园区向全球合作的转变成为可能。

2 孵化器及其在生态产业园中的作用

2.1 作为“信托机构”促成网络关系

生态产业园是上述转型过程中的一个基本要素，它取代了区位在经济发展中的关键地位，使知识和培训成为当今网络经济时代区位理论的核心。简单来讲，“网络空间转型第一定律”就是资金与知识之间的相互转化（图 2）。

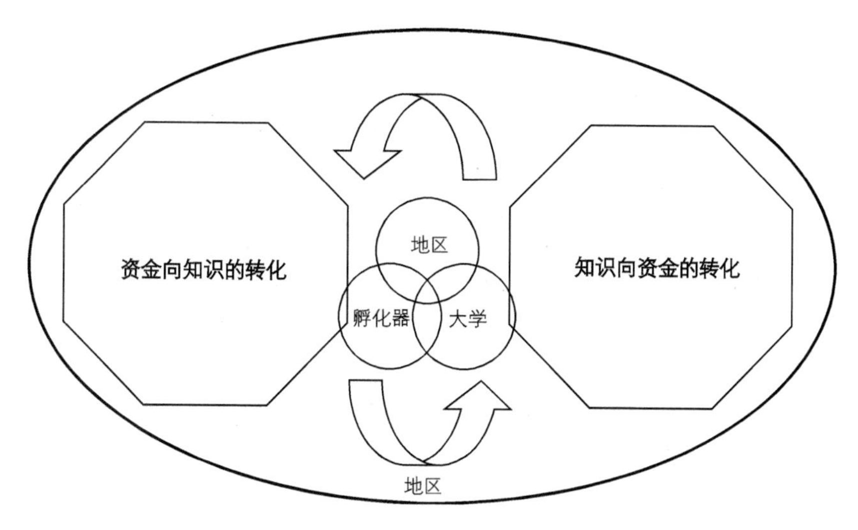

图 2　网络空间转型第一定律

资料来源：同图 1。

在启动投资与知识生产的互动循环时，大学发挥着决定性作用；而资金投入并不扮演唯一的中心性角色，地方政策和地区声誉也很重要。基于研究的知识对持续的高质量增长和发展必不可少，且其在经济中的作用远不止这些，它还是一种催化器和推动器，通过改变生产方式和提高生产效率，为复杂的可持续重组提供基础。为了促进这一循环，大学和地区在重组内部结构、制定目标的过程中，还需要某种“信托机构”作为第三方参与进来。

孵化器就发挥着这种“信托机构”的作用，使大学和地区能够在一个动态的“投入—产出”互动过程中建立起网络关系，创造出极具经济吸引力的区域环境（图 3）。这个网络不仅包括创业活动或专利技术等决定性要素，还要求大学有志趣与能力去重新思考和概念化大学的任务以及地区发展的潜力。然而，将研究成果应用于实践尚未成为大学的重要任务，许多教授和学生对于研究成果与未来市场的相关性完全没有兴趣，或者从未受过此类培训。因此，大学课程必须做出改变，不仅要明白研究的意义，还要探寻将研究转化为市场应用的途径。退休教授、老年政治家、经理人和成功建立子公司的创始人等是孵化器的受托人，他们需要大学开设适用的教程，需要风投申请者有与市场相关的想法。随着时间的推移，地区、大学和孵化器三者之间的成功互动建立起不断增长的网络，并将促进学习型区域的发展。

孵化器成员均无条件地贡献自己的知识和专业资源，他们的任务是检验风投申请人想法的市场可行性，并寻找潜在投资人来实现这些想法。信任是这两种互动的基石，孵化器既不能使申请人的想法被滥用，也不能让投资人的资本没有回报。因此，孵化器成员既不能拥有自己的市场利益，也不能获取投资的收益。孵化器的另一项任务是对风投申请进行整合，形成一套完整的商业计划（包括研究、

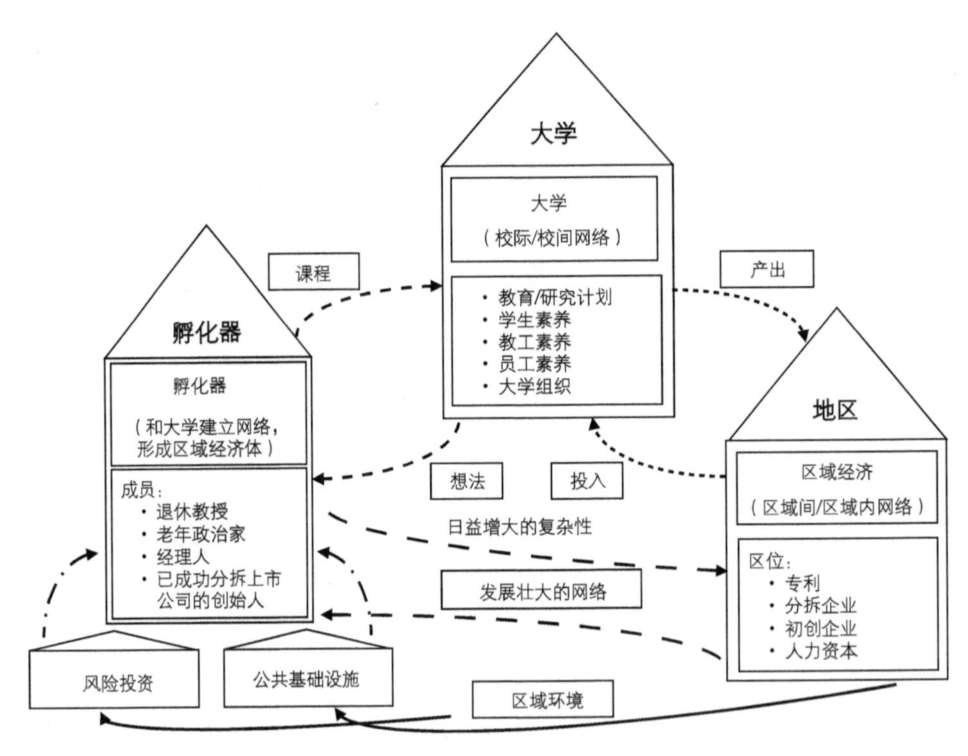

图 3 系统集成型经济体及区域孵化器

资料来源：同图 1。

产品、生产、营销、物流、会计等），并对初创企业进行持续的经济调整，使其未来的决策机制更为健全。因此，具有丰富经验的成功创业者最好也参与到这个基于互信的创业辅导型孵化器中。

2.2 促进发明专利向初创企业转移

然而，除了信任，生态产业园的实践中还存在诸多障碍。例如：①尽管教育投资的产出可以作为未来发展的投入，但是在此之前需要投入大量的资金、想法、讨论、评估和行动；②由于人才的外流，教育投入的产出未必会贡献于当地的发展；③教育投资伴随着不确定性，因此许多公司不直接对员工培训进行投资，而是将培训外包，并以更高的薪水聘请经过良好培训的员工，以高薪补偿培训的投资。在生态产业园这样的集成系统中，解决“教育投入—产出”失衡的问题是园区管理任务的一部分。

麦肯锡咨询公司近期的一项研究（Heuer，2003）表明，在学术知识向初创企业转移的过程中，“学习型区域”这一概念里的许多因素存在决定性的错误、误解或短缺。图 4 圆圈里是学习型区域中的基本要素，如基础研究、大学、科学、产业、金融、转移事务所和初创企业等。其中，研究、补贴、风险投资、教授、转移事务所和初创企业等要素（图4中以实线无底纹方框表示）组成了一个核心循环。这一循环得以运作的条件包括早期风险投资、终身教职、（研究成果）公开、概念验证、许可证、专利以及诸如《拜杜法案》[3]的政府干预措施等（图4中以灰色方框表示）。

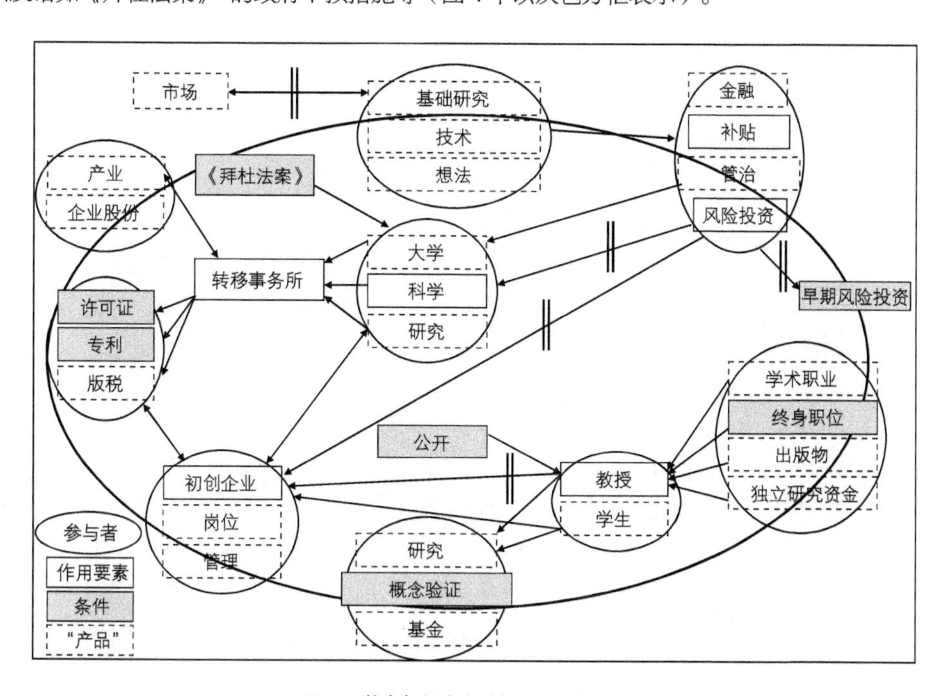

图4　学术知识向初创企业的转移过程

注："‖"表示在关键要素之间缺乏联系；虚线框内是组成核心循环的要素，实线框内是该循环得以运作的条件。

资料来源：改绘自 Heuer（2003）。

然而，现实中许多关键要素之间的联系要么不存在，要么在实际操作中受到限制。比如，市场和基础研究之间几乎没有关联，研究工作和初创企业在早期发展阶段难以获得风投。又如，教授对发明研究本身很着迷，但是对于将成果引入市场却兴趣寥寥；即使有大量的发明做到了成果公开，可以流入初创企业中的发明仍是少数。这种情况可能是因为区域经济和创业环境不佳，也可能是因为大学对当前任务理解不足，还可能是因为转移事务所的关注点出现偏差——不同于非营利性的孵化器，转移事务所更关注通过销售许可证实现收入最大化，而不是通过业务运作将专利转移至初创企业。相较之下，孵化器更能促进生态产业园中的发明成果向初创企业转移，应用到市场产品中。

综上所述，孵化器模式与生态产业园的结合，可能对所有未能在全球范围内发挥重要作用的城市有一定的启发。在孵化器模式中，我们可以看到从"市场主导型"与"政府调节型"非此即彼的两极观念向一种相互协作、网络化的内生经济发展模式的转变。

3 案例：阿德勒斯霍夫产业园

在东、西德合并之后的去工业化时代，孵化器模式传到了柏林，阿德勒斯霍夫产业园就是一个典型案例。这一高科技生态产业园正以协作网络化的形式，带动柏林内生型经济的发展（图5）。

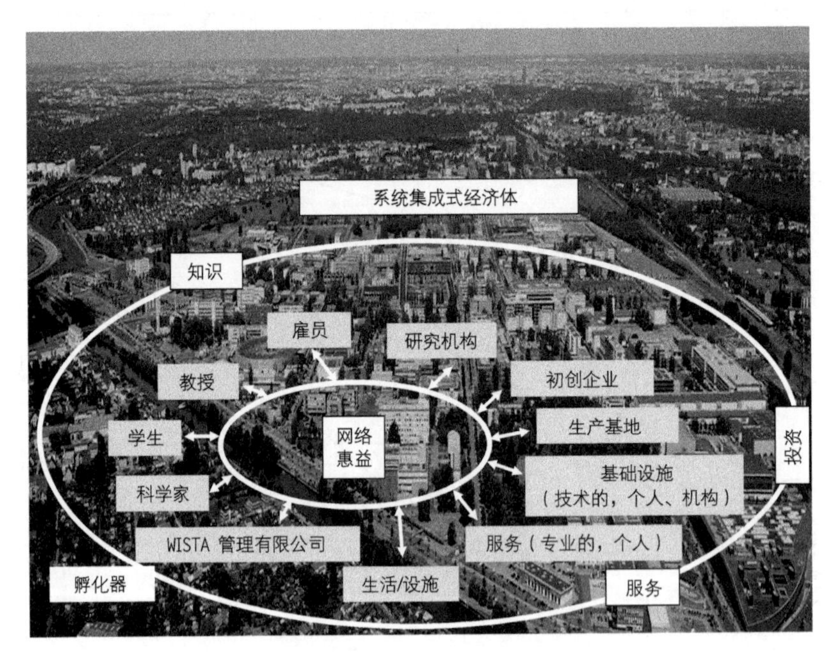

图5 阿德勒斯霍夫高科技产业园（柏林）概况

资料来源：同图1。

阿德勒斯霍夫产业园占地约4.2平方千米，其核心架构是孵化器模式——由WISTA管理委员会和16家紧密联系的科研机构作为创新池；在与这些机构的合作中，约1 000家企业、17 000名雇员形成网络化的联系，他们的业务集中在光子、光伏、微系统和材料研究、信息技术和媒体以及生物技术等领域；WISTA提供如金融/投资计划、项目匹配、业务培训和网络化、公共试点项目的规划与建设、个人和专业服务、基础设施以及房地产和设施供给等（WISTA，2017）各种业务支持（图6）。

这些研究机构和企业以多种方式在阿德勒斯霍夫产业园中建立起联系网络。教授、科学家和学生在WISTA管委会的支持下建立初创企业或受雇于这些初创企业及其子公司；企业经理和IT专家、研究专家在大学教授相关课程，并作为研究机构的合作伙伴与其联合开展项目。这样，研究成果就可以直接应用到市场的试验产品或者最终产品中。产业园中所有的共生系统均受益于基础设施资源、园区服务共享、大学及其附近的住房与生活设施等。人力资本、信息和知识构成了企业内部与企业之间主要的投入产出流，使得该生态产业园变得独特、成功并能可持续发展。阿德勒斯霍夫高科技生态产业园以最优的方式在城市的多中心体系中发展成一个新城镇。

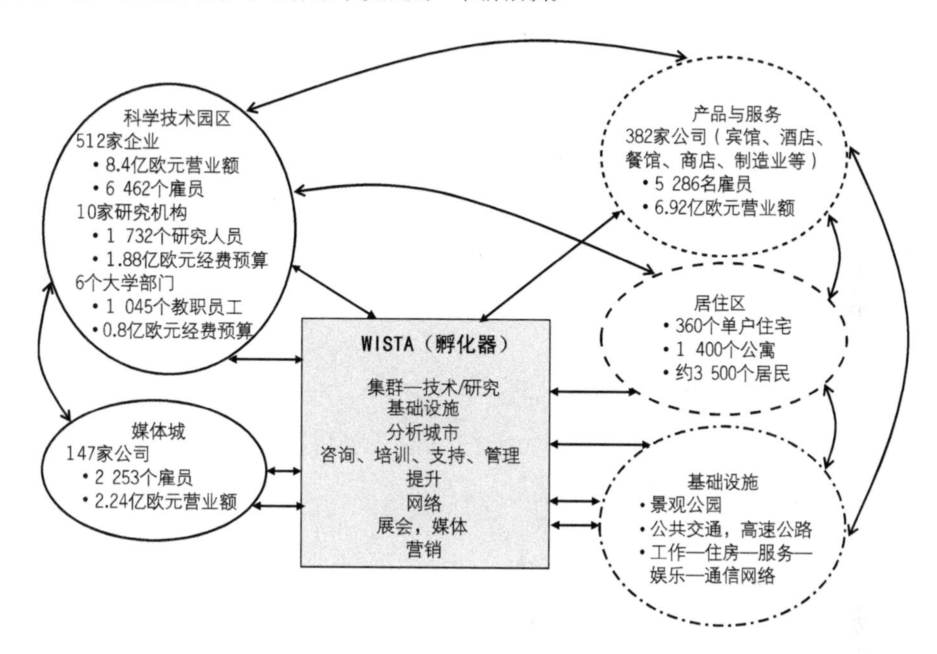

图 6　阿德勒斯霍夫高科技产业园（柏林）架构

资料来源：同图 1。

4　结论与讨论

如果生态产业园能够严格按照前文的定义进行设计，兼顾所有复杂的可持续性之间的相互关系，那么园区不仅会在可持续性发展方面取得成功，还将对整个城市空间的重构产生重要作用，即生态产业园可以发展成多中心城市的一个新核心，促进整个城镇体系的重新设计。在生态产业园区内，资源得到高效利用，基础设施的建设减少了大量交通需求，增强了园区的自治程度，促进了园区内高认同感的形成。如果这些生态产业园在规模、密度和异质性方面都能在可持续的阈值范围内进行精心设计，那么这些生态产业园网络便可形成一种新的城市结构（图 7）。这种理念在发达和发展中国家的城市中都适用，甚至对不同经济体系中的城市也一样适用。

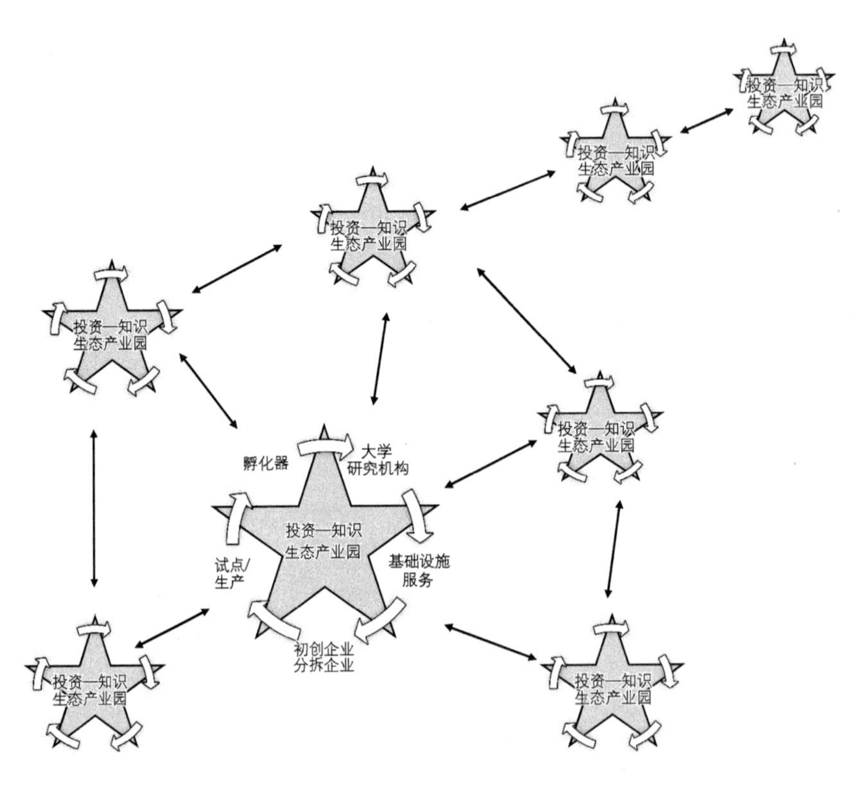

图7 城市设计：嵌套的系统

资料来源：同图1。

注释

① 本文根据2017年9月27日联合国工业发展组织绿色/生态工业园区发展共识建设研讨会：发展绿色/生态工业园区理论与办法（Consensus-building workshop on green/eco-industrial park development, development a joint approach for green/eco-industrial park development，UNIDO）的发言“Eco-industrial parks and the role of incubators”整理并翻译。

② 丹麦卡伦堡工业园区被认为是目前世界上工业生态系统运行最为典型的代表。该工业园区的主体企业是电厂、炼油厂、制药厂和石膏板生产厂，以这四个企业为核心，形成产业共生模式，通过贸易方式将对方生产过程中产生的废弃物或副产品作为自己生产中的原料，不仅减少了废物产生量和处理费用，还产生了很好的经济效益，使经济发展和环境保护处于可持续发展的良性循环，证明了跨产业的资源循环利用并非梦想。该园区已稳定运行40余年，其模式就是生态产业园的模式。

③《拜杜法案》规定，所有由公共资金资助的发明必须获得专利许可，由政府免费提供许可证，大学享有使用权。麦肯锡的报告指出了所有使得模式发挥作用的必要环节。

参考文献

[1] Bai, L., Qiao, Q., Yao, Y. et al. 2014. "Insights on the development progress of national demonstration eco-industrial parks in China," Journal of Cleaner Production, 70(5): 4-14.

[2] Caroli, M., Cavallo, M., Valentino, A. 2015. Eco-Industrial Parks: A Green and Place Marketing Approach. Rome: Luiss University Press.

[3] Chertow, M. R. 2007. "'Uncovering' industrial symbiosis," Journal of Industrial Ecology, 11(1): 11-30.

[4] Côtéa, R. P., Cohen-Rosenthal, E. 1998. "Designing eco-industrial parks: A synthesis of some experiences," Journal of Cleaner Production, 6(3-4): 181-188.

[5] Greenberg, D. A., Rogerson, J. M. 2014. "The greening of industrial property developments in South Africa," Urbani Izziv, 25(Supplement): 92-103.

[6] Heuer, St. 2003. "Fehler im system" in McKinsey Wissen 04 (2nd ed.): 56-63.

[7] Massard, G., Jacquat, O., Zürcher, D. 2014. International survey on ecoinnovation parks: Learning from experiences on the spatial dimension of eco-innovation. Bern: Federal Office for the Environment and the Eranet Eco-Innovera.

[8] Mouzakitis, Y., Adamides, E., Goutsos, S. 2003. "Sustainability and industrial estates: The emergence of eco-industrial parks," Environmental Research, Engineering and Management, 26(4):89-91.

[9] WISTA. Wissenschaftsstandort Adlershof, WISTA Management GmbH. https://www.adlershof.de/wista-management-gmbh/ueber-uns/, 2017/2018.

“多规合一”再思考与浙江空间规划实践

庞海峰　姜　华

Reconsideration on “Multiple Plans Integration” and Spatial Planning with the Practice in Zhejiang

PANG Haifeng[1], JIANG Hua[2]
(1. Zhejiang Urban and Rural Planning Design Institute, Hangzhou 310030, China; 2. Zhejiang Provincial Development and Reform Commission, Hangzhou 310025, China)

Abstract In 2014 and 2017, the Chinese central government has prompted two rounds of centralized pilot programs in the area of “multiple plans integration” and spatial planning reform at two different levels. A series of feasible paths and models with various features has been summarized; relevant theories and technical supporting systems have been constantly improved. With recent release of relevant policy documents, it is now a critical stage for “re-optimization and re-conclusion.” Under this background, in response to this most controversial issue at the moment and referring to the practices of Zhejiang province, this paper reconsiders and deeply analyzes the underlying causes of the “multiple plans conflict” as well as the evolution process and the spatial planning scale effect of major departments’ plans. It answers explicitly the questions of choices in main path, master plan, the construction model of planning systems, and some key breakthroughs of Zhejiang’s spatial planning reform. Meanwhile, exploring the planning system reform at the level of counties and cities, which is also the latest focus of Zhejiang, this paper briefly introduced its concept and plans, content framework, and interfaces design of Spatial Master Plan for County and City，as well as relevant supporting research outcomes, which provides a rather

作者简介
庞海峰，浙江省城乡规划设计研究院；
姜华，浙江省发展和改革委员会。

摘　要　2014 年和 2017 年，在中央政府的推动下，“多规合一”和空间规划改革领域开展了两轮次、两层级的集中试点工作，业已总结出一系列各具特色、可供选择的路径和模式，相关理论和技术支撑体系日显丰满，结合近期相关政策文件的发布，目前正处在“再优化与再总结”的重要环节和特殊时间窗口。在此背景下，文章针对当前最具争论性的议题，结合浙江实践，对“多规不合”成因、主要部门规划的自我演进和空间规划尺度效应等进行深入的再思考与深层次剖析，并就浙江空间规划改革在总体路径、主干规划、规划体系构建模式与重点突破口等方面的选择做出回答。同时，结合市县层面规划体系改革这一浙江近期工作重点，摘要介绍了市县规划体系改革思路与计划、“市县空间（总体）规划”内容框架与接口设计以及相关支撑性研究的成果要点，试图为下一阶段的空间规划改革推进工作提供一个较为全面和值得借鉴的地方实践样本。

关键词　“多规合一”；空间规划体系；市县空间（总体）规划

在 2014 年我国全面启动“多规合一”工作之前，以地理和区域规划学者为代表的学术界就已经在“多规不合”“多规融合”以及空间规划体系重构等方面进行了广泛的研究，并提出了相应的建议和优化方案。同时，规划及管理部门也进行了大量的“多规合一”实践探索，如 20 世纪 80 年代由国家计委（及其下属国土局）主导的国土规划编制工作①；2003 年广西钦州市“三规合一”实践及其后续

comprehensive and recommendable sample of local practices for promoting the reform of spatial planning for the next stage.
Keywords "multiple plans integration"; spatial planning system; spatial master plan of county

由国家发展和改革委员会组织的地市县"三规"试点工作；2006年浙江省启动并延续至今的"县（市）域总体规划"及其"两规衔接"工作[②]；上海、重庆、武汉、广州、北京、太原等多个城市和地区陆续开展"两规（三规、五规）合一"实践等。这些自发式、局地化的研究和实践，为2014年以后全国范围内开展"多规合一"工作，提供了一定的理论探索并积累了实践经验，但同时也概括揭露了一个逻辑事实：由于"多规分立"的固有格局和空间规划体系的缺陷，"多规不合"在我国长期存在。因此，大规模快速城镇化以及经济社会"新常态"的外部环境，最终引发了2014年至今的"多规合一"改革浪潮。

2014年和2017年，中央政府开展了两轮次、两层级的集中试点工作，除了28个市县和9个省区试点外，其他非试点地区也开展了不同程度的"多规合一"工作。总体上看，2014年至今的"多规合一"改革工作是在中央政府（及其主要职能部门）强力介入和推动下进行的，在前期地方试点工作中，由各级地方政府（及其相关主管单位）委托各类技术咨询和服务商（规划设计院、地理信息中心及信息服务商等）予以具体推进。结合学术界"多规合一"的研究高潮（钦国华，2016），目前已经达成一定的共识，并总结出一系列各具特色、可供选择的路径和模式，相关理论体系和技术支撑体系也日显丰满。但在全面推行和正式落地前，这一轮的"多规合一"改革工作必然要经历"自上而下、自下而上"多轮次的反馈修正，才能最终确定一个"各级政府和各职能部门意见一致"的深化实施方案和相关工作细则。从这个"地方试点工作及其总结→地方向中央反馈→中央细化要求→地方试点工作再优化及其再总结"的推进过程看，2016年年底启动的省级空间规划改革试点工作以及最近中央出台的《关于完善主体功能区战略和制度的若干意见》（中发〔2017〕27号）等政策文件，是中央政府结合地方试点总结和意见反馈后，对"多规合一"下一阶段工作的"指导思想再明确"和"工作要求再深化"，必然要求地方政府据此进行相应的"试点工作再优化及其再总结”。

在这个“再优化与再总结”的重要环节与特殊时间窗口（中央政府有可能很快形成统一的工作细则），笔者希望通过系统性介绍浙江“多规合一”工作的实践总结与反思、争论性议题与环节的深度思辨，及其对应的“浙江抉择”、浙江阶段性空间规划改革成果等，为下一阶段的“多规合一”深化推进工作以及国家层面的细则推出，提供一个可供参考和借鉴的样本。

1 浙江“多规合一”回顾

浙江省从2003年开始以“三规衔接”为重点的规划体制改革试点探索，到目前为止，在“多规合一”领域的相关工作大致可以分为四个阶段。

1.1 发改部门以“规划体系”和“三规融合”为重点的规划体制改革试点（2003年）

2003年，宁波被列为国家规划体制改革试点。2004年，浙江选择温州等市县开展规划体制改革试点，重点探索建立层次分明、功能清晰的规划体系以及科学、合理、规范的规划编制程序和实施机制。其中，综合协调国民经济、城市发展和土地利用规划是深化规划体制改革的重要内容。总体上，此次改革以“三规”为问题导向，重点从规划体系上解决规划衔接的问题，注重在编制过程中相互沟通衔接，在内容上相互吸收，在规划层次上有所区分，在功能上各有侧重。

其试点主要成果体现于宁波市政府2004年印发的《宁波市规划管理办法》，其中规定了总体规划的顶层地位，即在总体规划指导下落实区域规划和专项规划，并提出了规划衔接的方式途径。这个市级层面“两级三类”的规划体系使各类空间规划各居其位、各司其职，能够较好反映当时针对“多规不合”问题所做的一种制度设计。该试点未全面推广，主要是考虑到当时土地利用安排、耕地保护和快速城镇化之间的矛盾最为突出，率先解决土地利用规划和城市总体规划之间的矛盾才是当时最迫切与关键的问题。

1.2 住建和国土部门“县（市）域总规”与“两规合一（衔接）”探索（2006年）

2006年4月，浙江省住建厅发布的《县（市）域总体规划编制导则（试行）》明确：需要编制城市总体规划的县级政府，应按照县（市）域总体规划[③]的要求进行修编，不再单独编制县（市）域城镇体系规划，县（市）域总体规划由住建厅审核，报省政府批准后实施。浙江县（市）域总体规划按照“县（市）域—中心城区”两个层面组织规划内容。前者以城镇体系规划为基础框架，并对生态与文化保护、基础设施、村庄布点等内容进行了扩充。后经《浙江省城乡规划条例（2010）》进一步明确：“县（市）域总体规划应当包括县（市）域城镇体系规划、县人民政府所在地镇（或者中心城区）的总体规划或者不设区的市城市总体规划的内容。”2007年7月，为进一步深入推进县（市）域总体规划编制工作，经省政府同意，省住建厅和国土厅联合发布了《关于切实加强县（市）域总体规划和土地利用总体规划衔接工作的通知》，强调“县（市）域总体规划只有做好与土地利用总体规划的衔接，才能把经济社会发展的各项建设需要落到实处；土地利用总体规划加强了与县（市）域总体规划的衔接，才能有效地协调好城乡建设与耕地保护的矛盾”，并对“两规衔接”的工作要点、基础图件、统计口径、协调机制、联合编审提出具体要求，将《县（市）域总体规划与土地利用总体规划衔接专题报告》（即“两规衔接”报告）作为审查必备文件。“两规衔接”工作首先确保基础数据衔接、指导思想统一和规划目标衔接，在此基础上，按照耕地保有量不变、基本农田保护任务不变的原则，结合市县社会经济发展目标和所处发展阶段，由“省—地—县”三级住建和国土部门联合确定城乡人口规模、建设用地规模、空间布局与时序等关键性衔接内容。

浙江县（市）域总体规划编制和“两规衔接”实践探索工作，是在结合快速城市化地区发展实情和块状经济特殊省情的基础上，在市县级城市总体规划上的针对性创新；通过住建和国土两个部门联合协作机制的建立，抓住了当时“多规”脱节和冲突的关键点——“两规冲突”；以当前“多规合一”的视角来看，其基于全域视角搭建的规划内容体系已经初步具备了“一张蓝图”的特征。但由于浙江省当时仍处在扩张式发展的巨大惯性中，“两规冲突”的矛盾焦点，即城镇空间对耕地的低效化与大规模占用，在近十年的城镇化进程中并未得到有效遏制，规划冲突从“两规”内部不断拓展，直至外部其他空间性规划；另外，部门规划事权的制约、新产业与新空间的层出不穷，导致对全域层面的生态与文化保护、基础设施、村庄布点、空间管制等县（市）域总体规划重点拓展的指导作用和管控力度羸弱；此外，当时规划编制和审查技术陈旧，“图数不一致”的情况普遍存在，最终使得“两规合一”这一浙江县（市）域总体规划的创新内核最终流于形式。

概括起来，浙江县（市）域总体规划可以看作是一场“住建部门基于其理论优势和社会责任感，超越既有规划学科领域和部门规划事权范围，对市县层面空间规划改革的一种超前式、理想化改革创举”。因此，在后续市县层面的“多规合一”工作中，一方面应充分借鉴浙江县（市）域总体规划的主要长处，如系统性内容体系搭建、问题导向下的工作重点把握等；另一方面应针对其薄弱环节进行重点突破，如规划下行接口不明确、脱离实际盲目追求体系完整性以及与规划核心内容缺乏相匹配的规划事权保障等。

1.3 四部委指导的浙江市县“多规合一”试点工作（2014 年）

2014 年，国家四部委在全国 28 个市县开展“多规合一”试点工作，浙江省嘉兴市、德清县和开化县被列入，其中嘉兴市由四部委联合指导，德清县由住建部指导，开化县由发改委和环保部指导。

（1）嘉兴市试点。嘉兴构建了“战略与目标引领—规划差异梳理—三区四线[4]协同划定—建设用地梳理与规划差异消除—部门规划协同修改与落实”的“总—分—总—分—总”的整体技术框架，但更多的是强调“自下而上”的融合与协商，对于现有规划体系改革和顶层设计缺乏关注，淡化了规划体制机制的深层次改革内容，以“多规合一”技术报告为主的规划成果缺乏法律的有效保障。

（2）德清县试点。德清提出了“编制‘空间总体规划’，以此协调‘城乡总体规划’‘土地利用总体规划’等部门专项规划”的总体改革思路，开展了大量卓有成效的空间整理工作，大幅度消除了已有规划的“多规不合”问题，尤其在乡村建设用地方面进行了深度梳理和对接。但与嘉兴试点较为相似，其技术思维过于强调对已有规划的矛盾消除，导致“空间总体规划”的战略性不足和时效性脆弱。在具体推进过程中，以“增减”规划内容的方式将德清“县域总体规划”这一部门规划“包装”为其他部门规划上位的“空间总体规划”，可能难逃浙江省县（市）域总体规划在“多规合一”方面收效甚微的困境。

（3）开化县试点。开化从空间规划体系改革着眼，将现有的土地利用总体规划、县域总体规划、环境保护区划等规划中的总体性内容剥离整合，形成开化县的“一本规划、一张蓝图”，即《开化县空间规划》，进而通过部门进行局部和专项领域的细化深化（详细规划）予以落实，原有部门总体性规划不再单独编制，从而形成“1 个空间规划→X 个详细规划”的空间规划体系。试点抛弃了原有各部门互不统一的基础区划，通过科学评价划定城镇、农业、生态三类空间和生态保护红线、永久基本农田、城镇开发边界（即“三区三线”），确立各类空间的开发强度、土地利用、环境准入、产业导向、投资建设等综合性管控措施，形成通用的规划底图，在此基础上开展各类空间性设施和用地的布局规划。

开化县试点在编制技术路径上更为深入，且符合最新的国家层面的相关要求。但是，《开化县空间规划》的内容体系组织和深度设定方面，存在“大整合、全尺度、包罗万象”的倾向，试图以这种“深度与广度扩张性”达到“规划目标与蓝图在县域的唯一性”，进而消除“规划不合的可能性”。这种模式对于开化这类重点生态功能区[5]而言，确实具有一定的可操作性，但对于重点开发和优化开发的地区，要编制完成这种深度和广度的中长期空间规划，其难度将超乎想象。此外，《开化县空间规划》需要配套的体制机制改革举措过于彻底和激进，一旦其依赖的立法和事权再分配不达预期，后续的规划执行力将被极大削弱。

总的来说，《开化县空间规划》“自上而下、分层式”的规划编制技术路径值得借鉴，但整个模式的可推广性较弱，这也是省级空间规划改革试点工作选择不同主体功能定位的市县进行推进的主要原因。

1.4 发改部门牵头推进的“多规合一”探索和省级空间规划试点工作（2015 年）

在前期县（市）域总体规划工作的基础上，结合省内三个国家级市县“多规合一”试点，浙江省政府于 2015 年正式启动了“省域国土空间总体规划”的编制工作，确定了“由省发改委牵头、省级各部门共同参与”的工作保障机制，着手探索省域层面的“多规合一”改革路径。2016 年年底，考虑到浙江省的先行改革优势，中央将浙江列为全国九个省级空间规划试点之一。按照中央确定的试点方案，浙江省开展了以“一本空间规划、一套技术规程、一个信息平台、一套改革建议”为目标的试点工作。

首先，浙江省级空间规划在落实中央“以主体功能区规划为基础”的总体要求下，对全省国土空间开展基础评价，确定“三类空间”的总体格局，结合各部门划定的三条控制线，深化研究六类分区的管控原则，以此为规划底图，将全省的人口与城镇体系、产业布局、生态格局、交通等重大基础设施等规划内容整合纳入；其次，浙江省空间规划强调了对市县空间规划的有效指导和管控，依据各市县主体功能定位，结合资源环境承载能力评价结果，将全省“三类空间”比例和开发强度按市县分解，后续经“自上而下—自下而上”双向对接校验，明确市县级空间规划中“三类空间”比例和开发强度的刚性约束指标，从而保障了规划在空间发展底线上的管控力。充分考虑到“省—市县”两级空间规划尺度差异，结合开化试点推广难度的实情和“三类空间”两级联动校核的技术要求，浙江省在编制省级空间规划的同时，选择八个不同主体功能定位的先行市县，同期启动编制市县空间规划的工作，以进一步探索和优化市县级空间规划体系，并形成可复制的市县空间规划范式。浙江试点工作还着力研发建设一个空间规划的管理信息平台，设计了面向省级部门规划和市县空间规划的审核衔接模块，向下延伸并配置面向各市县级管理信息平台的接口。此外，考虑与浙江省“最多跑一次”改革推进的“政务服务网投资项目在线审批监管平台 2.0 版”全面接通，进一步深度落实“一张蓝图”。

目前，浙江省级空间规划试点正在持续推进，初步形成一系列试点成果。其中，省级空间规划可看作主体功能区规划的深化版，但又整合了省域城镇体系、土地利用、交通及产业布局等各类空间性规划的核心内容，基本体现了作为统领性、指导性和约束性顶层规划的目标定位，也为下一步落实和明确“三类空间”的差异化管控措施及其相关政策体系的确立提供了技术支撑。与此同时，在省级空间规划框架和相关技术规程基本明确的情况下，重点推进市县级空间规划的编制，并择期启动相关地方条例的确立和修订以及相应的市县级规划事权调整工作。

1.5 浙江“多规合一”试点工作的启示

浙江省从“两规衔接”实践到不同模式、不同部门主导的“多规合一”的探索，再上升到省级层面的空间规划试点，总体上形成了“从单个或多个部门探索到政府综合推进”的体系化演进过程，改革延续性较强，各界共识度较高。在既有的技术优势下，浙江“多规合一”探索不再局限于技术层面的窠臼，而是在“理论—技术—政策”三个维度中，将工作重点放在浙江特色理论体系、规划实施管理措施、体制机制改革及其相关配套政策体系的总结与创新上去。首先，进一步明晰符合浙江实情的“多规合一”改革路径，指导市县少走弯路；其次，跳出试点工作的部门组织条框，在主体功能区规划的基础上，进一步理性、客观、科学地选择省县两级空间性规划的核心与主干，明确规划内容体系及深度界定，系统确定现有各类规划内容体系和成果深度方面的调整要点，为后续体制机制的改革确定主攻方向，避免产生不必要的政策反复；最后，在明确“省—市县”层面差异化改革思路的基础上，进一步锁定下一阶段各自层面上的工作重点和突破口。

2 “多规合一”再思考与浙江的可行选择

在浙江“多规合一”历程回顾与系统总结的基础上，针对浙江省、县两级试点工作中反复出现的争论性议题，笔者主要结合以下三个方面，重点介绍浙江可供选择的可行方案，并阐述原因、目的和依据。

2.1 基于“多规不合”内外因剖析的路径选择

“多规不合”产生的内因是我国空间规划体系及空间治理方式与快速城镇化进程不相匹配。在大规模快速城镇化进程中，与各级政府事权和行政辖区空间相匹配，具备纲领性、总体性和主干型的空间规划长期缺位，而部门从“条条”上强化不同形式、不同导向的空间管控，“多规不合”由此产生，在涉及部门利益分配、出现新问题及新利益空间的情况下，“规划打架”表现得更为突出。

从规划体系本身看，我国规划体系的一大弊端就是区域规划的“先天不足”（顾朝林，2015a）。国土规划一度夭折，城镇体系规划长期作为城市总体规划的附庸，被寄予厚望的主体功能区规划长期止步于省级层面，导致我国空间规划体系一直存在严重的缺陷，比较重视以部门和行业为主的专业规划，但综合规划严重滞后，只有经济社会发展五年规划（武廷海，2007）。而恰恰是这种区域性的空间综合规划，成为我国空间规划体系中最薄弱的环节（胡序威，2002）。在综合性顶层设计缺失情况下，日益膨胀的部门规划间“多规不合”的状态长期积累，最终在经济社会发展机制发生重大转型和外部环境发生重大变革的背景下集中爆发出来。

与之呼应的是，早在20世纪90年代开始学术界就持续发出了有关“多规融合”的诸多倡议，但在当时特定历史时期，全社会都在谋求经济的快速发展，规划编制管理必须服从市场经济的效率至上原则，这些以协调和管控为主要目标的“多规融合”倡议，悄无声息地淹没在快速工业化和城镇化的浪潮中。进入新世纪尤其是2010年以后，我国经济社会发展进入“新常态”，经济增长从粗放型向集约型、高质量转变，改革开放进程的深入和面向市场经济体制的转轨，发展和涉及发展的要素已经远远超越了政府部门管辖的事权界限，监管缺失和增长要素失衡本身滋生出人口、资源、环境和生态问题（顾朝林，2015a）。在化解上述人口、资源、环境和生态问题的过程中，进一步促进区域经济在“新常态”下的平衡、充分和可持续发展，成为当前深化改革的题中之义，规划体系在“新常态”下的新课题也逐渐转入空间管控失位、战略引领不足等方面。当我们梳理既有规划体系的时候则又发现，“空间管控”“战略引领”作为高频词汇，在现有的诸多部门规划中随处可见，且并不缺乏深度和广度，但在不同部门的规划之间显然又是不一致的，甚至相悖。由此暴露出一个长期存在的问题——“多规不合”，而且这种“多规不合”的现象在基础数据、技术标准、核心内容、规划管理甚至法律法规等各个层面广泛存在。

上述看似熟悉且被大量表述的“历史过程”，旨在概括“多规不合”近年来集中爆发的场景和逻辑：经济社会发展的问题不断涌现，受制于“多规分立”格局的规划编制、协调、实施和管理机制由于转型相对滞后而无法适应“新常态”，两者相互叠加并进一步传递后，共同作为外因，加剧了由空间规划体系不完善（以区域性的空间综合规划类型的缺失为主要表征）和空间综合治理能力不足的内因引起的“多规不合”问题的显化及爆发。

在此基础上，笔者从内外因作用机制的角度出发，对“多规不合”的成因作如下界定：①经济社会发展阶段进入“新常态”，是“多规不合”根本性的外部驱动因素；②“多规分立”格局下现有规划管理机制转型相对滞后，是最直接的外部原因或直接原因；③以区域性的空间综合规划缺失为主要表征的空间规划体系不完善和空间治理方式不适应，是“多规不合”的关键性内因。

“新常态”下空间规划体系的改革路径大致有以下三种。①强化型：在当前“多规分立”格局和已有规划体系不作改变的前提下，通过进一步规范规划编制、进一步强化部门规划之间的协调机制、进一步深化和细化规划实施与管控机制等举措，消解规划差异、达成规划共识并确保规划真正落地。但在缺乏强势调控力介入的情况下，这种路径的效率存疑。②变革型：直指固有的“多规分立”格局，从顶层设计着手，以规划事权全面归一和整合为导向，配套进行系统性的规划体系及行政体制机制改革。该路径的难度极大，但并不能一言否之，如采用分层、分步的计划徐徐图之，仍不失为一种可深化的改革方案。③靶向型：针对空间规划体系不完善的关键症结，通过强化和确立区域性空间综合规划的地位，结合“新常态”对规划管理的总体要求，科学搭建相应的规划内容体系，“从内而外”带动规划体系“以点及面”的重构和规划事权的渐进式再分配，并配合规划编制、协调、实施和管理机制的针对性优化措施，分层次、分阶段地推进“多规合一”的演进与改革。该路径针对性强，且面临的阶段性改革压力相对较小。按照唯物辩证法的内外因作用原理，同时考虑经济发达、城镇化进程相对较快、区域发展差异较大的浙江实情，浙江省选择第三种路径（靶向型），适当兼顾第二种路径（变革型）更切合实际。

2.2 基于部门规划演进趋势的主干规划选择

通过第三种路径（靶向型）的实施构建区域性空间综合规划这一新规划类型是整个工作的关键。但这个新规划类型并非无中生有，它应该是基于既有规划类型的内容体系整合，并辅以系统化升级而形成的。如前所述，浙江德清和开化选择了两种截然不同的主干规划进行拓展升级，德清以“县域总体规划”为主体，而开化以发改部门的两部规划为依托，甚至最近还有以土地利用总体规划为基础的意见出现，存在较大的争议。因此，以“多规合一”为指向对既有主要规划类型进行自身的演进分析，更有利于客观地选择主干规划。由于环境保护规划成形较晚，与发改、住建和国土的部门规划相比，其综合性也相对较弱。因此对于部门规划演进趋势的讨论，以住建、国土和发改三个部门规划为主，即“多规合一”中的“三规”。

（1）城镇体系规划是住建部门城乡规划体系中区域规划的主要载体，全国和省域城镇体系规划是须单独编制的法定规划，而市县层面的城镇体系规划内容也是市县城市总体规划的重要组成部分。胡序威（2002）认为：城镇体系规划经多年实践，在“三结构一网络”的基础上，对资源和生态环境保护、全域空间管制等方面做出了持续的内容拓展，使其逐渐演变为“以城镇体系发展为主体兼具综合性的空间规划”，应考虑通过立法明确其作为区域规划的地位和作用。顾朝林（2005）结合我国经济社会发展趋势，对城镇体系规划这一规划类型的自我完善和演进作如下论断：“城镇体系规划是中国规划体系中的权宜之计，最终应被区域规划所取代。”相比国民经济和社会发展规划、主体功能区规划和土地利用总体规划，城镇体系规划在自我演进为更具纲领性、综合性的区域总体规划方面，具备理论和技术方面的突出优势，且最为便捷和高效（张泉、刘剑，2014）。

在实践方面，江苏省已经尝试将城镇体系规划内容体系优化为区域空间、城镇空间、生态空间和交通空间的“四个结构”，并将其作为推进“多规合一”的主要平台。浙江省2006年开始实行的县（市）域总体规划本质上也是对县（市）域层面城镇体系规划的多领域扩充。如前所述，其在规划内容体系方面符合县（市）域空间综合规划的基本要求，目前这一做法在全国多地均有所实践。概括起来，住建部门在强调理论和技术优势的基础上，以城镇体系规划或城市总体规划为主干，以自身内容体系不断扩充为手段，正在努力向更具综合性、纲领性的总体性空间规划演进。

但是无法回避的是，这种演进存在事权制约的极大障碍，前文对于浙江县（市）域总体规划的回顾与评述也已经强调了这一点，且其一直强调的理论性和技术性优势并不具备排他性特征，理论研究、学科基础和规划从业人员优势并不归某一部门独享。但不管怎么说，这种强调理论和技术的演进思路，尤其是这一演进思路的典型代表，即浙江县（市）域总体规划，值得后续空间规划改革相关领域的工作进行充分借鉴。

（2）1982年，国家计委及其下属国土局组织开展了国土规划试点，国土局变更为国家计委国土规划司后，又主导编制了《全国国土总体规划纲要》和若干国土开发重点地区规划，但由于该规划最终未获通过，导致国土规划工作进入低潮（顾朝林，2015a）。胡序威（2002）指出：“20世纪80年代开展的国土规划，强调了经济、人口、资源和环境的协调，使其具备了综合性空间规划的思想内核和雏形。”最终的失败主要由于其“全面发展”规划理念过于超前，与改革开放初期的国情格格不入，以致水土不服。1998年，新成立的国土资源部开始组织编制《土地利用规划》，规划核心内容收缩至土地资源的保护与开发利用，战略性和综合性极大削弱，且由于当时的土地开发远超其规划预期，最终变成保护耕地资源的“计划经济堡垒”（顾朝林，2015a）。2006年，第三轮土地利用规划强调建立经济、生态、社会三方面的用地评价体系，综合性有所提升，且在土地利用更新调查和GIS技术的支撑下，相对于住建和发改部门所出台的规划，具备了基础数据完备性和延续性的极大优势。以此为主要理由，王向东、刘卫东（2012）建议以土地利用总体规划为基础形成“空间总体规划”，董祚继（2015）甚至建议以国土规划和土地利用总体规划为基础建立国土空间规划体系。

在相关研究者和部门主政者强调土地利用规划数据完备性与规划平台基础性的同时，有一个事实不容回避：国土规划一度失败和土地利用规划的被动收缩，使得国土部门专业规划的地位衰落，进一步导致土地利用规划虽经20年不断实践，但其规划战略性、理论性和内容系统性等方面的提升幅度十分有限。除了基础数据的信息化管理和动态更新制度值得所有空间性规划学习与借鉴外，土地利用规划与相关倡议者设想的空间总体规划目标之间，存在较大距离，依托土地利用规划向空间总体规划的自我演进可能性较低，且其与城镇体系规划面临同样的障碍——规划事权制约。此外，值得后续空间规划改革时刻警醒的是：形式上过于追求"无所不能、无所不包"，但实际上作用递减，这也是葬送20世纪80年代国土规划的重要原因（樊杰，1998）。

（3）发改部门现行规划包括国民经济和社会发展规划、主体功能区规划两种类型，前者属发展规划，空间属性相对较弱，后者为空间性规划。国民经济和社会发展规划在发展规划体系中的绝对主导性毋庸置疑。而作为我国独创性的规划类型，主体功能区规划起步虽晚，但其推进速度之快、战略定位之高，是其他部门规划完全不具备的。2000年，"十一五"规划对经济、建设和土地"三位一体"的演进做出尝试，2003年年初步确定主体功能思路，2007年启动全国主体功能区规划编制并于2010年发布实施，2011年提升为"主体功能区战略"，2013年进一步确立"主体功能区制度"，2017年《省级空间规划试点方案》明确"以主体功能区规划为基础统筹各类空间性规划"。主体功能区规划的出现很好地弥补了国民经济和社会发展规划在空间安排方面的不足（汪劲柏、赵民，2008），具备整合各类空间性规划、衔接协调各级各类规划、理顺规划间关系等政策性优势（杨伟民等，2012），可成为未来空间规划的蓝图和总图，进而推动空间规划体系的整体完善（樊杰，2015）。而针对"主体功能区规划止步于县级行政区"饱受诟病的领域，顾朝林等（2007）、陆玉麒等（2007）、王瑞君等（2007）和曹卫东等（2008）学者对市县层面主体功能区深入划分进行了较为系统的理论研究，建立了基于GIS空间分析的较为完备和具有可复制性的技术体系，并积累了丰富和卓有成效的地方实践经验。2017年10月，《关于完善主体功能区战略和制度的若干意见》（中发〔2017〕27号）明确："精准落实主体功能区战略格局……作为编制'多规合一'空间规划的基础和载体"，为主体功能区规划作为"多规合一"空间规划体系基础性地位以及向市县深化推进提供了政策保障。

因此，在我国现有行政体制下，发改部门的两部规划在法律地位、制度保障和规划事权等方面，具备了住建、国土和环保等其他部门不具备的战略高度与综合性、主导性优势，尤其是主体功能区规划，其与生俱来的成长性，天然具备了向更具综合性、纲领性的总体性空间规划的自我演进能力，而与国民经济和社会发展规划的进一步融合，将使其具备向更为综合性的区域总体规划"二次升级"的可能性。具体演进形式为：以主体功能区规划为基础和主干，吸纳城乡、土地规划中较为宏观的部分，整体融合区域性"空间总体规划"（刘亭，2014），但不应拘泥于中微观层面的用地划分细节（汪劲柏、赵民，2008），同时妥善处理好住建、国土、环保等规划之间的协调衔接问题（史育龙，2008）。

需要进一步说明的是，自2010年《全国主体功能区规划》发布实施以来，直到2016年《省级空间规划试点方案》和2017年《关于完善主体功能区战略和制度的若干意见》发布的几年内，发改部门对自身规划的演进是缺乏实质性推动和实践的，这与住建部门在此期间不断尝试规划综合性和纲领性转型升级的积极姿态相比，存在较大的反差。这种消极态度使得本属发改部门事权的区域性、综合性的空间规划，延续了长期"缺位"的状态——无论是国家层面还是地方省市县级层面，都缺少一个真正具有统领性的规划（黄勇等，2016）。在这种背景下，将住建部门和国土部门的规划扩充式演进武断地诟病为“对事权的争夺”，显然有失偏颇。

综上所述，结合最新国家层面的政策导向，综合考虑“三规”演进中理论、技术、数据和事权等多方面因素，浙江空间规划改革工作选择将发改部门的两部规划作为搭建区域性空间总体规划的主干规划，并启动相关规划编制工作。此外，浙江空间规划改革过程强调借鉴住建部门的规划理论、编制技术优势，尤其是城镇体系规划和浙江县（市）域总体规划，同时应充分吸纳国土部门的基础数据及其相应的数据管理与维护优势。

2.3 基于尺度效应的规划层次体系及近期工作重点选择

地理学的空间尺度效应广泛适用于区域规划和空间规划，因此空间规划需要区分不同的空间尺度，结合尺度特征制定不同的管理规则和手段，并上下衔接（汪劲柏、赵民，2008）。同时，空间层次的合理划分，有利于妥善处理好上下层次规划之间的衔接关系，并将空间规划体系与政府行政管理体系及其职权直接挂钩（牛慧恩，2004）。但是，在当前空间规划体系的研究中，要么习惯性地将其上升到覆盖国家、省、县的全层次和全尺度上去，使得体系过于宏大、研究结论趋于空泛，且更容易受到高层次体制机制的羁绊；要么局限在省级或市县级层面的研究中，对上下位规划层次的衔接缺乏考虑，难以保障自身的可操作性。在当前空间规划改革相关政策文件明确的国家、省和市县三个层次中，省与市县是空间规划体系中需要重点探讨的层级。综合考虑我国行政体制框架，在“多规合一”和空间规划改革中，省域层面应以落实各主管部门之间的规划协调机制并推进“多规合作”为主；市县层面则通过整合各部门规划，形成一个新的纲领性规划，进而实现真正意义上的“多规合一”（武廷海，2007）。

据此，浙江省2017年年初在制定试点工作实施方案的过程中，将编制省级空间规划和选择部分先行市县编制空间规划作为试点工作的两个核心内容，并要求两个层级的空间规划协同完成规划初稿和成果。

（1）省级层面。浙江省的总体思路以“多规融合与协作”为主，主要强调作为主干规划的“浙江省空间规划[⑥]”与部门规划之间在目标战略、关键性发展和管控指标、空间规划底图、强制性规划内容以及主要空间规划政策等层面的一致性，近期并不强调“浙江省空间规划”在省级空间性规划上的内容唯一性，即并不过于追求对现行其他部门规划总体性内容的剥离，在较长时间内允许其他部门规划的部分内容与“浙江省空间规划”相关内容存在一定的交叉和重叠，形成“1+X”的省级空间规划体系。需要进一步说明的是，在省级部门规划协调机制建立的过程中，需要以“市县空间规划”内容体系为统一和唯一的下位规划传导标的，确保“浙江省空间规划”及其他省级空间性规划相对下位“市县空间规划”的下行“接口”一致性。即强调在编制“市县空间规划”的过程中，市县地方政府及其相关部门（包括规划委托编制单位）接收到的是一个一致的、没有杂音的“省级规划意志”，在此基础上深化和细化市县发展目标、指标体系和空间管控措施等内容。但由于省级空间性规划的非唯一性，这个一致的"省级规划意志"可以是省级多个部门规划共同发出的，且可能是部分重复的（可以理解为"重复的就是重要和被强调的"）。

（2）市县层面。浙江省总体思路是：以区域经济社会和城镇化发展"新常态"为导向，关注浙江省经济社会发展过程中出现的主要问题和矛盾焦点，以主体功能区规划和市县"三区三线"主体功能格局为基础，适当融入国民经济和社会发展规划中总体发展层面的部分内容，并通过市县现有空间性规划的内容体系重组、规划深度调整、关键性内容再分配等形式，系统搭建深度适宜、衔接有序、易于落实的"市县空间规划"，以"市县空间规划"为核心，重构市县层面的规划体系，最终实现"一级政府、一张蓝图、一本规划（总体）、一级事权"。其中，"市县空间规划"的系统化编制是基础性和关键性工作，市县规划体系及其体制机制改革均围绕其规划内容体系予以展开，即"市县空间规划"的科学编制将决定整体空间规划改革的可操作性与有效性。

综合上述两个层次空间规划组织与编制思路，"浙江省空间规划"可以考虑概括为"1+X（省级）→1→Y（县级）"的层次体系："1+X"指的是以"浙江省空间规划"为主体以及省级层面其他（X）空间性专项规划，如"浙江省域城镇体系规划"和"浙江省土地利用总体规划"等；"1→Y"中"1"指的是"市县空间规划"，"Y"指的是市县各类详细性的空间性规划；前一个"→"表示省级各类空间性规划"意志归一"后对"市县空间规划"的一致性传导，后一个"→"表示"市县空间规划"对市县各空间性专项或详细规划强有力的规划管控机制。可以将"市县空间规划"比作汇流上游、分流下游的"信息中继站"，它以"多合一"的形式汇聚省级规划意志并形成一个市县规划意志，再以"一分多"的形式将市县规划意志落实到部门规划的编制中去。"1+X→1→Y"的规划层次体系只需要在市县层面对原有的规划编制方法进行少量的调整，避免了因政府部门机构的事权之争而引发各类矛盾，同时也无须在省级层面对部门机构改革大动干戈。

在上述"1+X→1→Y"的空间规划层次体系中，"市县空间规划"的地位显得尤为关键。因此，浙江省在近期省级空间规划试点工作中，除了在省级层面开展"浙江省空间规划"编制及其相关体制机制改革工作外，还将市县层面的空间规划体系改革作为整个改革试点工作的重中之重和近期突破口。

3 浙江省市县层面规划体系改革进展

目前，浙江省市县层面的规划改革工作正处在积极探索和不断修正及完善过程中，系统化的改革成果尚未形成。笔者主要结合最新改革思路和工作计划、主体规划的内容框架、相关支撑性研究的初步成果和结论作简要介绍。

3.1 改革思路与计划建议

从“三规合一”“四规合一”到“多规合一”，发改及其部门规划一直被作为“合一”的重点。但发改部门的空间性规划在市县层面并不存在，包括主体功能区的政策要求以及其他相关空间性规划内容在内，一般被纳入市县层面的国民经济和社会发展五年规划之中。因此，市县层面的“多规合一”并不仅仅是空间规划体系的合一，而是包括发展规划和空间规划在内的全面合一。2014 年 11 月，国家发展和改革委员会发布的《关于“十三五”市县经济社会发展规划改革创新的指导意见》已经明确提出：“将经济社会发展与优化空间布局融为一体，编制出一个统领市县发展全局的总体规划”，明确了市县级以“多规合一”为目的构筑的“一本规划”具备了绝对的总体纲领性地位。

经上一轮试点工作的总结与反馈，上述发展与空间规划全面合一的体系构建思路逐渐成为主流[顾朝林（2015b）；顾朝林、彭翀（2015）；沈迟、许景权（2015）等]。但在学术界和具体实践中仍存在第二种思路——发展规划与空间规划的“两分法”，即市县层面应采用发展规划和空间规划相对独立、平行的模式，起码在近一阶段仍将国民经济和社会发展规划作为独立于空间规划体系之外的地方纲领性规划。尽管前一种“全面合一”的模式相对更为合理，但规划体系的调整“牵一发动全身”，同时受国家规划体制改革统一调度的影响，必须要稳妥推进，有个适宜的过渡期，2020 年前“合一”后的市县空间规划与“十三五”规划必然是共存的状态。因此，浙江当前主要采取“两阶段、渐进式”的市县规划体系改革方案，即 2020 年（或许 2025 年）前市县层面的规划“合一”仍以空间性规划为主，试点工作方案最终也将市县“一本规划”暂时命名为“市县空间规划”。

据此，浙江省在市县层面的总体性规划改革思路与计划可以概括为以下四点。①“市县空间规划”是市县所有空间性规划唯一的上位规划、“浙江省空间规划”及各专项规划在市县层面唯一的下位规划，是主体功能区规划市县层面精准化落地的唯一平台。2020 年前全省范围内完成规划成果编制，考虑到“十四五”国民经济和社会发展规划研究差不多同步启动，“市县空间规划”应承担 2020～2035 年的中长期国民经济和社会发展规划预编制任务，与未来“十四五”规划共同指导和约束市县所有部门的近远期规划（但尚未获得立法授权）。②2023 年，结合新一轮国民经济和社会发展规划的启动编制及“市县空间规划”修编契机，对“市县空间规划”进行修正，而后将其整体纳入“市县总体规划（2025～2035 年）”，形成一本整合国民经济和社会发展总体规划、空间规划的真正实现“多规合一”的总体规划。该规划可包含“市县五年行动规划”，以替代“五年规划纲要”。③2025 年，与“市县总体规划（2025～2035 年）”批准实施同步，全面完成相关法律法规修订增补和相关规划体制机制改革工作，“市县总体规划（2025～2035 年）”取得立法授权，正式行使市县“一本规划”的权力。④后续“市县总体规划（2025～2035 年）”应结合“‘十 X 五’行动规划”编制工作，每五年进行一次相应的小规模修订，直至 2035 年前夕，启动新一轮“市县总体规划（2035～2050 年）”的系统性修编。

3.2 浙江省"市县空间规划"内容框架

根据上述对规划类型和地位的总体要求，浙江"市县空间规划"在组织编制与内容体系搭建过程中应遵循以下五个原则：①强调新时代下的核心任务与矛盾焦点的针对性，应体现底线、目标和问题三个导向；②强调战略层面的中长期引领性，主要考虑到市县国民经济和社会发展规划期限为五年，不具备中长期引领性，在现阶段"市县空间规划"中应有相应拓展和补充，为下一步"市县总体规划"的编制积累经验；③强调空间规划的主体地位，并围绕"空间"落实发展和保护的规划内容；④强调规划层次体系中的中枢地位与高效传导性，确保能够最终通过其下位规划得到切实落地；⑤突出地位稳定性和规划时效性，避免高层级规划频繁变更而导致市县层面规划体系执行与实施的无所适从。

据此，整体上搭建了浙江省"市县空间规划"的内容框架（图 1）。首先，"市县空间规划"并非直接面对项目的规划，而是"管规划的规划"，其规划成果不能过深，原则上需排除涉及项目的规划内容。但成果的粗线条并不意味着规划研究的粗浅，相关规划研究必须深入（如"三类空间"和城镇开发边界等）。其次，兼顾空间保护与管控、空间发展与引导两方面内容，即在"三区三线"这一空间管控体系的基础上，针对当前县（市）域发展的主要功能类型空间，强调城镇体系、产业布局规划等内容的重要性和骨架性地位。再次，近期以空间为规划主体并重点拓展深化与空间发展直接相关的非空间性内容，如产业经济、公共服务与住房保障、历史文化保护等；2025 年以后，规划形式转为"市县总体规划"，按照国民经济和社会发展的中长期规划要求及"深度适宜"的原则进一步拓展经济、社会、文化等事业的发展规划内容。最后，为保障"市县空间规划"在"1+X→1→Y"空间规划层次体系中发挥作用，结合内容框架构建，对其"规划接口"（主要是下行接口）进行系统设计（图 2），并根据接口设置的可行性和科学性进一步对内容框架进行合理性修正。

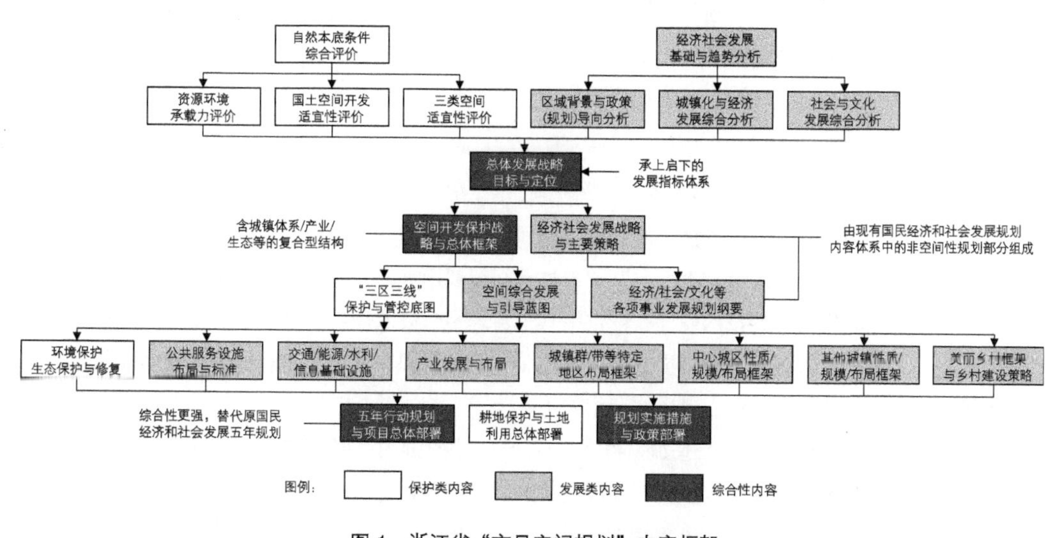

图 1 浙江省"市县空间规划"内容框架

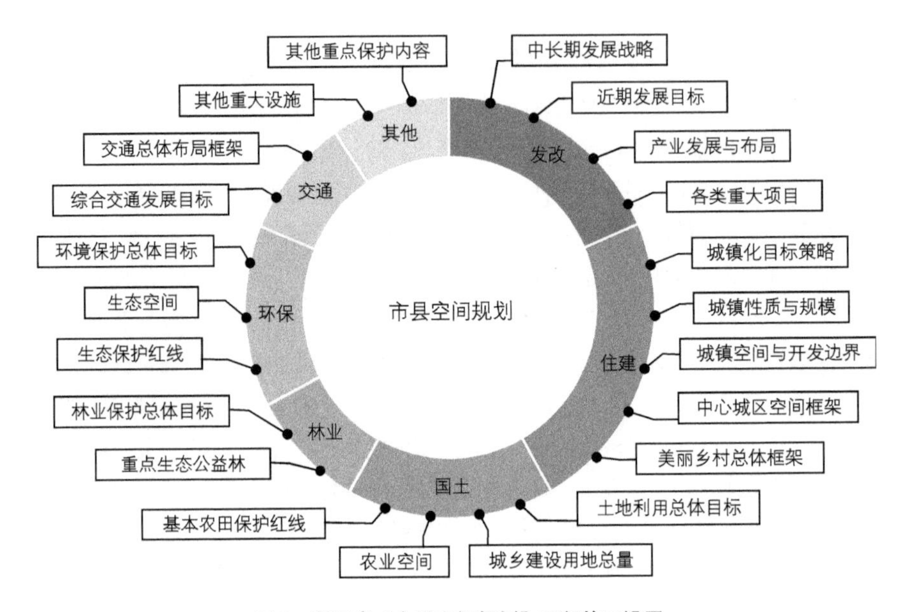

图 2 浙江省“市县空间规划”下行接口设置

值得说明的是，在本次“市县空间规划”内容框架基本明确的基础上，除了市县发改部门相关规划需要进行全面扩充与完善外，其他部门规划内容体系也需要进行相应调整。其中，住建部门的“县（市）域总体规划”的调整幅度最大，其涉及市县全域层面的规划内容将被全面删减，且中心城区和各城镇的性质定位、人口与用地规模、空间布局框架也将根据本次“市县空间规划”予以落实。经内容删减后，“县（市）域总体规划”的规划范围将由原来的市县行政辖区，压缩至“市县空间规划”“三区三线”确定的中心城区城镇空间以及城镇开发边界附近。相应的，原“县（市）域总体规划”不再编制，名称变更为“市县城市总体规划”。

3.3 相关支撑性研究结论与要点

目前“国土空间开发基础评价技术规程”“空间性规划数据库建库技术规程”“开发强度测算与分解技术规程”“空间规划用地分类标准”“市县空间规划用地差异性处理措施”“‘三类空间’划定技术规程”“空间规划编制技术规程”“空间规划管理平台技术规程”等配套支撑性研究均取得了阶段性成果。其中，空间规划用地差异性处理措施、“三类空间”划定技术规程、开发强度测算与分解技术规程具备一定的浙江特色，现择要介绍如下。

（1）空间规划用地差异性处理措施。旨在形成统一、规范的用地基础数据，实现全域用地唯一属性，服务于市县空间规划的编制，保障空间规划能够落地实施，但不涉及各类现行规划的具体布局与用地差异的比对和调整。以土地变更数据为基础，尊重其用地历史属性和管理属性，在此基础上采用浙江省林业“二类调查”数据、地理国情普查数据进行对比或校核。红线数据采用环保部门提供的经审核通过的生态保护红线、国土部门提供的永久基本农田边界。处理重点包括：①在非建设用地内部，重点处理林业“二类调查”数据中的林地和土地变更数据中各类非建设用地的矛盾，调整生态保护红线、永久基本农田的矛盾图斑；②在非建设用地与建设用地之间，重点处理林业“二类调查”数据中的林地和土地变更调查中各类建设用地的矛盾，并调整生态保护红线内的建设用地；③出现难以直接判定的复杂情况时，以地理国情普查数据为依据进行校核，并开展部门举证和协调，实事求是确定用地属性。

（2）“三类空间”划定技术规程。“三类空间”划分技术路线主要分为以下五个步骤（图3）。①“三类空间”功能适宜性评价：基于资源环境承载能力评价和国土空间开发适宜性评价结果，进行全域“三类空间”功能划分。②三区初划：根据三类功能划分结果，结合适宜性评价划分三区的规则表，进行三类空间的初步划分。③精细化修正：通过遥感影像、外业核查、部门核实等方法，对“三类空间”划定结果进行修正。④统筹协调：将“三类空间”划分结果与省级相关指标和相邻市县进行衔接，对“三类空间”划定结果进行调整。⑤最终定稿：根据上述步骤，确定“三类空间”划分的最终结果。同时，通过数据处理、评价因子及其权重等对于其子项评价内容、资源环境承载能力评价和国土空间开发适宜性评价进行统一界定，结合省级层面和先行市县的实践检验与修正，形成可推广复制的评价技术体系，保障“三类空间”划定的科学性与可协调性。

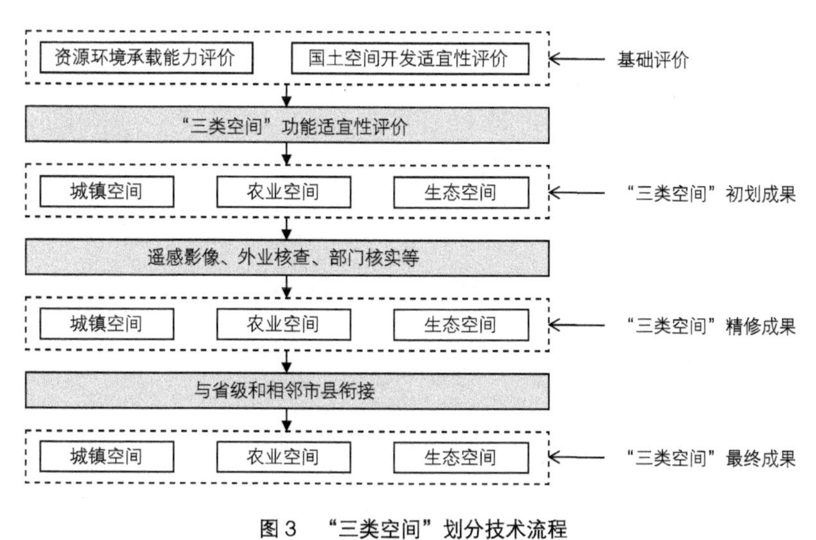

图3　“三类空间”划分技术流程

（3）开发强度测算与分解技术规程。在现状开发强度的基础上，立足主体功能定位，总体上按照“重点开发区域适度增长、优化开发区域提高效率、限制开发区域控制规模”的原则，采用自上而下和自下而上相结合的方法，通过对主体功能定位、国土空间适宜性、资源环境承载能力、历年经济社会发展趋势以及现状土地开发效率等因素进行分析研究，利用需求预测、趋势外推、指标测算等方法，预测规划期末全省开发强度规模和各市县差异化的分解系数及规模值，并根据实际需求，确定开发强度测算和分解技术流程（图 4）。①计算开发强度上限值：根据国土空间评价，获得各市县和全省开发强度上限值。②计算全省建设用地需求值：结合需求预测法、趋势外推法和开发强度上限值，从发展需求层面获得全省开发强度初值。③初步分解市县建设用地：基于上述全省初步结果，选取历年常住人口增量、历年第二和第三产业增加值、历年固定资产投资额增量和现状开发效率等指标，对各市县建设用地指标值进行分解。④调整市县建设用地：以主体功能定位、资源环境承载力为主要控制指标，对初步分解的市县建设用地进行调整，实现建设用地集约节约利用。⑤获取市县和全省开发强度最终值：结合分解结果和各市县开发强度上限值，最终确定各市县规划期末开发强度值，加总各市县开发强度值，获得全省开发强度最终值。

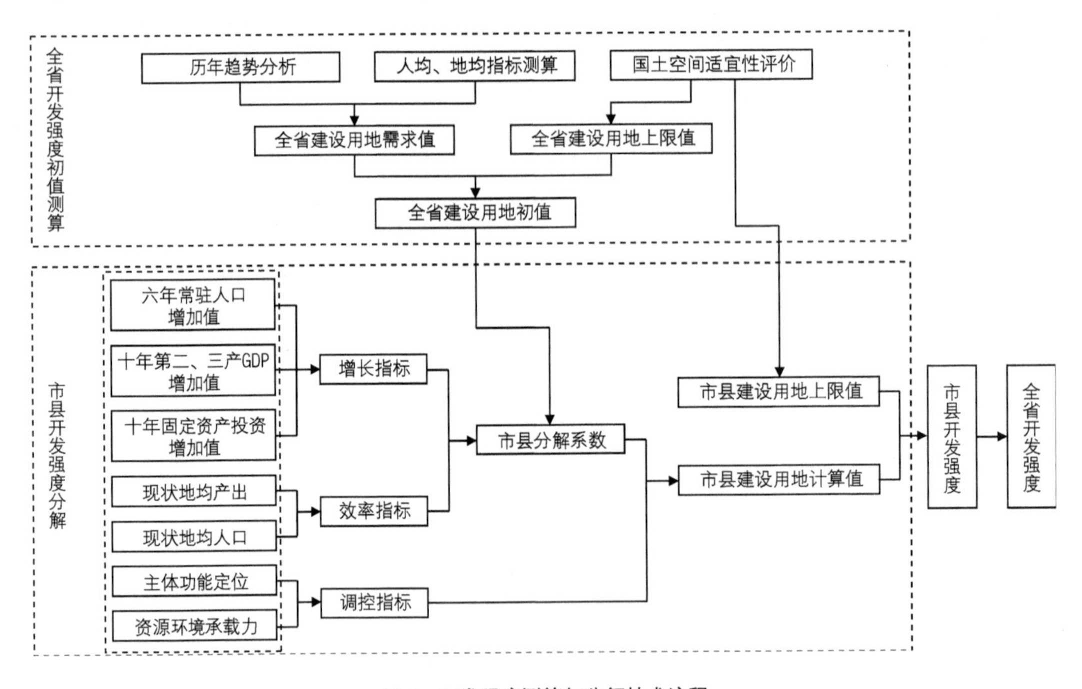

图 4　开发强度测算与分解技术流程

4　结论

本文结合浙江“多规合一”实践以及省级空间规划试点工作的推进情况，针对前一阶段实践中暴露的关键性问题和浙江试点工作中最新出现的争论性议题，重点通过对“多规不合”内外因的深层次剖析，将破解空间规划体系的薄弱环节即区域性空间总体规划作为改革的着力点，并形成“‘从内而外’带动规划体系‘以点及面’的重构和规划事权的渐进式再分配”的改革路径；通过分析比较主要部门规划的自我演进，提出浙江空间规划改革工作应以发改部门的两部规划为主干，整体搭建区域性空间总体规划内容框架；基于空间尺度效应，形成了省级和市县级两个层面、不同的空间规划改革模式，指导形成浙江省“1+X→1→Y”空间规划体系，并进一步将市县级空间总体规划编制及其配套体制机制改革作为近期工作的重点和突破口；在市县层面，针对空间总体规划与发展总体规划之间融合程度的不同理解，确定“两阶段、渐进式”的融合思路，即将空间性规划融合为主的“市县空间（总体）规划”，结合国民经济和社会发展五年规划的编制，经二次融合后变更为“市县总体规划”，并最终覆盖国民经济和社会发展中长期规划及其五年行动规划；系统构建了市县空间总体规划内容框架，在强调空间保护与空间发展两大线索的基础上，对规划接口进行了系统性设计。此外，结合阶段性工作成果，介绍了具有一定浙江特色的支撑性研究成果。本文展示了浙江“多规合一”和空间规划改革工作的路径、关键、重点以及最新成果，希望能够为下一阶段的空间规划改革推进工作提供一个参考和借鉴的样本。

致谢

本文部分引用了浙江省发展规划研究院周世锋副总规划师及其研究团队“浙江省级空间规划试点”研究成果，并得到浙江省政府咨询委员会学术委刘亭副主任的悉心指导，特此致谢。

注释

① 20世纪80年代的国土规划是我国最早也最典型的综合性空间规划形式，可以认为是我国最早的具有“多规融合”理念的综合性空间规划实践，且涉及国家、省、市县等多个层面，覆盖面最广。

② 浙江“县（市）域总体规划”及其“两规衔接”被2010年的《浙江省城乡规划条例》充分采用，具备了相应的法律地位。

③ 近年来我国学术界和地方政府对规划体系的改革创新研究众多，出现了一系列法定规划之外、学术界未形成一致明确定义的规划新类型，很容易产生语义上的混淆。其中尤以浙江的“县（市）域总体规划”最为典型，如李桃在探讨空间规划体系改革的过程中，将“县（市）域总体规划”作为市县层面空间规划体系的核心规划类型，并借鉴和引述了包括姚昭辉、陈勇、顾浩等关于浙江省“县（市）域总体规划”的相关观点和结论，但显然“此规非彼规”，为了避免语义不一带来的论述偏差，本文涉及的“县（市）域总体规划”除特别说明外，均特指浙江省“县（市）域总体规划”。

④ 嘉兴“多规合一”中所说的“三区四线”定义如下：“三区”即城镇、农业、生态空间；“四线”即建设用地控制线（包括城镇规模控制线、城镇增长边界），生态控制线（包括基本生态控制线、永久基本农田红线），农田保护线（包括永久基本农田红线、基本农田控制线），产业区块控制线。

⑤ 开化县域85%是山体，且规划至2030年全县城镇开发边界内面积仅为32.65平方千米。

⑥ 浙江目前将省级和市级相应层面的“空间总体规划”简化命名为“空间规划”，如“浙江省空间规划”和“开化县空间规划”。对于某地区的唯一规划类型称谓，省略掉“总体”不太可能导致语义混淆。但在空间规划体

系的相关研究和论述中，如果省略“总体”这一层次界定性词汇，将带来显著的语义混淆，甚至是“张冠李戴”的论述灾难。因此，本文中浙江省和市县两级“空间规划”均指“空间（总体）规划”。

参考文献

[1] 曹卫东，曹有挥，吴威，等. 县域尺度的空间主体功能区划分初探[J]. 水土保持通报，2008，28（2）：93-97+215.

[2] 董祚继. “多规合一”：找准方向绘蓝图[J]. 国土资源，2015，（6）：11-14.

[3] 樊杰. 对新时期国土（区域）规划及其理论基础建设的思考[J]. 地理科学进展，1998，17（4）：1-7.

[4] 樊杰. 中国主体功能区划方案[J]. 地理学报，2015，70（2）：186-201.

[5] 顾朝林. 城镇体系规划：理论•方法•实例[M]. 北京：中国建筑工业出版社，2005.

[6] 顾朝林. 论中国“多规”分立及其演化与融合问题[J]. 地理研究，2015a，（4）：601-613.

[7] 顾朝林. 多规融合的空间规划[M]. 北京：清华大学出版社，2015b.

[8] 顾朝林，彭翀. 基于多规融合的区域发展总体规划框架构建[J]. 城市规划，2015，39（2）：16-22.

[9] 顾朝林，张晓明，刘晋媛，等. 盐城开发空间区划及其思考[J]. 地理学报，2007，62（8）：787-798.

[10] 胡序威. 我国区域规划的发展态势与面临问题[J]. 城市规划，2002，26（2）：23-26.

[11] 黄勇，周世锋，王琳，等. “多规合一”的基本理念与技术方法探索[J]. 规划师，2016，32（3）：82-88.

[12] 刘亭. “多规合一”的顶层设计[J]. 浙江经济，2014，（16）：12.

[13] 陆玉麒，林康，张莉. 市域空间发展类型区划分的方法探讨——以江苏省仪征市为例[J]. 地理学报，2007，62（4）：351-363.

[14] 牛慧恩. 国土规划、区域规划、城市规划——论三者关系及其协调发展[J]. 城市规划，2004，28（11）：42-46.

[15] 钦国华. “多规合一”的理论及实证研究——近十年来国内“多规合一”问题研究进展[J]. 现代城市研究，2016，31（9）：1-8.

[16] 沈迟，许景权. “多规合一”的目标体系与接口设计研究：从“三标脱节”到“三标衔接”的创新探索[J]. 规划师，2015，31（2）：12-16+26.

[17] 史育龙. 主体功能区规划与城乡规划、土地利用总体规划相互关系研究[J]. 宏观经济研究，2008，（8）：35-40+47.

[18] 汪劲柏，赵民. 论建构统一的国土及城乡空间管理框架：基于对主体功能区划、生态功能区划、空间管制区划的辨析[J]. 城市规划，2008，32（12）：40-48.

[19] 王瑞君，高士平，张伟，等. 县域国土主体功能区划及空间管制[J]. 河北省科学院学报，2007，24（2）：65-69.

[20] 王向东，刘卫东. 中国空间规划体系：现状、问题与重构[J]. 经济地理，2012，(5)：7-15+29.

[21] 武廷海. 新时期中国区域空间规划体系展望[J]. 城市规划，2007，31（7）：39-46.

[22] 杨伟民，袁喜禄，张耕田，等. 实施主体功能区战略，构建高效、协调、可持续的美好家园——主体功能区战略研究总报告[J]. 管理世界，2012，（10）：1-17+30.

[23] 张泉，刘剑. 城镇体系规划改革创新与“三规合一”的关系：从“三结构一网络”谈起[J]. 城市规划，2014，38（10）：13-27.

Editor's Comments

What is the focus of the urban comprehensive planning under this new era? The 19th National Congress of the Communist Party of China put forwards two strategic goals before 2050s and three major strategies of national development. Under this blueprint, we need to get down to every city and consider different targets on city level. Therefore, the way to carry out these goals seems relatively important. Accordingly, the comprehensive planning under the new era needs to jump out of the previous zone of growth planning and construct an indicator system of urban development from the perspective of urban development goals in order to showing our visionary (text-based planning) and blueprints (drawing-based planning) of cities' future.

In the new era, green, environmental, secure, harmonious, inclusive, and equal development becomes the mainstream. "People-oriented" become the discipline for resource allocation. "Natural, living, and production spaces" created by planning should be sustainable. A scientific control of urban growth boundaries, permanent rural area boundaries, and environmental redline becomes pivotal to comprehensive planning. Currently, China's concept of the division of natural, agricultural, and urban spaces derives from some developed countries, such as Germany and Japan. It was also influenced by the space division concept of the 1980s land-use planning of Taiwan, China. The intention of dividing the "three spaces" is to protect natural areas from human's development, to offer livable environment to humans, and to spatially organize production spaces. In 1980s, Taiwan compiled a land-use framework according to the "three spaces." In 1960s to 1970s, mainland China was going through a rapid development. Due to the lack of resources and techniques and the block of the Cold War, it was understandable for China to prioritize production space than living and natural space. However, this created a pitiful impact on China's future sustainable development. In the 11th Five-Year Plan, decision-makers started to realize this problem and began to solve the unstainable development. Due to the limit of knowledge, when compiling the planning of main functional area with county as the basic unit, planners were not able to define production space and living space, nor can they draw a specific line

编者按 新时代城市总体规划的焦点究竟是什么？十九大制定了到21世纪中叶分两个阶段要实现的战略目标，提出国家三个大发展战略的意图，必须在国家发展战略的大格局中去谋划每个城市的发展蓝图和目标，因此，城市发展的目标和实施目标的路径就显得非常重要。相应的，新时代城市总体规划需要跳出过去问题导向的增长规划，从城市发展目标入手，构建城市发展和建设指标体系，展示城市发展的愿景（文本式规划）和蓝图（规划）。

新时代城市的绿色、生态、安全、宜居、包容和平等发展成为主流，“以人民为中心”成为资源和要素空间配置的基本准则。规划和营造可持续的生态、生活、生产“三生”空间，科学管控城镇增长边界、永久农村地区和生态控制红线，成为城市总体规划的基本要求。目前空间规划中生态、农业、城镇三类空间划分理念，来自快速城市化和高经济增长的国家（如德国和日本）以及中国台湾地区20世纪80年代国土规划中的生态空间、生活空间和生产空间“三生空间”的划分。国土规划中划分“三生空间”的主要目的在于：保护生态空间不被侵蚀和开发；将宜居的生活空间还给人类；对生产空间进行空间组织。80年代初，台湾地区就曾按照“三生空间”编制了全域的国土规划大纲。中国大陆在20世纪六七十年代，由于经济和工业基础都比较薄弱，一方面要推动国家工业化和现代化，另一方面资本和技术短缺，再加上“冷战时代”的经济封锁，“自力更生”“先生产后生活”的发展经济和生产逻辑非常明确，也造成了重视生产空间、轻视生活空间、忽视生态空间的不可持续发展的弊端。“十一五”国民经济和社会发展规划编制时认识到这个问题，开始重视国土空间不可持续发展的问题。鉴于当时的科学基础和认识，在以县为基本单元的国家和省级主体功能区规划时，无法划定哪些是生活空间，哪些是生产空间，生态空间区划也没有办法划定生态保护的红线，一种“权宜之计”的划分就是现在的生态、农业、城镇三类空间划分。不言而喻，这样的空间划分肯定是存在科学理论问题的，也存在空间性质不

of natural protection. They only possible solution for planners at that time is to divide space into "natural, agricultural, and urban spaces." Undoubtedly, a space division of this kind, which was innovative enough at that time, lacks in a scientific foundation and specification. As time goes by, today we can easily capture all kinds of data from the internet. For most Chinese cities, the specification of "boundaries" would be possible and beneficial.

Currently, there is not a common way to draw the boundaries of urban and town development, and the situation of different regions vary a lot. How can we give development a limit while avoiding suffocating local development? In fact, in most western countries, the boundaries of urban and town development are called "urban growth boundaries." It was initiated by Portland, America, and followed by many cities and regions globally. Urban growth boundary consists of two lines: a rigid boundary of city growth, which is a line that urban development of any time and any kind cannot extrude, and another is a flexible city growth boundary, which is usually drawn according to the current situation. The flexible boundary is based on the evaluation of site construction condition and land value, and is concluded after the coordination of water supply, electricity supply, traffic, communication, and energy. Urban growth boundary should be perceived as a scientific tool for urban smart growth rather than a limitation of urban development. In the current compilation of Chinese planning, the function of the boundary to "control urban growth" is over-addressed, which always leads to a limitation on cities' proper development. Consequently, development will go into a messy and even law-breaking way. To solve this problem, planners need to understand the intention of drawing boundaries and scientifically draw a flexible boundary to serve for the urban comprehensive planning.

To establish an integrate spatial planning system, we need to insist on "multi-planning integration" and "one government, one plan, one blueprint." Under the reform of politic power re-distribution, we cannot regard multi- planning integration as "a thorough planning." Theoretically, planning integrated with multiple planning should be a planning that can get to the ground. In Japan, nationally there is a territory planning framework,

清晰和划定空间目标不一致的问题，但在当时还是有创新价值且解决了实际空间划定问题的。然而，在科学和数据获取技术发达的今天，对大多数城市而言，要精准解决城市发展中的保护与开发不一致的矛盾，是可以通过“生态红线”“基本农田保护区绿线”和“城市增长边界黄线”精准划定来解决的。

目前，对城镇开发边界，全国没有一个统一的划法，各地区的发展情况也不一样，如何既能管得住，又给地方一定的发展自主权？事实上，国外一般称为“城市增长边界”，美国的波特兰市第一次划出了这个边界，后来许多国家和地区为了城市发展的增长管理都纷纷效仿划定各自的城市增长边界。城市增长边界实际上包括了两条边界：一条是城市增长的刚性边界，是城市开发最大的边界，也是城市不能突破的最大自然边界，突破了会导致城市的生态和环境问题，让城市走上不可持续发展的不归路；另一条是刚性边界内根据城市自身发展要求和空间组织需要划定的一定时间内城市增长的弹性边界，这一边界可以理解为实际的城市总体规划物质空间的规划范围，需要在对建设用地条件进行评价（原住建部门）和土地利用价值评定（原国土部门）的基础上，协调水、电、交通、通信、能源等市政设施布局，综合划定近中期城市可能扩展和建设的空间。城市增长边界是城市精明增长的技术工具，是为城市可持续发展服务的，不是为“控制城市发展”而设计的空间制约界限。目前，中国城市规划过程中，过分强调了“控制城市发展”工具的一面，甚至害怕“城镇开发边界”划定后限定了城市发展空间，难免导致“城镇开发边界”划定脱离“科学”和“理性”规划的轨道，形成“划大了管不住，划小了不适用”的尴尬局面。要解决这个问题，还是应该“不忘初心”，回到“为城市可持续发展”的“城市增长管理”服务，摆正“城市增长管理”不是“控制城市发展”，科学地划定城市增长的刚性边界，合理（理性）地划定城市增长的弹性边界，为新一轮城市总体规划服务。

which is compiled every five years according to new times background. Locally, there are four layers of spatial planning: resources and environmental planning (remain unchanged for long); development strategy planning (change according to the ruling government's value); development district planning (base on the previous comprehensive planning and only serve during one presidency); planning of different facilities (remain unchanged for long). In the future, urban comprehensive planning would be a key part of spatial planning. After identifying the power of central and local government, spatial planning should no longer be a "compromise." Urban comprehensive planning should not only coordinate different parties, but also be carried out on to the ground.

Under the new era, urban comprehensive planning plays a pivotal role to lead cities' development. The realization of cities' goals cannot be achieved without identifying urban function and the spatial allocation of regions. To make planning people-oriented, we must regard housing, traffic, environment, public facilities as key content and indicators of urban comprehensive planning and implement them thoroughly. This process is related to the reform and renovation of urban comprehensive planning and refers to the question "what a good city is." In this issue, two columns respectively focused on "Frontline of Urban Comprehensive Planning Reform" and "Research on Central Cities of Northeast Asia" are put forward. The former column mainly discusses the reform and renovation of urban comprehensive planning under new era. Based on the practice of Changchun and Shenyang, and the latter column illustrates the meaning of central cities of Northeast Asia, points out the pivotal realms of the development of Shenyang and Changchun, and establishes an indicator system.

建立国家一体化的空间规划体系，需要坚持“多规合一”“一级政府、一本规划、一张蓝图”的空间规划，在国家行政体制改革和事权重划的大背景下，不能再像以前仅仅理解“多规合一”的空间规划就是“统筹性的规划”。从理论上讲，“多规合一”的空间规划应该是刚性的规划，是“落地”的规划。在日本，实际也是有一个缜密的空间规划体系在运作，国家层面编制“国土规划大纲”（每五年编一次，每一次不一样，不是前期规划的修编）；地方层面的空间规划落实到城市，分四个层次编制，一是资源生态环境规划（长期不变），二是发展战略规划（经常变化，按首长和党派价值观编制），三是发展区规划（首长任期内的实施规划，是基于原来总体规划的规划修编），四是各类设施规划（长期保持不变的规划，主要依据上述总体规划进行设施配套完善）。未来的城市总体规划应该是空间规划的一个重要组成部分。在中央和地方事权划清、部门之间和地方之间事权明确的背景下，空间规划再也不应该是“权宜之计”的“统筹性的规划”，城市总体规划既要做到协调和妥协，也要做到刚性“落地”的深度。

在新时代，城市总体规划在城市发展和建设中的战略目标引领与空间管理作用至关重要。城市战略目标的实现离不开“城市功能”定位和功能区空间布局。要做到“以人民为中心”，就需要将住房、交通、环境、公共服务等作为城市总体规划的重要内容与核心指标进行空间落实。这就涉及城市总体规划的改革和创新，涉及“建什么样的城市”的城市建设目标问题。本期推出“城市总体规划改革前线”和“东北亚中心城市研究”两个栏目。前者重点探索新时代城市总体规划的改革和创新；后者结合东北中心城市沈阳和长春，展示东北亚国际化中心城市的内涵以及两个城市发展建设的各自重点领域和指标体系。

新时期城市总体规划编制改革方向探究
——基于长春试点工作的探索

杨少清 张 博 刘延松 刘 学

The Exploration of Reform Direction on the Urban Master Planning in the New Period: Based on the Exploration of Changchun Pilot Project

YANG Shaoqing[1], ZHANG Bo[2], LIU Yansong[2], LIU Xue[2]
(1. Changchun Planning Bureau, Changchun 130022, China; 2. Changchun Institute of Urban Planning & Design, Changchun 130033, China)

Abstract In August 2017, in order to thoroughly implementing the new requirements of the 19th National Congress and the spirit of governmental work conference on urbanization and city, and also in order to doing a good job in the preparation for the master planning of cities in the new period, the Ministry of Housing and Urban-Rural Development initiated a general regulations for the pilot work. Changchun, as one of the 15 pilot cities, mainly starts the process from the improvement of spatial planning system and focuses on the exploration of the following key issues: development and protection, combination of rigidity and elasticity, conduction of horizontal and vertical, supervisions and evaluation. Changchun strives to paint a beautiful blueprint and at the same time to build the support system for working to the end.

Keywords master plan; establishment reform; planning system; general layout of space planning

作者简介
杨少清，长春市规划局；
张博、刘延松、刘学，长春市城乡规划设计研究院。

摘　要　2017年8月，为贯彻落实中共十九大新要求和中央城镇化工作会议、中央城市工作会议精神，做好新时期城市总体规划编制工作，住房和城乡建设部启动了总规编制试点工作。长春作为15个试点城市之一，主要从完善空间规划体系出发，重点解决开发保护、刚弹结合、横纵传导、监督和考评四个关键问题，努力绘好一张蓝图，做好一干到底的保障措施。

关键词　总体规划；编制改革；规划体系；一张蓝图

1　研究背景

十八大以来，为贯彻落实推进“多规合一”的战略部署，深化规划体制改革创新，建立健全统一衔接的空间规划体系，提升国家国土空间治理能力和效率，四部委（国家发展和改革委员会、国土资源部、环境保护部、住房和城乡建设部）于2014年印发了《关于开展市县“多规合一”试点工作的通知》，系统梳理用地矛盾，推动技术内容合一；2016年，中共中央办公厅、国务院办公厅印发《省级空间规划试点方案》，意在破除部门藩篱，推动行政管理的有机一体；2017年，住房和城乡建设部印发《关于城市总体规划编制试点的指导意见》，主要从创新规划理念、改革规划方式、完善规划体系三方面展开探索，努力建立空间治理体系从技术编制到行政管理的“编审督”一体化新路子。

2 总规面临的问题

《城乡规划法》中明确界定了城市总体规划在城市规划建设领域的地位和作用。2017 年 2 月，习近平总书记考察北京工作时强调，城市规划在城市发展中起着重要的引领作用，要立足提高治理能力，抓好城市规划建设。但由于总体规划在规划理念、事权法理、规划体制、技术方法等方面存在一系列问题，导致城市总体规划的作用未能充分发挥。李晓江等（2011）认为规划的编制内容繁多，但对城市发展的重大战略性问题研究不够，在规划目标、指标和行动计划之间的传导脱节，规划的空间政策属性没有充分体现，“管得太多太死”与“管不住”并存，缺乏“守底线”和“应变”能力，缺乏公众、同级人大、上级政府监督的路径和手段，导致城市总体规划的战略引领力、刚性管控力以及公众号召力不足，难以充分发挥引领城市发展和促进城市转型的作用。

北京、上海在新一轮总体规划编制过程中，在战略取向、思维方式、逻辑框架、规划视野、成果形式、组织方式、实施保障等方面做出了有益的实践和探索，为长春试点工作的开展提供了经验。

3 长春市总规编制改革总体思路

2017 年，长春市同时承担了空间规划、城市设计和总体规划的三个国家试点。根据国家对试点工作的相关要求，长春结合自身实际工作经验，构建了“以编管体系为核心，以实施体系为反馈，以法规标准、考核评估体系为保障，以‘多规合一’信息平台为支撑”的长春市空间规划体系（图 1），具体为：通过一套评估报告、一本规划、一张蓝图、一套指标体系、一套分区指引、一套行动计划支撑编管体系的改革；通过一套评估与考核的改革建议推动规划实施监督；通过一套技术规程与一套法规体系完善总规保障体系建设，确定指导城市规划建设的战略框架。

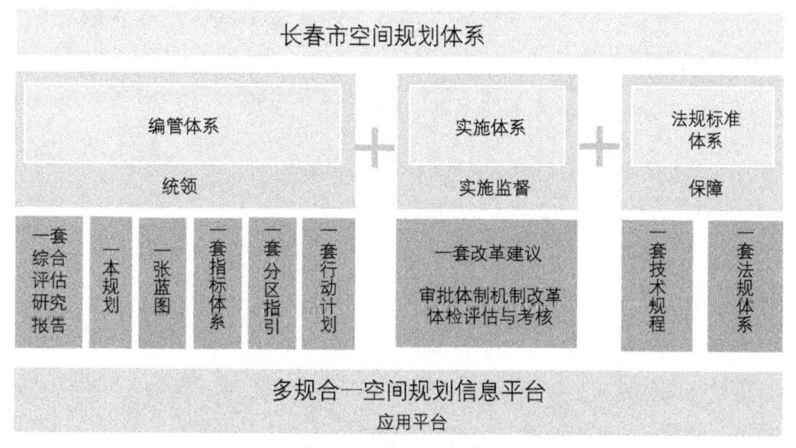

图 1 长春市城市总体规划试点工作思路

资料来源：长春市城市总体规划编制项目组。

3.1 规划编管体系

规划编管体系是空间规划体系的核心，是在原有编研体系的基础上，更加强调与实施管理相协调，不仅有利于构建全市一盘棋的发展思路，更加有利于强化规划的可操作性。其按照“一级政府、一级事权、以管定编、编管结合”的原则，构建“以总体规划为统领、专项规划为支撑、分区规划（县市）为平台、实施性详细规划为依据、城市设计贯穿各层级”的逐级传导、条块结合、城乡覆盖的编管体系（图 2）。在横向保障到边，由市委领导、政府组织各部门共同编制，以总体规划为核心统筹各专项规划和行业事业发展规划，实现“多规合一”；在纵向保障到底，统筹总体规划—分区规划—详细规划三个层次规划，建立由规划到项目的生成机制，保障规划有效落地实施；在具体行动方面，构建十五年规划—五年实施方案—年度实施计划—具体项目方案的行动规划体系。

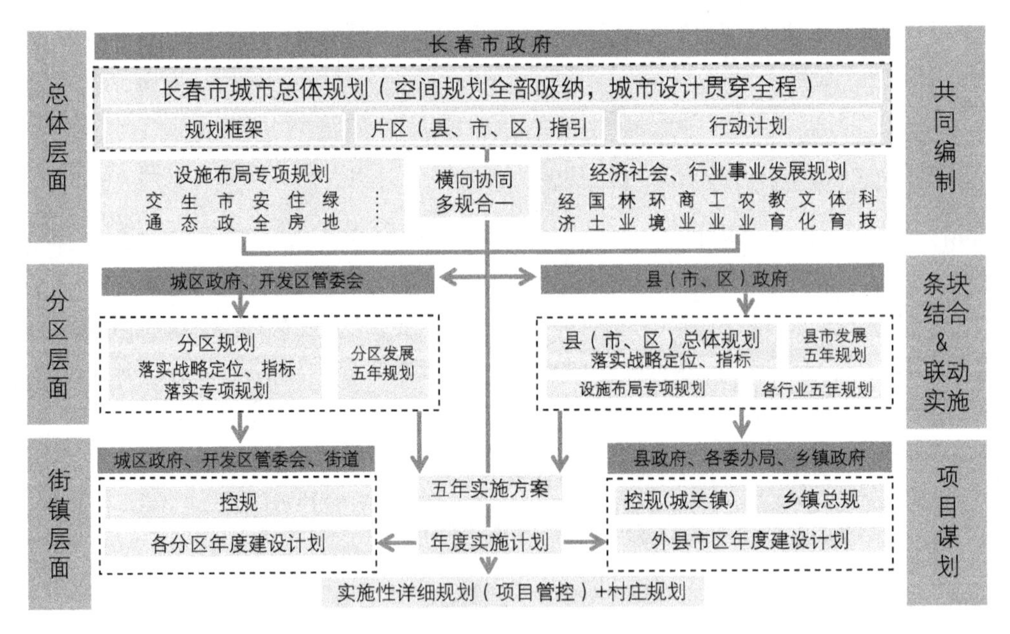

图 2　长春市规划编管体系

资料来源：同图 1。

3.2 规划实施体系

规划实施体系是按照“考评结合、动态反馈”的原则，建立“一年一体检、五年一评估”的评估机制，依据体检评估结果，建立“年度考核、五年考核”的考核机制（图 3）。在考核要素构成上，一方面，按照试点工作量化总规的要求，构建从目标到指标、从指标到坐标的传导体系，以指标体系为核心，提取可考核的指标；另一方面，从目标体系中分解需要完成的重点任务和重大项目，通过与部门事权相衔接，明确责任主体，动态反馈规划实施情况，及时调整规划实施方案，指导规划修改。

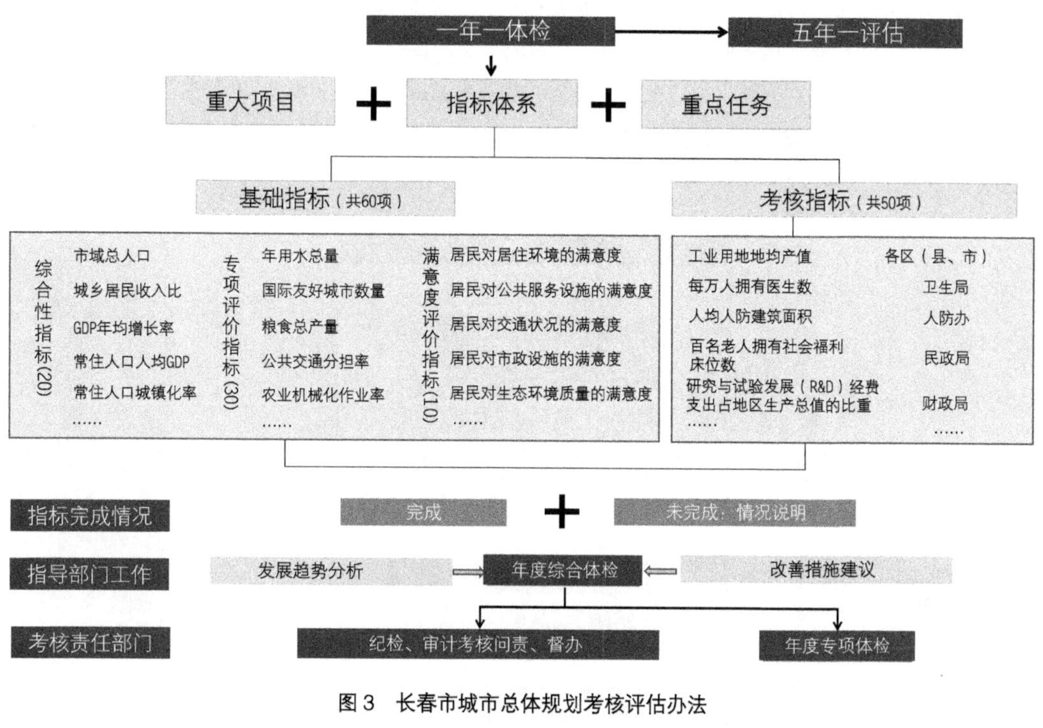

图 3　长春市城市总体规划考核评估办法

资料来源：同图 1。

3.3　规划法规体系

规划法规体系是按照“有法可依、执行有力”的原则，建立包含技术标准与规程、规划编制、规划许可与审批、规划管理的法规标准体系。在技术规程方面，为形成可推广、可复制的经验，特总结编制了空间规划编制办法、资源环境承载能力和国土空间开发适宜性评价技术规程、开发强度测算方法、“三区三线”划定技术规程、用地分类标准、用地差异处理意见、综合空间管控措施、数据标准、制图标准等十项技术规程，实现规划编制基础的“六统一”，即规划期限统一设定到 2035 年，基础数据统一采用 2015 年地理国情普查数据，坐标系统统一转换为 2000 国家大地坐标系，用地类型统一划分为三大类、15 中类、35 小类，指标体系统一设置为八大类，管控分区统一划定为“三区三线”。在法规标准体系方面，2016 年 11 月，长春市政府常务会审议通过了《长春市多规合一管理若干规定》，为长春市城市总体规划的实施管理提供法律支撑与保障。

3.4 “多规合一”信息平台

按照住房和城乡建设部平台建设要求，秉承“切实理顺城市空间治理体系，推动编管体系与行政审批改革”的总体思路架构，形成了“1331”体系的“多规合一”空间规划信息平台，即一套应用管理机制、三大数据库、三大板块、一套服务体系（图 4）。与长春市政务“一门式、一张网”审批平台对接，为其提供空间数据支持，发挥组合优势，实现辅助建设项目审批与建设项目全程管理，共同推进并联审批工作，实现流程再造，让数据多跑路，群众少跑腿。

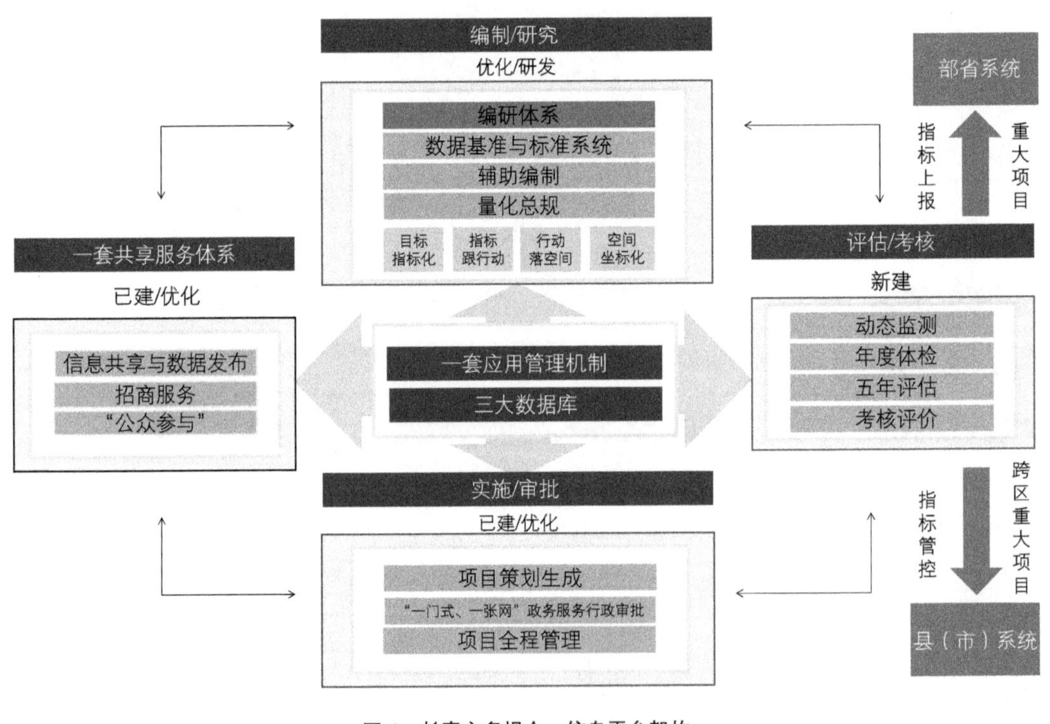

图 4　长春市多规合一信息平台架构

资料来源：同图 1。

4 长春试点工作的几点探索

4.1 划定“三区三线”，解决开发与保护零和博弈问题

空间规划核心是空间资源的分配，是保护与开发诉求的多次博弈，诉求不同就导致了现行空间管控在技术方法、管控措施上存在缺乏衔接、相互打架的问题。如河湖的蓄滞洪区，城市规划一般作为限建区，而在土地利用规划的市县级技术规程中则作为禁建区处理，导致各部门的管控措施不能有效

衔接。在此背景下，长春展开了以“三区三线”为核心的全域空间管控新模式的探索。

长春市地处东北地区松嫩平原，资源丰沛，对空间拓展的约束能力相对较弱。在这种资源环境弱约束情况下，长春通过开展资源环境承载能力评价和国土空间开发适宜性评价，在全域 20 593.5 平方千米范围内，科学划定城镇空间、农业空间、生态空间（图 5）。

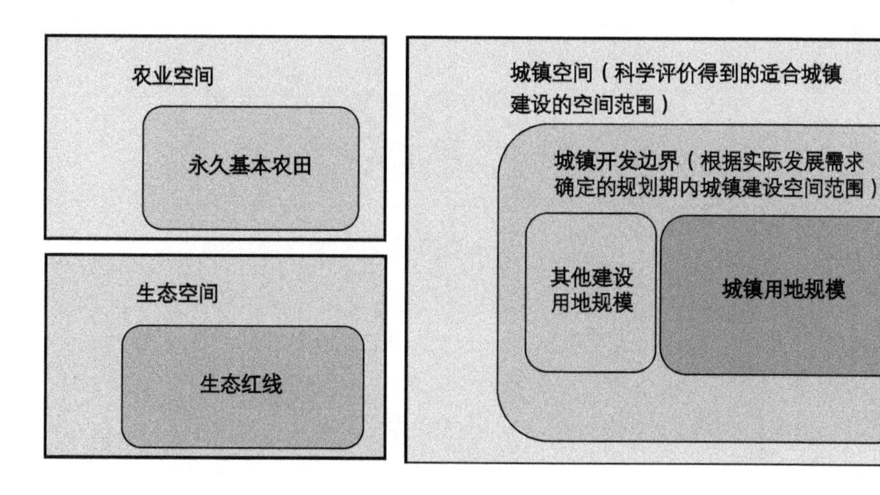

图 5 长春市“三区三线”划定方法

资料来源：同图 1。

在城镇开发边界管控上，长春着重探索了“一标两线”的协同管控方式，即城市建设用地指标管控、城镇开发边界管控、城镇空间管控三种方式。根据长春实际发展需求，从严确定 2035 年城市规模和城镇开发边界，按照“存量尊重现状，增量符合国标”的原则，预测城镇建设用地规模为 1 037 平方千米，城乡建设用地总量在 2020 指标的基础上不增加；在城镇开发边界划定上，基于用地规模，预留不高于 20%的弹性空间，运用元胞自动机，叠加神经网络、随机森林等新的算法，建立城市空间扩张模拟模型，对城市拓展的主要方向进行动态模拟，划定弹性布局边界。

4.2 探索分级多元的管控模式，解决刚性与弹性非左即右的问题

空间规划采取的是“自上而下”的层级管理模式，但不管有多少个层级，只要有一个环节刚性传递失效，整个规划体系则面临失效（辛修昌等，2016；张京祥、陈浩，2014）。原有规划的管控方式采用的是边界管控，在社会主义市场经济体制下，市场主体行为的不确定性，难免造成规划上下脱节、脱离实际，甚至相互冲突的现象，严重影响了规划职能的发挥，降低了空间管理效率。本次试点重点探索利用分级管控与多元管控相结合的方式，达到总体规划管得住、用得好的要求。

在分级管控层面，长春市、县（市、区）人民政府作为空间管控的责任主体，按照“一级政府、

一级事权、一级规划”和“保护权上收、发展权下放”的原则，统筹组织和协调落实总体规划、监督管理空间开发建设活动等职责，建立适应全域管理特点的市县两级分层管控机制。市级政府权责是强化保护权利上收，实现刚性管控的无缝传导。对于规划区范围实现规划与建设及实施监督的全程管控；对于外围区县，则通过制定分区指引以及参与区县总体规划（分区规划）审批的方式实现对刚性内容的管控，体现地方的发展自主权（图6）。

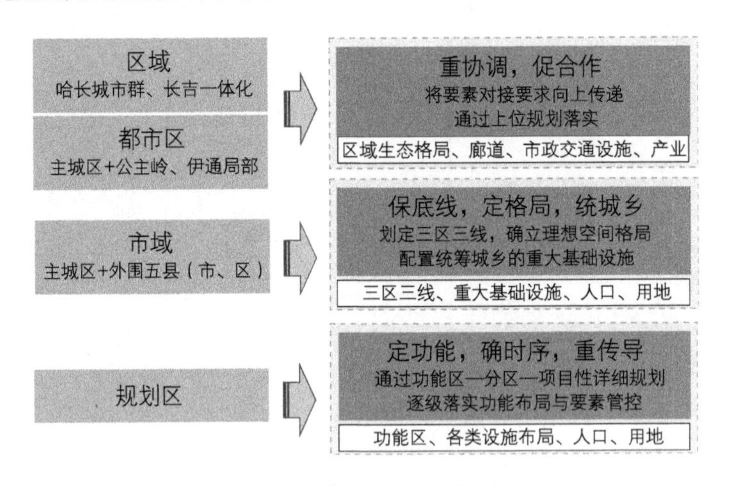

图6　长春市规划分级管理

资料来源：同图1。

在多元管控方面，转变过去“边界管控”的单一方式，探索指标管控、结构管控、边界管控、时序管控等多元管控形式。在城镇开发边界管控上着重探索指标管控、结构管控和边界管控等相结合的多元管控方式。在建设用地指标上从严控制，规划期内不得突破，在城镇开发边界内，强调结构管控，允许保持规划城镇建设用地规模总量不变的前提下进行布局调整。

4.3　建立任务分解及考评制度，解决实施与执行主体不明的问题

当前，我国城市规划存在实施与执行主体不明、缺乏完善的规划实施流程及相关的监督措施等问题，严重影响规划实施工作的效率与质量（赵民、郝晋伟，2012；杨保军等，2016）。本次试点积极探索“一张任务分解表”与考评机制对接，解决本地规划实施工作的棘手问题，行之有效地推动规划实施。

本次试点工作制定了一个权责清晰的规划任务实施体系（图 7），以目标定指标，从底线管控和落实城市定位角度出发，构建形成涵盖 7 大类、18 个小类、共 110 项指标在内的指标体系，结合实施主体，以规划单元（功能区）为基本单位，层层传导、逐级落实，明确各单位的战略任务、发展方向、

对标区域、空间建设、生态保护、建设时序、刚性管控、弹性引导、政策体系等，制定形成一个权责清晰、计划有序、刚弹结合的规划实施任务表，以行动规划的思路，将目标指标化、指标坐标化、坐标政策化，切实发挥总体规划的战略引领作用。

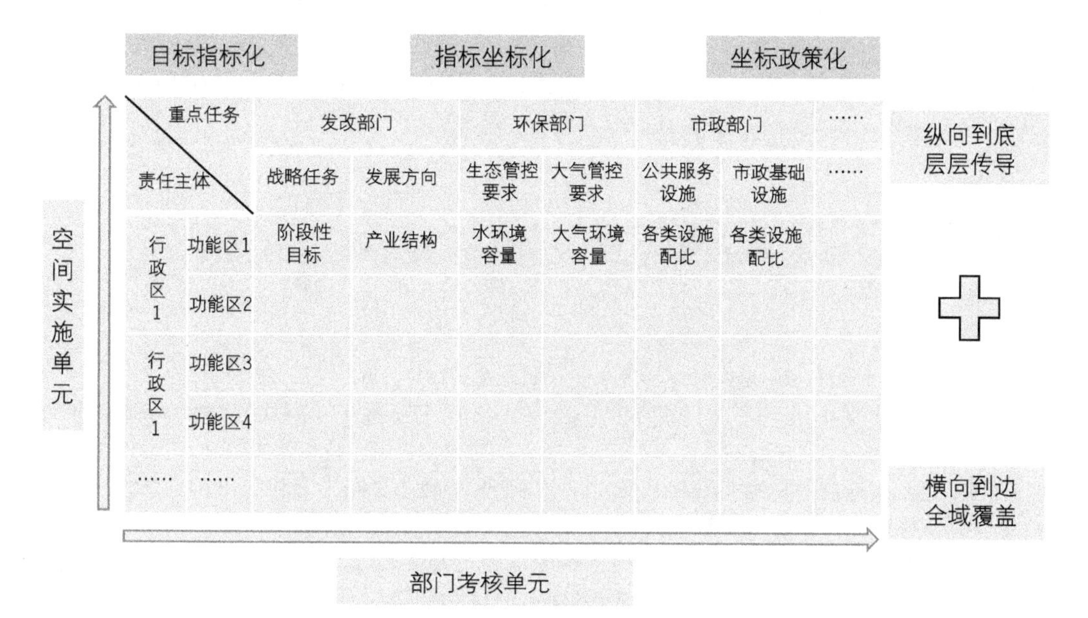

图 7 规划任务实施体系

资料来源：同图 1。

4.4 统筹规划与规划统筹，解决横向与纵向边界不清的问题

我国纵向集权、横向分权的制度，带来部门规划出现纵向自成体系、上下对接困难（许景权等，2017），横向边界不清、左右协调不力的问题，各类空间性规划之间的越位、缺位、错位，已经严重影响了规划职能的发挥，制约了经济社会可持续发展。

在规划技术统筹方面，长春市的做法是将长春市城乡规划设计研究院整体升格为长春市规划编研中心，将原来隶属于规划局的事业单位转变成为向长春市各级政府及各委办局提供规划技术服务的综合性编制研究单位，切实保障“统筹规划”落到实处。

在体制机制方面，长春市将按照吉林省政府工作报告中提出的“赋予城市规划部门综合规划协调职能，做好‘多规合一’工作”的要求，改革原有的规委会制度，成立空间规划委员会，将其作为经济发展与资源保护的工作协调平台，实现空间资源的最优配置，做到“规划统筹”。

5 结语

新一轮城市总体规划试点工作尚在进行中，长春市的试点工作也正在积极推进，虽说在创新规划方式、完善规划体系、解决规划传导、处理规划刚弹结合等方面进行了一定的有益探索，但还有很多不完美之处，需要在未来的实践中逐步完善，也需要与其他试点城市不断相互借鉴学习，切实实现住房和城乡建设部黄艳在两会期间"委员通道"上接受媒体采访时提出的——城市规划要更加具有系统性、整体性和兼容性，让我们的城市更加安全、宜居、包容。

注释

①"城市总体规划编制的改革创新思路研究"，《城市总体规划编制改革与创新》总报告课题组。

参考文献

[1] 李晓江，张京祥，赵民，等. 总体规划向何处去[J]. 城市规划，2011，35（12）：28-34+69.
[2] 辛修昌，邵磊，顾朝林，等. 从"做什么"到"不做什么"：基于"多规融合"的县域空间管制体系构建[J]. 城市发展研究，2016，23（3）:15-21.
[3] 许景权，沈迟，胡天新，等. 构建我国空间规划体系的总体思路和主要任务[J]. 规划师，2017，33（2）：5-11.
[4] 杨保军，张菁，董珂. 空间规划体系下城市总体规划作用的再认识[J]. 城市规划，2016，40（3）：9-14.
[5] 张京祥，陈浩. 空间治理：中国城乡规划转型的政治经济学[J]. 城市规划，2014，38（11）：9-15.
[6] 赵民，郝晋伟. 城市总体规划实践中的悖论及对策探讨[J]. 城市规划学刊，2012，（3）：1-9.

基于“多规合一”改革的沈阳总体规划编制试点创新实践

严文复　张晓云　李越轩　董志勇　李彻丽格日　盛晓雪

Shenyang Master Plan Based on the “Multi-Plan Coordination” Reform: Preparation Pilot and Innovation Practice

YAN Wenfu[1], ZHANG Xiaoyun[2], LI Yuexuan[3], DONG Zhiyong[3], LI Cheligeri[3], SHENG Xiaoxue[3]
(1. Shenyang Planning and Land Resources Bureau, Shenyang 110003, China; 2. Shenyang Urban and Rural Planning Research Center, Shenyang 110003, China; 3. Shenyang Urban Planning & Design Institute, Shenyang 110004, China)

Abstract The pilot project of Shenyang master plan is based on the “Shenyang Revitalization and Development Strategic Plan” and the “multi-plan coordination” reform. This project leads to a significant opportunity to improve the function of strategic guide and spatial control of master planning. This pilot project is aimed at implementing the socialist ideology with Chinese characteristics in the new era of Xi Jinping's presidency, implementing the spirit of 19th CPC National Congress, and accelerating the revitalization of the northeast China. It sticks to a goal-oriented and problem-oriented approach and is led by the strategic plan, in order to strengthening the public policy attributes of master plan. It continues and deepens the work pattern of strategic plan and “multi-plan coordination,” constructs the planning outcome system of “1+4+6+22,” and practices the conceptual innovation from spatial planning to public policy, the mode innovation from department planning to action program, and the implement innovation from graphic planning to urban governance.

Keywords revitalization of old industrial base; “multi-plan coordination”; pilot project of master plan; reform and innovation

作者简介
严文复，沈阳市规划和国土资源局；
张晓云，沈阳市城乡规划编制研究中心；
李越轩、董志勇、李彻丽格日、盛晓雪，沈阳市规划设计研究院。

摘　要　沈阳总规试点工作是在《沈阳振兴发展战略规划》、“多规合一”改革工作基础上进一步提高总体规划战略引领和刚性控制作用的重大机遇。试点工作围绕贯彻习近平新时代中国特色社会主义思想，落实党的十九大精神，加快推进新一轮东北振兴的时代背景，坚持从目标导向和问题导向出发，以战略规划为统领，强化总规的公共政策属性；延续并深化了《沈阳振兴发展战略规划》的战略引领作用和“多规合一”改革思路，构建了“1＋4＋6＋22”的规划成果体系，践行了从“空间规划”转向“公共政策”的理念创新、从“部门规划”到“行动纲领”的模式创新、从“图文规划”到“城市治理”的实施创新等改革要求。

关键词　老工业基地振兴；“多规合一”；总规试点；改革创新

1　工作背景

1.1　总规改革要求

我国经济发展进入新常态，城市化由高速度发展向高质量发展转变，这对城市规划特别是城市总体规划的改革工作提出了新的时代要求。

城市总体规划要不断强化两个重要作用。一是战略引领作用，即立足国家发展战略的统一格局，谋划城市自身的战略定位和发展目标，落实党的十九大制定的战略目标——到本世纪中叶“两步走”实现现代化，落实国家三大区域协调发展战略意图；二是刚性控制作用，即以划定“三区三线”等为手段，划定城市开发边界、生态控制线等，实施问题导向，明确提高城市环境品质、保护传承历史文化等刚性要求。

发挥城市总体规划的资源和要素配置作用，要改变对物质空间的偏重，转向“以人民为中心”，统筹安排生产、生活、生态空间，混合布置城市功能，实现职住有机平衡，系统提高城市基础设施、公共服务以及生态环境方面的承载能力。

应制定评估体检的问责机制和监督机制，确保城市总体规划的落实和执行。同时，要通过推进公众参与监督城市规划管理建设的全过程，不断提高城市治理水平的现代化，促进城市规划系统性、整体性、兼容性和城市安全、宜居、包容水平的不断提升（图1）。

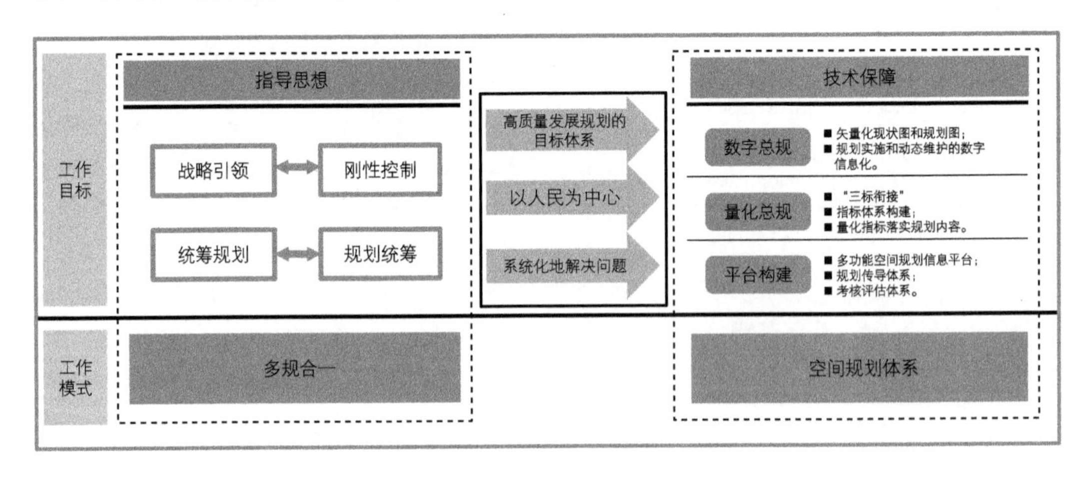

图1 总规试点工作要求

1.2 国家政策指引

2016年，国家新一轮东北振兴政策全面实施，为沈阳振兴发展明确了定位与方向。十八大以来，习近平总书记多次做出重要讲话、批示和指示，强调东北振兴“三个事关”重大意义，明确“三个推进”“四个着力”振兴路径；党中央、国务院陆续出台一系列支持性政策，进一步明确东北振兴的总体目标、具体任务和重要举措，提出“一带五基地”的发展定位；国家32个试点示范区逐步在沈阳落实，从改革、创新、开放、产业、民生等方面对沈阳提出发展要求，为沈阳乃至东北振兴带来新的机遇（图2）。

2017年，党的十九大进一步强调了“深化改革加快东北等老工业基地振兴”，并提出“两步走”实现社会主义现代化发展目标和“以人民为中心”“解决不平衡不充分问题”“抓重点、补短板、强弱项”“三线划定”“乡村振兴”等重要论断，都对城市规划、建设和发展提出了新的要求。

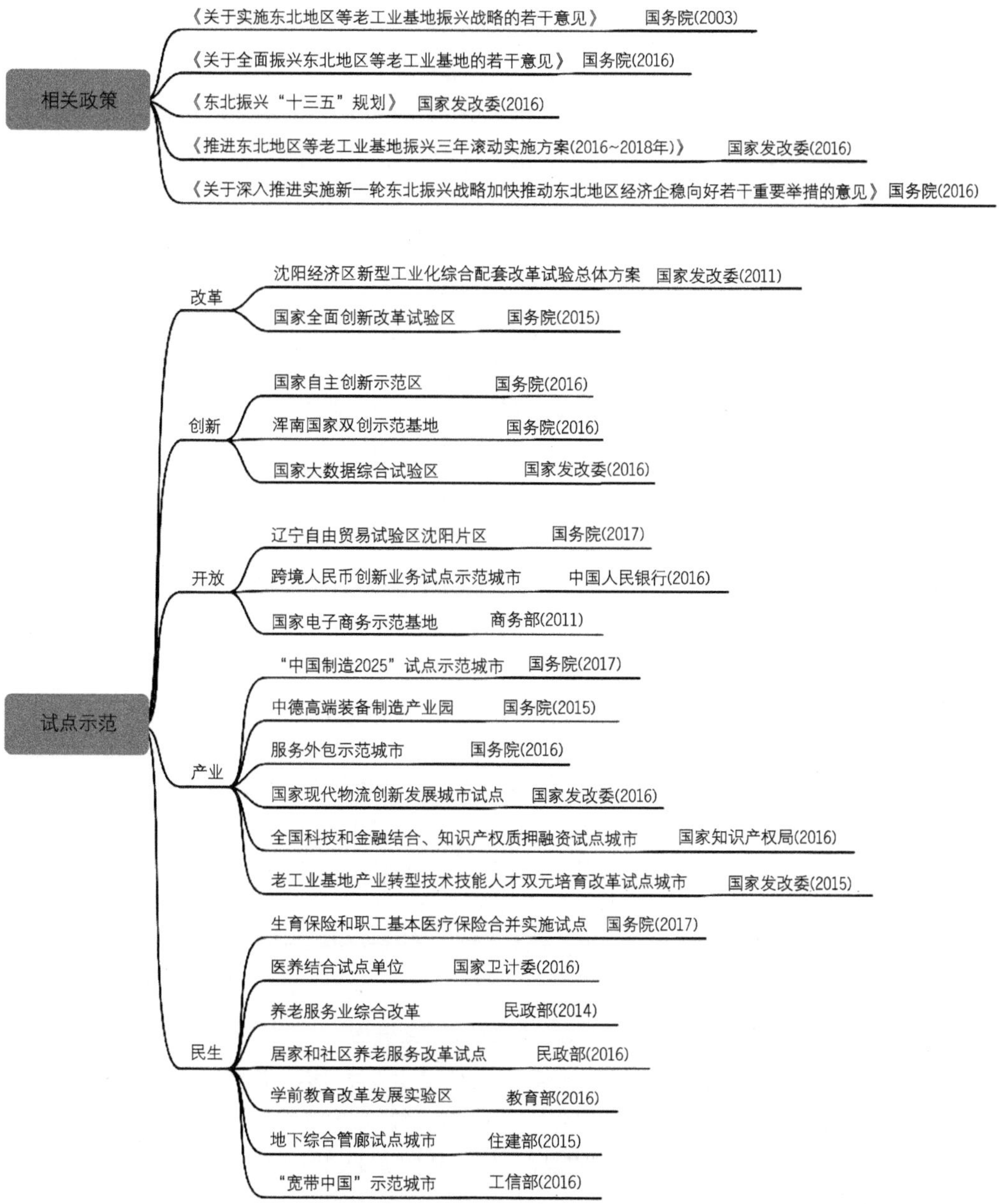

- 相关政策
  - 《关于实施东北地区等老工业基地振兴战略的若干意见》 国务院(2003)
  - 《关于全面振兴东北地区等老工业基地的若干意见》 国务院(2016)
  - 《东北振兴“十三五”规划》 国家发改委(2016)
  - 《推进东北地区等老工业基地振兴三年滚动实施方案(2016~2018年)》 国家发改委(2016)
  - 《关于深入推进实施新一轮东北振兴战略加快推动东北地区经济企稳向好若干重要举措的意见》 国务院(2016)
- 试点示范
  - 改革
    - 沈阳经济区新型工业化综合配套改革试验总体方案 国家发改委(2011)
    - 国家全面创新改革试验区 国务院(2015)
  - 创新
    - 国家自主创新示范区 国务院(2016)
    - 浑南国家双创示范基地 国务院(2016)
    - 国家大数据综合试验区 国家发改委(2016)
  - 开放
    - 辽宁自由贸易试验区沈阳片区 国务院(2017)
    - 跨境人民币创新业务试点示范城市 中国人民银行(2016)
    - 国家电子商务示范基地 商务部(2011)
  - 产业
    - “中国制造2025”试点示范城市 国务院(2017)
    - 中德高端装备制造产业园 国务院(2015)
    - 服务外包示范城市 国务院(2016)
    - 国家现代物流创新发展城市试点 国家发改委(2016)
    - 全国科技和金融结合、知识产权质押融资试点城市 国家知识产权局(2016)
    - 老工业基地产业转型技术技能人才双元培育改革试点城市 国家发改委(2015)
  - 民生
    - 生育保险和职工基本医疗保险合并实施试点 国务院(2017)
    - 医养结合试点单位 国家卫计委(2016)
    - 养老服务业综合改革 民政部(2014)
    - 居家和社区养老服务改革试点 民政部(2016)
    - 学前教育改革发展实验区 教育部(2016)
    - 地下综合管廊试点城市 住建部(2015)
    - “宽带中国”示范城市 工信部(2016)

图 2 十八大以来东北振兴重要文件及沈阳市相关改革示范政策

沈阳总规试点工作以政策目标为导向，充分贯彻落实习近平新时代中国特色社会主义思想和党的十九大精神，是沈阳推进深化改革、实现振兴发展、全面提升治理体系和治理能力现代化水平的重要手段。

1.3 城市发展问题

随着“新东北现象”的出现，沈阳诸多城市发展问题逐渐浮出水面。《关于全面振兴东北地区等老工业基地的若干意见》指出，“（东北地区）矛盾和问题归根结底是体制机制问题，是产业结构、经济结构问题，解决这些问题归根结底要靠全面深化改革”，清晰地解读了东北地区发展的核心症结所在。

从城市经济发展上来讲，自 2003 年东北振兴战略实施以来，沈阳城市经济一直难以摆脱结构不合理、人才流失、传统制造业增长乏力、创新产业发展不足、生产性服务业发展迟缓、房地产路径依赖等诸多问题，尚未形成完善的现代化产业体系。从与之对应的城市空间发展上看，沈阳的老城与新城、主城与副城的功能尚待完善，土地利用效率有待提高；城市与乡村、区域与中心城市的协同发展格局有待提升；交通拥堵、环境污染、职住不平衡、产城未融合等大城市病也亟待解决，面临着较多城市空间发展不平衡、不充分的问题。

从问题导向角度出发，沈阳已进入滚石上山、爬坡过坎的探底反弹阶段，需全面深化改革、推进转型创新升级，探索转型发展道路，应通过社会转型、产业转型和城市转型的全面推进，解决城市发展的核心问题。

2 沈阳“多规合一”改革工作

为积极应对国家战略要求，适应外部环境变化，解决城市自身发展问题，2016 年，沈阳统筹全市资源，前瞻性地开展了“多规合一”改革工作，旨在协同部门职能，提高管理效率，提升城市治理体系和治理能力现代化，加快“放管服”改革，打造国际化营商环境，着力解决沈阳振兴发展在规划、资源、环境、产业等诸多方面存在的不平衡、不协调、不可持续的问题，实现沈阳全面振兴。

以“一个战略”为前提，以“一张蓝图”为基础，构建“一个平台”，理清“一张表单”，完善“一套机制”，沈阳创新性地构建了“五个一”的“多规合一”改革工作框架，与国家相关改革要求深度契合，取得了积极成效（图 3）。

“一个战略”即《沈阳振兴发展战略规划》（简称《战略规划》），于 2016 年 9 月开始编制，规划围绕沈阳的过去与现在、国家的新任务和新要求、沈阳振兴发展目标、五大振兴发展战略、十六大发展策略、幸福沈阳共同缔造和规划实施评估七个方面进行编制，形成了连续、系统、整体的科学规划。《战略规划》于 2017 年 1 月通过人大审议，确立了其顶层设计的重要地位。

以《战略规划》为统领，以“党政主抓、上下联动”的组织体系和各类法规标准构成的制度体系为机制保障，沈阳市“多规合一”改革工作全面开展。2017 年 4 月，“一个平台”即“多规合一”综合管理平台正式上线试运行，下含协同联动的项目管理、业务协同、行政审批三大平台，结合“一张表单”的完善，优化再造了审批流程，有效提升了项目审批工作效率。时至今日，已整合了 20 多个部门、40余项相关规划，绘成落实战略规划理想空间结构，统筹叠加各类规划，协调一致的“一张蓝图”，完成了203个图层的上线工作，有效落实了空间规划控制线管理体系（图4）。

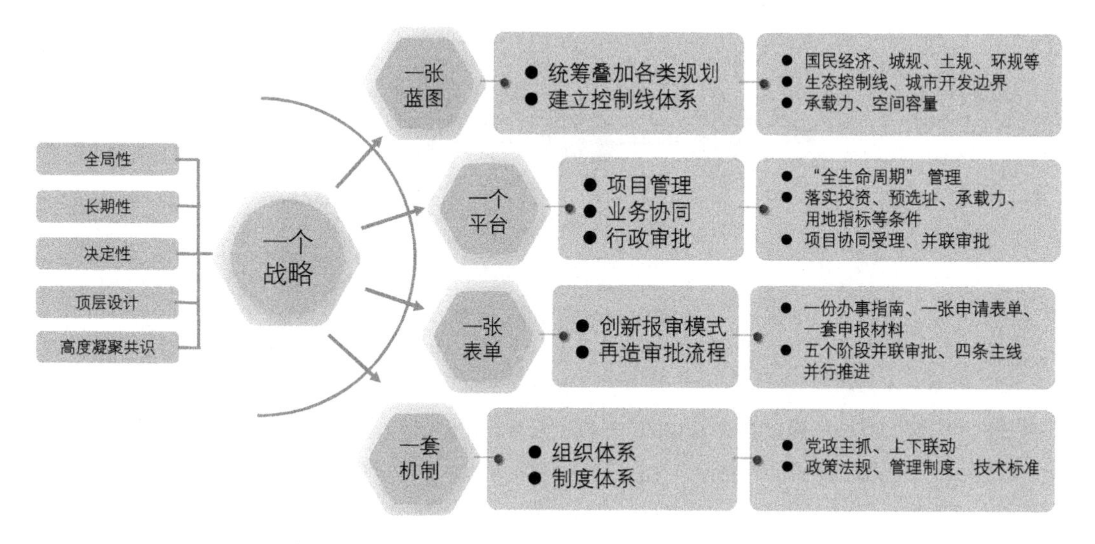

图3 沈阳“多规合一”改革实践

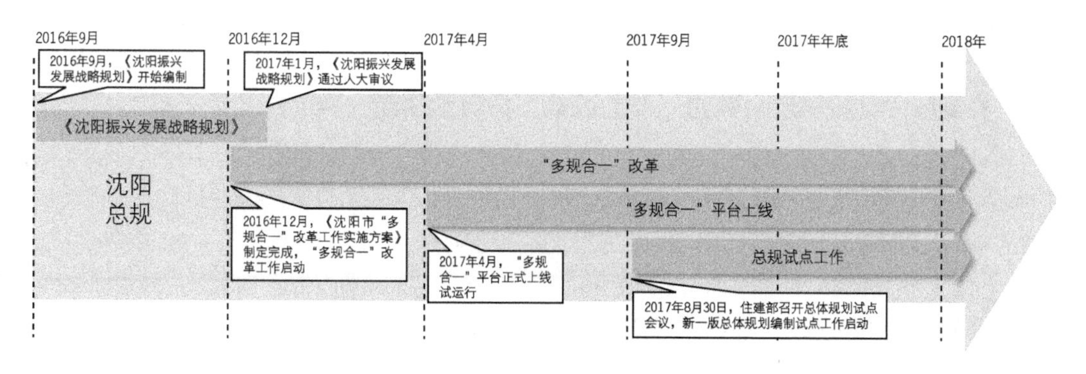

图4 沈阳总规试点工作基础

3 沈阳总规试点工作技术路线

2017年9月开始的沈阳总体规划试点工作与“多规合一”改革工作一脉相承（图5）。为进一步落实总体规划的“战略引领”和“刚性控制”作用，沈阳总体规划试点工作构建了“1+4+6+22”的规划成果体系。“1”即体现了规划战略思路和管控要求等核心内容的一个总报告；“4”即全面建设沈阳东北亚国际化中心城市、科技创新中心、先进装备智能制造中心、高品质公共服务中心的四个支撑性专题报告；“6”即应对总规改革技术创新要求的六个专项研究报告；“22”即针对各部门重点问题的22个专题研究。

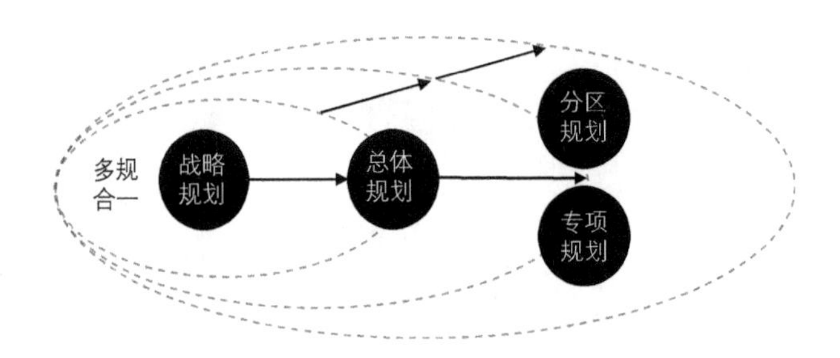

图5 总体规划、战略规划和“多规合一”的关系

与总规试点工作路线相呼应，总报告内容分为三大部分：一是统领性的目标、愿景和战略，面向国家要求和区域发展责任确定的“四个中心”城市发展定位；二是落实空间规划格局、“三生”空间划定和要素支撑保障，支撑规划目标实现；三是空间规划体系、多规管理平台、实施评估与动态维护、监管与决策等实施保障（图6）。

4 沈阳总规试点改革创新实践

4.1 实现从“空间规划”转向“公共政策”的理念创新

明确把沈阳建成东北亚国际化中心城市、科技创新中心、先进装备智能制造中心、高品质公共服务中心的目标定位，由发展战略推进组负责进行深化工作，分别由市发改委、市科技局、市经信委和市建委牵头，与国家发改委宏观研究院、中科院沈阳分院等研究机构进行合作，开展“四个中心”的规划研究，将原来的部门专项行动计划完善为支撑总规核心内容的专题报告，包括发展目标、指标体系（图7）、实施策略和政策保障，与总规整体框架进行全面对接，使总体规划成为保障城市高质量发展的公共政策。

围绕建设东北亚国际化中心城市的总体发展目标，空间规划推进组与清华大学开展合作，借鉴世界城市、全球城市等相关理论，在明确国际化中心城市内涵的基础上，构建了包括东北亚第三大影响力城市、国家经济中心城市、技术水平领先的世界级先进装备制造基地、科教创新引领发展城市、宜居宜业绿色魅力之都五个方向的沈阳建设东北亚国际化中心城市指标体系，并与“四个中心”专题报告紧密衔接，分别确定到2020年、2030年、2035年的阶段目标。

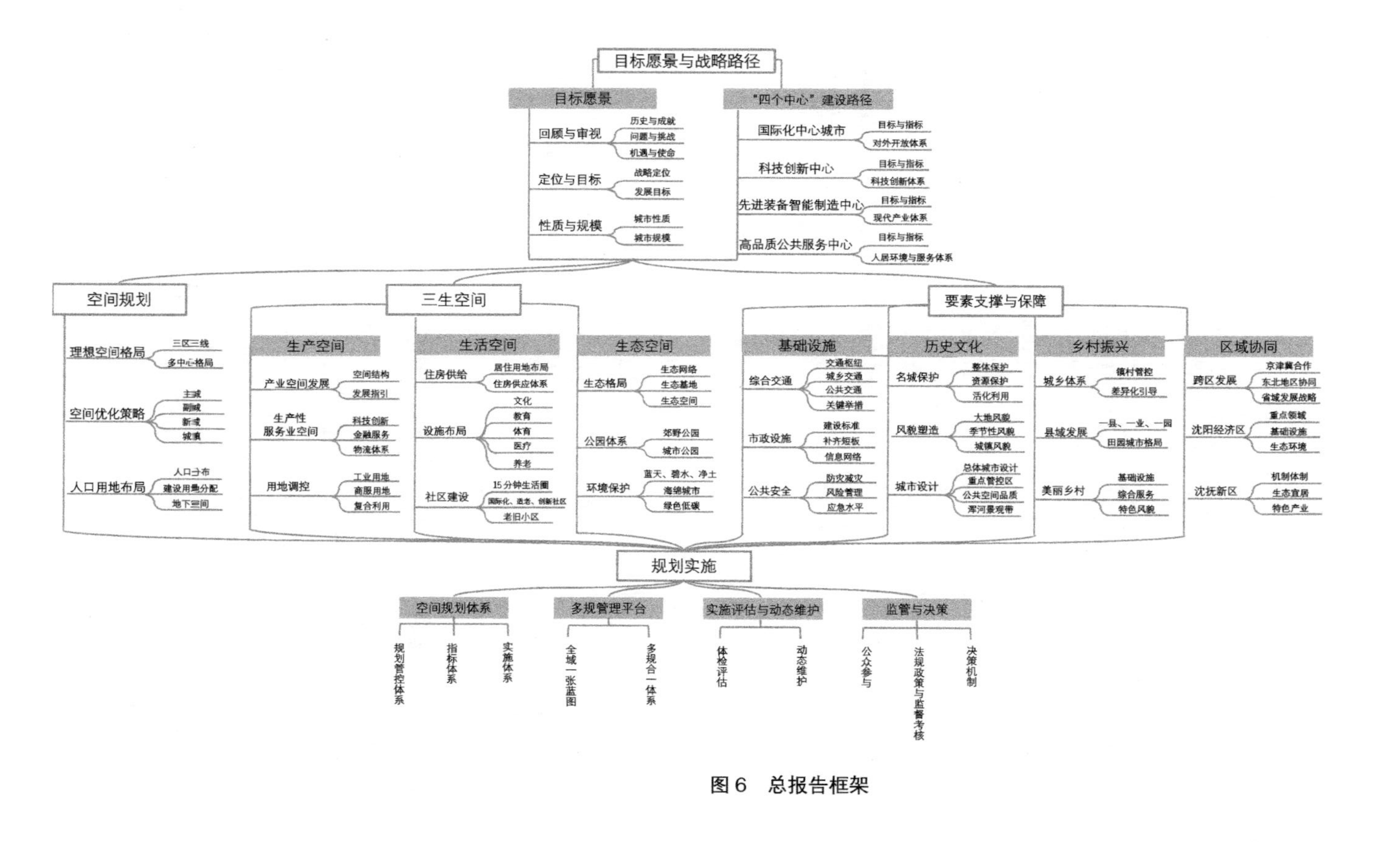
目标愿景与战略路径
目标愿景
回顾与审视
历史与成就
问题与挑战
机遇与使命
定位与目标
战略定位
发展目标
性质与规模
城市性质
城市规模
“四个中心”建设路径
国际化中心城市
目标与指标
对外开放体系
科技创新中心
目标与指标
科技创新体系
先进装备智能制造中心
目标与指标
现代产业体系
高品质公共服务中心
目标与指标
人居环境与服务体系
空间规划
理想空间格局
三区三线
多中心格局
空间优化策略
主城
副城
新城
城镇
人口用地布局
人口分布
建设用地分配
地下空间
三生空间
生产空间
产业空间发展
空间结构
发展指引
生产性服务业空间
科技创新
金融服务
物流体系
用地调控
工业用地
商服用地
复合利用
生活空间
住房供给
居住用地布局
住房供应体系
设施布局
文化
教育
体育
医疗
养老
社区建设
15分钟生活圈
国际化、适老、创新社区
老旧小区
生态空间
生态格局
生态网络
生态基地
生态空间
公园体系
郊野公园
城市公园
环境保护
蓝天、碧水、净土
海绵城市
绿色低碳
要素支撑与保障
基础设施
综合交通
交通枢纽
城乡交通
公共交通
关键举措
市政设施
建设标准
补齐短板
信息网络
公共安全
防灾减灾
风险管理
应急水平
历史文化
名城保护
整体保护
资源保护
活化利用
风貌塑造
大地风貌
季节性风貌
城镇风貌
城市设计
总体城市设计
重点管控区
公共空间品质
浑河景观带
乡村振兴
城乡体系
镇村管控
差异化引导
县域发展
一县、一业、一园
田园城市格局
美丽乡村
基础设施
综合服务
特色风貌
区域协同
跨区发展
京津冀合作
东北地区协同
省域发展战略
沈阳经济区
重点领域
基础设施
生态环境
沈抚新区
机制体制
生态宜居
特色产业
规划实施
空间规划体系
规划管控体系
指标体系
实施体系
多规管理平台
全域一张蓝图
多规合一体系
实施评估与动态维护
体检评估
动态维护
监管与决策
公众参与
法规政策与监督考核
决策机制
图 6　总报告框架

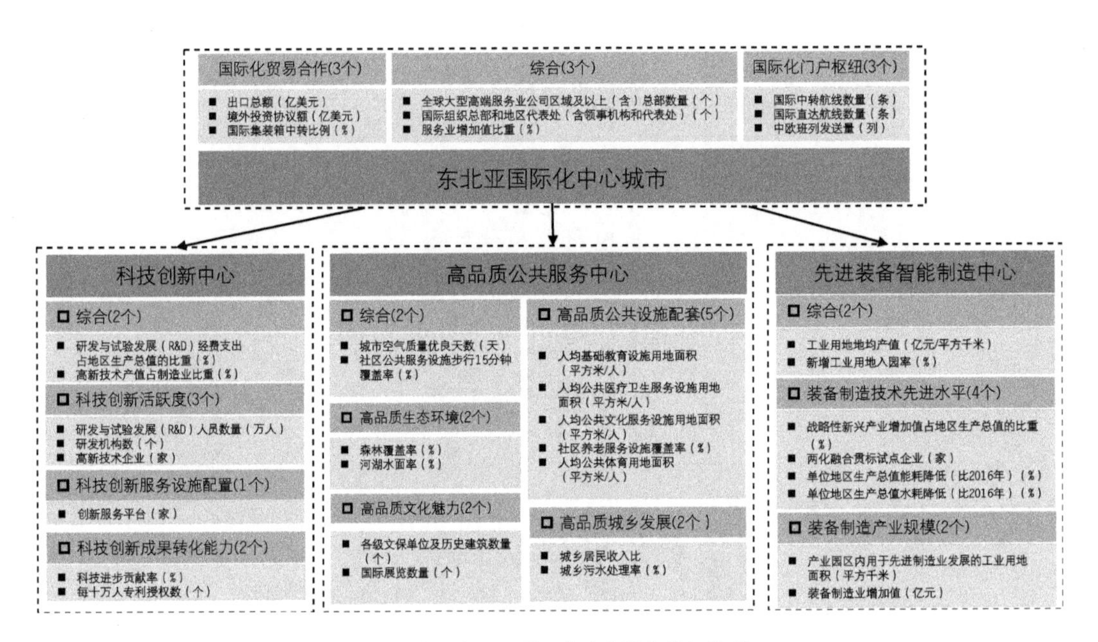

图 7　沈阳东北亚国际化中心城市指标体系

划定生态控制线，明确“建”与“非建”的空间格局和国际化中心城市的功能布局，全面落实城市总体规划的刚性控制作用。优化全域空间布局，构建与自然山水基底相协调的全域生态网络体系，构建与现代化产业体系相匹配的多中心城乡空间体系，构建绿色高效的城乡综合交通体系，形成“战略—目标—指标—坐标”的完整逻辑框架，实现总规对城市重大决策的空间要素保障，进一步推进规划统筹作用的发挥。

4.2　完成从“部门规划”到“行动纲领”的组织模式创新

总规试点工作延续并完善“多规合一”改革工作组织模式经验，实施“党委领导、政府组织、专家领衔、部门合作、公众参与、科学决策”的工作模式，充分体现“开门编规划”的宗旨。

市委、市政府主要领导先后多次就试点工作做出批示，提高各部门、各地区的思想认识。成立了由市政府主要领导领衔的规划编制领导小组，下设分别由市发改委、市建委、市规划局、市环保局、市委宣传部等部门牵头的“发展战略、空间规划、环境保护、基础设施、公众参与、外围区县”六个工作推进组，包括各相关部门和各区县共 60 家成员单位，体现了党委对试点工作的统一领导和市政府的统筹组织（图 8）。

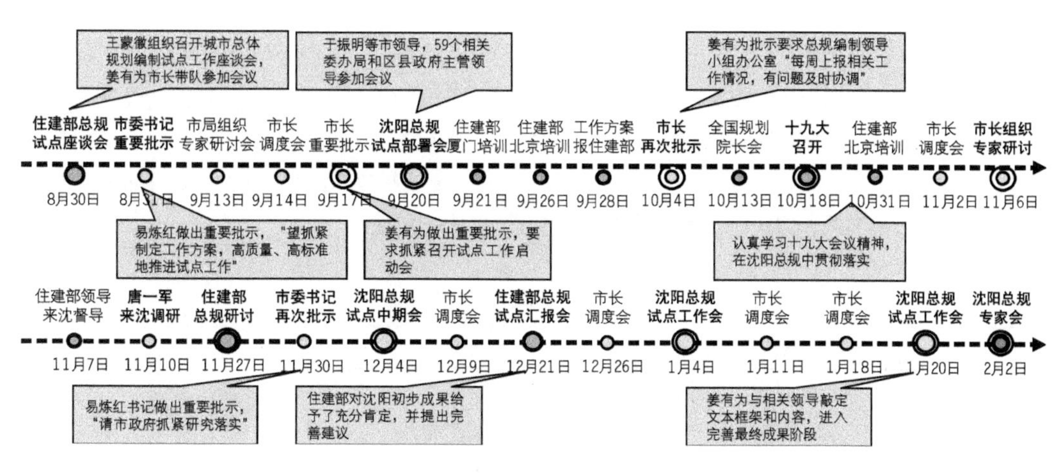

图 8　沈阳总规试点工作大事记

以“多规合一”“一张蓝图”作为总规试点工作底图，以划定“三区三线”实施全域空间管控作为试点工作的基础性支撑手段（图 9）。针对各部门空间性专项规划突出问题，制定共计 22 项专题研究报告工作计划，高度体现了政府组织与部门合作，全面提升了规划的综合性和针对性。总规编制过

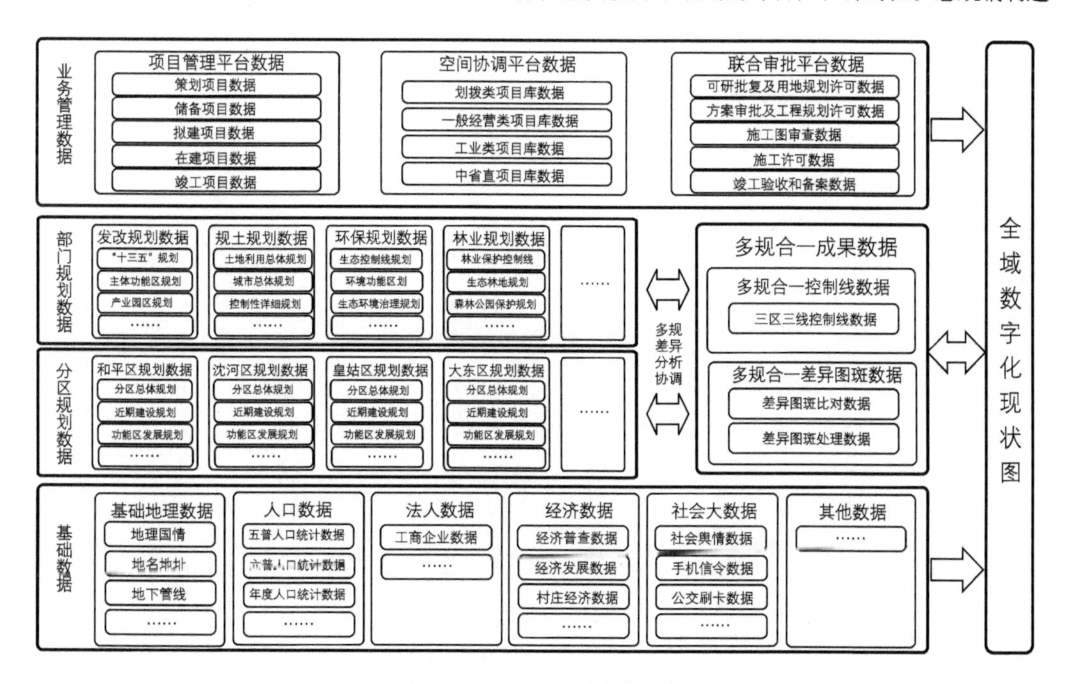

图 9　沈阳“多规合一”“一张蓝图”图层构成

程中，市政府主要领导先后组织召开10余次工作推进会，针对试点工作不同阶段的具体工作进行工作调度、专家咨询、部门协调、成果评审等，将总报告、“四个中心”专题报告、“中国制造2025”示范城市申报工作与22项专题研究工作（表1）统筹推进，深入协调各部门、各地区工作，保证了各项规划任务的规划范围、期限、目标、内容的相协调，与国家宏观战略政策全面对接，深化统一了全市“一张蓝图干到底”的思想认识，体现了总规试点工作的科学决策。

表1 沈阳总规试点22个专题研究报告

专题研究	负责部门	外联部门
东北亚国际化中心城市建设研究	规土局	清华大学
沈阳市国民经济和社会发展中长期发展规划研究	市发改委	国家发改委宏观研究院
沈阳市对标城市研究	规土局	中山大学
沈阳市创建“中国制造2025”国家级示范区专题	经信委	工信部赛迪研究院
沈阳东北亚科技创新中心建设专题	科技局	中科院沈阳分院
沈阳市服务业转型发展及空间布局专题研究	服务业委	商务部中商商业规划院
沈阳市城乡统筹与乡村振兴发展研究	规土局	华中师范大学
东北亚国际枢纽中心城市建设研究	自贸区	上海海事大学、上海自贸区研究院
中国（辽宁）自由贸易试验区沈阳片区实施方案	规土局	
沈阳市开发区（园区）功能完善规划研究	发改委、规土局	
沈阳市精致建设研究	建委	
沈阳经济区一体化研究	规土局	
沈阳市资源承载力研究	规土局	
沈阳市建设用地节约集约利用评价研究	规土局	
沈阳市综合交通发展研究	规土局	
沈阳市市政基础设施建设研究	规土局	
沈阳市高品质公共服务中心研究	建委	
沈阳市历史文化资源保护与活化利用研究	规土局	
沈阳市北国风光宜居家园研究	规土局	
《沈阳市城市总体规划（2011～2020）》实施评估	规土局	
沈阳市土地利用总体规划修编（2017～2035年）前期研究	规土局	
“多规合一”的空间规划协同	规土局、环保局、林业局、水利局	

此外，由市委宣传部牵头的公众参与推进组通过开展系统性、创新性、全过程的公众参与，搭建多元公众参与平台，广泛征集各界意见，并分类落实到规划成果中。

4.3 形成从“图文规划”到“城市治理”的实施技术创新

总规试点工作落实总规改革创新要求，完善空间规划编制体系和管控体系，建立规划实施管理体系和规划评估监测机制，拓展“多规合一”平台功能，全面服务城市数字化管理需求，强化总规的可实施性。

在各级事权梳理的基础上，建立完善“总体规划—分区规划—专项规划—控详规划”的空间规划编制体系，逐级落实总体规划的目标、指标和空间安排。总体规划层次主要明确城市战略定位与发展目标，统筹安排空间格局与功能布局。分区规划和专项规划层次传导总规内容，指导控详规划空间和功能布局。控详规划层次落实空间坐标，指导用地开发。以“三区三线”为基础，理清“山、水、林、田、城”等空间要素，确立理想空间格局，划定生态控制线，以“五图九线”实施全域空间管控。结合专项和分区规划完成分区定量管控图，强化“总规—分区规划—控详规划”的纵向传导（图 10、图 11）。

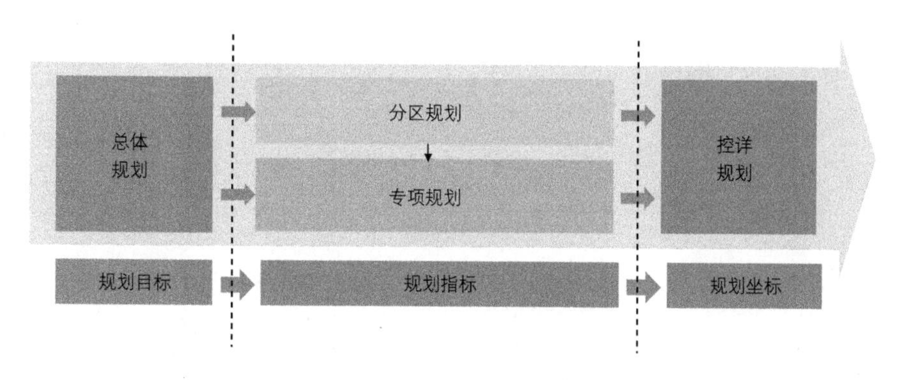

图 10 全域空间规划体系

建立“总体规划—五年规划—年度计划”的规划实施管理体系，将落实城市发展目标的年度计划与“多规合一”项目推送平台进行对接，将全市经济社会发展目标与城市建设相衔接，统筹协调总体规划各阶段发展目标与指标，明确行动议题，清晰规划实施路径，由项目主导转变为规划主导，实现规划统筹（图 12）。

建立以指标传导为依据的规划评估考核机制和“一年一体检、五年一评估”的规划评估监测机制。以上报指标为基础开展规划评估，对城市重大决策进行及时反馈；以核心指标和基础指标为基础开展城市体检，研究分析城市问题；结合分区规划和专项规划建立差异化绩效考核机制，提高城市治理水平（图 13）。

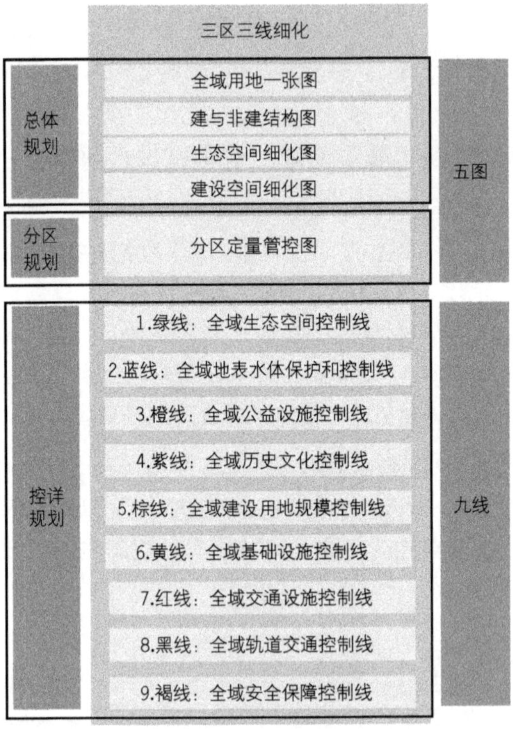

三区三线细化
总体
规划
全域用地一张图
建与非建结构图
生态空间细化图
建设空间细化图
分区
规划
分区定量管控图
五图
控详
规划
1.绿线：全域生态空间控制线
2.蓝线：全域地表水体保护和控制线
3.橙线：全域公益设施控制线
4.紫线：全域历史文化控制线
5.棕线：全域建设用地规模控制线
6.黄线：全域基础设施控制线
7.红线：全域交通设施控制线
8.黑线：全域轨道交通控制线
9.褐线：全域安全保障控制线
九线

图 11　全域规划和控制线体系

规划统筹
总体规划
三（五）年行动计划
分解
调整
年度实施行动计划
1.行动目标和议题
2.重大项目安排
3.土地供应及建设范围
4.分区与专项规划指引
5.保障机制
1.年度行动目标
2.年度建设项目库
3.用地供应和用地保障

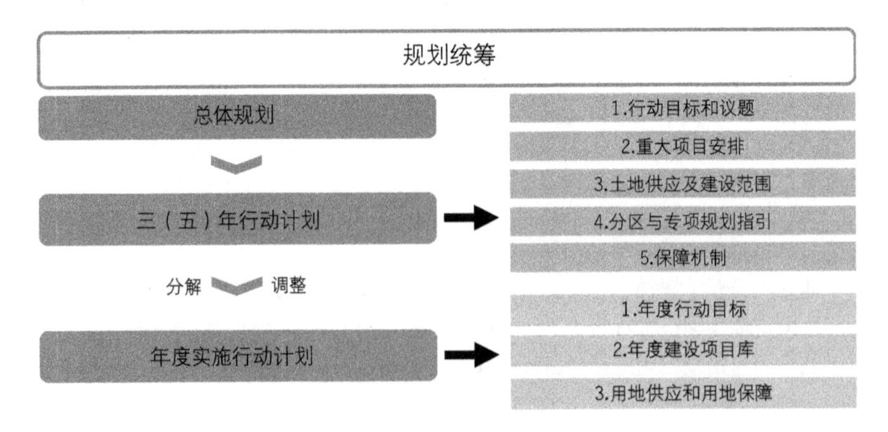

图 12　规划实施机制

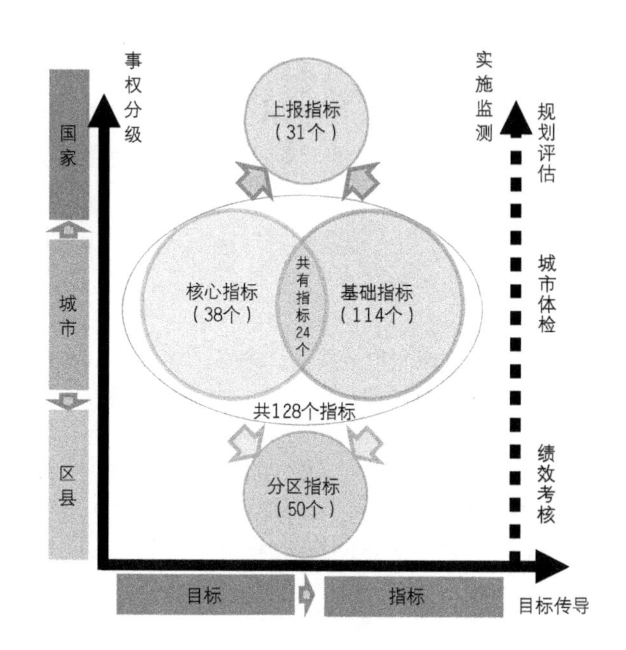

图 13 指标体系

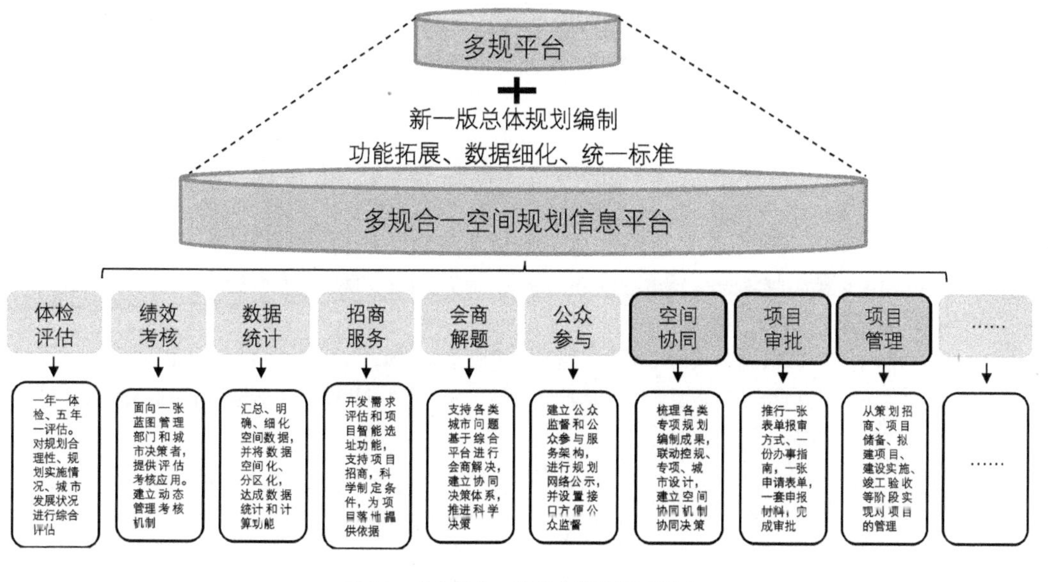

图 14 “多规合一”空间规划信息平台

拓展“多规合一”平台体检评估、绩效考核、数据统计、招商服务、会商解题、公众参与等功能。以“多规合一”平台为基础，构建全市统一的数字化网格管理单元，与沈阳市“6+1” 智慧城市管理平台全面对接，统筹实现数据资源的互联互通与信息共享，加快实现智慧城市建设。以网格管理单元为基础，强化视频监控、环境监测、交通运行、供水供气供电供热、防洪防涝、生命线保障等城市运行数据的综合采集和管理分析，形成综合性城市管理数据库，有效提升城市综合治理管控能力（图14）。

参考文献

[1] 董祚继. “多规合一”：找准方向绘蓝图[J]. 国土资源，2015，（6）：11-14.

[2] 董祚继. 推动“多规合一”，责任重于泰山[N]. 中国国土资源报，2018-03-20（003）.

[3] 国家发展和改革委员会发展规划司，云河都市研究院. 中国城市综合发展指标：大城市群发展战略（2016）[M]. 北京：人民出版社，2016.

[4] 何子张. “多规合一”之“一”探析——基于厦门实践的思考[J]. 城市发展研究，2015，22（6）：52-58+88.

[5] 建设部课题组. 完善规划指标体系研究[M]. 北京：中国建筑工业出版社，2007.

[6] 李晓江，张菁，董珂，等. 当前我国城市总体规划面临的问题与改革创新方向[J]. 上海城市规划，2013，（3）：1-5.

[7] 牛文元. 新常态下的城市质量研究报告[M]. 北京：科学出版社，2015.

[8] 王蒙徽. 以“多规合一”改革实现城市治理体系和治理能力现代化[EB/OL]. http://www. qstheory. cn/dukan/qs/2016-05/15/m_1118851272.htm. 2016-5-15.

[9] 温宗勇. 北京“城市体检”的实践与探索[J]. 北京规划建设，2016，（2）：70-73.

[10] 谢英挺，王伟. 从“多规合一”到空间规划体系重构[J]. 城市规划学刊，2015，（3）：15-21.

[11] 熊健，范宇，宋煜. 关于上海构建“两规融合、多规合一”空间规划体系的思考[J]. 城市规划学刊，2017，（3）：28-37.

[12] 徐毅松，石崧，范宇. 新形势下上海市城市总体规划方法论探究[J]. 城市规划学刊，2009，（2）：10-15.

[13] 严金明，陈昊，夏方舟. “多规合一”与空间规划：认知、导向与路径[J]. 中国土地科学，2017，31（1）：21-27+87.

[14] 杨玲. 基于空间管制的“多规合一”控制线系统初探——关于县（市）域城乡全覆盖的空间管制分区的再思考[J]. 城市发展研究，2016，（2）：8-15.

[15] 张克. “多规合一”背景下地方规划体制改革探析[J]. 行政管理改革，2017，（5）：30-34.

[16] 左学金，王红霞. 世界城市空间转型与产业转型比较研究（第2版）[M]. 北京：社会科学文献出版社，2017.

总体规划改革中的全域空间管控研究和思考

王玉虎　王　颖　叶　嵩

Research on Planning Control of Whole-Area in the Comprehensive Planning Reform

WANG Yuhu, WANG Ying, YE Song
(China Academy of Urban Planning and Design, Beijing 100037, China)

Abstract The whole-area control, centering on the delimitation and management of "three zones and three boundaries," is an important part of the pilot work of comprehensive planning reform. Based on the existing achievements of comprehensive planning of Beijing, Shanghai, and other pilot cities, this reasearch is conducted from three aspects: "zone dividing" and "boundary dividing" modes, dynamic implementation of control management, grading strategies and combination of inflexibility and flexibility. Based on a consideration of planning control of whole-area system and the connotation of "three zone and three boundaries", the article puts forward some suggestions for further improvement of the construction of the planning control of whole-area system, i.e., implementing differential boundary and targets control, improving relative supporting policies, establishing dynamic evaluation and adjustment mechanisms, and reinforcing local legislation.

Keywords pilot of comprehensive planning reform; planning control of whole-area; "three zones and three boundaries"; urban development boundary

作者简介
王玉虎、王颖、叶嵩，中国城市规划设计研究院。

摘　要　以“三区三线”划定及管控为核心的全域空间管控是推动空间规划改革和新一轮城市总体规划编制试点工作的重要内容。文章从“分区”和“划线”模式、管控手段的动态实施、分层分级和刚弹结合等方面，对北京、上海及现有部分总体规划试点城市阶段性成果进行梳理和总结；基于对全域空间管控体系及“三区三线”概念内涵的再认识，从实施差异化的边界和指标管控、完善配套支撑政策、建立动态评估和调整机制及加强地方立法保障等方面，对全域空间管控制度建设提出进一步建议。

关键词　总体规划改革试点；全域空间管控；“三区三线”；城镇开发边界

1　研究背景

伴随全面深化改革的推进，探索中国特色的空间规划体系和空间治理体系成为各界高度关注的议题。党的十八大以来，中央要求“围绕优化国土空间开发格局，构建科学合理的城市化格局、农业发展格局、生态安全格局”。2015年9月，在总结国家四部委“多规合一”试点及海南省域试点等成功经验的基础上，中央印发了《生态文明体制改革总体方案》，提出“构建以空间治理和空间结构优化为主要内容，全国统一、相互衔接、分级管理的空间规划体系；整合目前各部门分头编制的各类空间性规划，编制统一的空间规划，实现规划全覆盖”。2017年1月，《省级空间规划试点方案》印发，明确要求统一管控分区，以“三区三线”（“三区”为城镇空间、生态空间、农业空间；“三线”为生态保护红线、永久基本农田红线、城镇开发边界）为基础，整合形成协调一致的空间管控分区；以“三区三线”为载体，整合协调各部门空间管控手段，绘制形成空间规划底图（图1）。

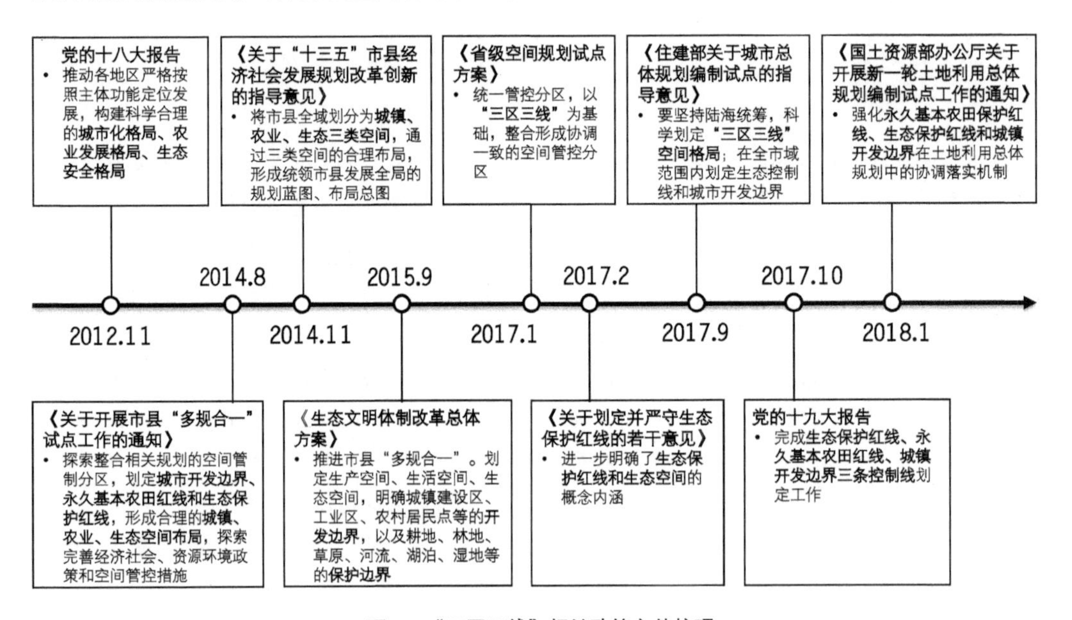

图1 “三区三线”相关政策文件梳理

针对传统城乡规划在规划编制和管理中过多集中关注中心城区，缺乏全域层面空间统筹的短板，新一轮城市总体规划改革（以下简称“总规改革”）要求城乡规划要从中心城区向全域管控转变，要坚持全域覆盖和“多规合一”[①]。建立统一的空间管控分区是“多规合一”的核心内容（杨玲，2016；谢英挺、王伟，2015；何冬华，2017；张捷、赵民，2015；张捷，2017），根据总规改革要求，城市总体规划编制要以“统筹规划”和“规划统筹”[②]为原则，落实“多规合一”，建立“多规合一”信息平台，使城市总体规划成为统筹各类空间发展需求和优化资源配置的平台。笔者认为，核心就是要以城市总体规划为引领，统筹各类规划，实现空间规划上的“多规合一”，构建“横向到边、纵向到底”的全域空间管控体系。

新一轮总规改革丰富和完善了全域空间管控体系的内涵。笔者认为，全域空间管控体系的核心主要是构建全域覆盖、逐级传导的“一张图”，可量化、可考核的“一张表”[③]，还有基于“一个平台”（“多规合一”信息平台）的空间管控传导体系。具体来说，就是通过“多规合一”手段实现“一张图”，主要包括全域数字化现状图和以“三区三线”为基础、统一管控分区的空间规划底图。而“一张表”是城市总体规划的核心指标体系，包括各类空间性规划的核心管控要求，按照“目标指标化、指标空间化”要求在空间上进行逐层传导和任务分解。全域空间管控的传导体系主要通过“边界管控”

和“指标管控”来实现，在空间规划底图基础上，逐层落实边界和指标管控要求。如重要绿地、河湖水面、历史文化资源和重大基础设施采用绿线、蓝线、紫线、黄线的“边界管控”；对需下层次规划明确具体位置和用地边界的重要公共服务设施，总规层面主要是构建指标体系、规定配置标准，但不明确具体落位。

“三区三线”是全域空间管控体系的重要基础，是空间规划体系的重要工具，本文重点研究总规改革中的“三区三线”划定及管控。总规改革中提出要科学划定“三区三线”空间格局，同时也提出在全市域范围内划定生态控制线和城市开发边界（本文中称为“两线”）。在各类规划实践和研究中，对“三线”的内涵及划定管控研究较多，如 2014 年 5 月住房和城乡建设部与国土资源部联合启动首批 14 个城市开发边界划定试点，已形成阶段性成果和试点经验[4]。国内学者从概念内涵、划定方法、实施管理、制度建设等方面对城市开发边界展开了系统总结和研究讨论（殷会良等，2017；林坚等，2017；赵之枫等，2017；张勤等，2016；胡飞等，2016；刘治国、刘笑，2016）。但对“三区”（三类空间）的划定及管控，尤其对和规划管理部门密切相关的城镇空间的概念内涵、开发管控等方面还缺乏研究，对实施空间管控的配套政策和制度建设的关注和研究也相对不足。

2 全域空间管控的实践和探索

为贯彻落实党的十九大新要求和中央城镇化工作会议、中央城市工作会议精神，做好新时期城市总体规划编制工作，2017 年下半年，住建部在全国选取了广州、成都、厦门等 15 个城市推进总体规划编制改革试点[5]。2017 年 9 月和 12 月，国务院分别批复了《北京城市总体规划（2016～2035 年）》和《上海市城市总体规划（2017～2035 年）》，2018 年 2 月和 3 月，《广州市城市总体规划（2017～2035 年）》草案和《成都市城市总体规划（2016～2035 年）》草案也相继公示。基于北京、上海[6]及现有部分总体规划试点城市阶段性成果[7]，结合笔者参与的《厦门市城市总体规划（2017～2035 年）》编制工作，初步总结总规改革中的全域空间管控模式和经验。

2.1 以“分区”和“划线”为主体的全域空间管控

住建部 15 个总体规划编制改革试点城市中（表 1），11 个城市全域划定“三区三线”；福州和南通为“两线三区”（生态控制线、城镇开发边界，城镇空间、农业空间和生态空间）；厦门（图 2）为“两区三线”（生态控制区、集中建设区，城镇开发边界、生态保护红线和永久基本农田控制线，其生态控制区相当于生态空间加上农业空间，集中建设区等于城镇空间）；南京为“一线两区”，“一线”为生态控制线和城镇开发边界重合，即“两线合一”，将全域划分为“两区”。15 个试点城市中，全域划定生态控制线的有乌鲁木齐、沈阳、广州、厦门、福州、南京、苏州、南通，其中明确提出“两线合一”的有乌鲁木齐、厦门、福州、南京、苏州（2050 年）和南通。

表1 15个总体规划改革试点城市全域空间管控模式梳理

城市	陆域面积（万 km^2）	是否下辖县（市）	全域空间管控
乌鲁木齐	1.42	是	"三区三线"
成都	1.46	是	"三区三线"
柳州	1.87	是	"三区三线"
长沙	1.18	是	"三区三线"
深圳	0.19	否	"三区三线"
广州	0.74	否	"三区三线"
台州	0.94	是	"三区三线"
嘉兴	0.39	是	"三区三线"
苏州	0.85	是	"三区三线"
沈阳	1.29	是	"三区三线"
长春	2.06	是	"三区三线"
福州	1.19	是	"两线三区"
南通	0.85	是	"两线三区"
厦门	0.16	否	"两区三线"
南京	0.66	否	"一线两区"

资料来源：各城市总体规划已有阶段性成果。

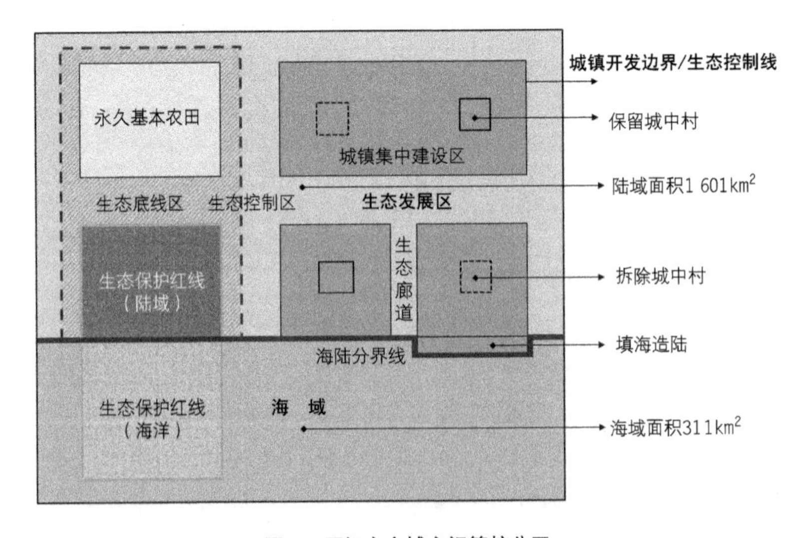

图2 厦门市全域空间管控分区

总体来看，对于不同规模尺度、不同行政架构的城市，全域空间管控分区模式应有所区别。15个试点城市面积差异较大，深圳、厦门市域面积不足2 000平方千米，而柳州、长春、成都等市域面积都超过了1万平方千米。除深圳、广州、厦门、南京外，其余11个城市均有下辖或代管县（市）。厦门地域面积较小且没有下辖县（市），城镇化水平高、城乡高度融合，城镇空间拓展的自然生态制约条件明显，具备划定永久性城市开发边界的条件。因此，新版厦门总规率先提出在全域采用生态控制线和城镇开发边界"两线合一"的划定模式，符合自身城市空间特征和发展阶段。但对于大部分仍处在城镇化快速发展和空间扩张阶段的城市，开发边界应当给城市发展预留空间，应当具备"规划期限"。总规改革鼓励划定生态控制线，鉴于大部分地级市市域面积较大、下辖县（市），划定的开发边界非永久、非稳定，因此并不完全具备规划期内全域"两线合一"的条件。

2.2 "两线"之间增设限制建设区，强调动态弹性实施管理

新版北京总体规划中没有采用基于三类空间的"三区"划分，而是由生态控制线和城市开发边界将市域划分为三个政策区，生态控制区和集中建设区以外为限制建设区（图3）。针对城乡结合部集体建设用地等"模糊地带"，北京增设了限制建设区作为动态管理实施的弹性范围，以克服单靠生态控制线或永久开发边界无法有效管控近期建设的问题，形成"两刚一弹"的全域空间管理格局（王飞等，2017）。限制建设区内通过集体建设用地腾退减量和绿化建设，用地逐步划入生态控制区和集中建设区，到2050年实现"两线合一"。

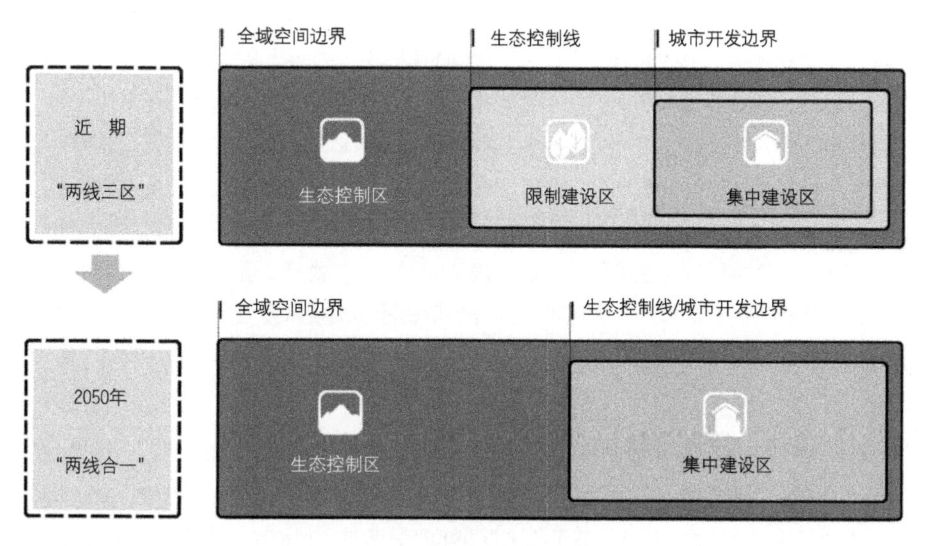

图3 北京市"两线三区"管控模式

资料来源：《北京城市总体规划（2016～2035年）》。

苏州在划定“三区三线”的基础上也同步划定生态控制线，2035年前全域形成生态控制区、城镇集中建设区和限制建设区，到2050年实现“两线合一”。另外，武汉市在城市开发边界划定试点中也采用了全域“两线三区”的分区管控模式，提出了“全域划、双界线、分级管、分类控”的总体思路；城市开发边界内为城市集中建设区，生态红线内为生态底线区，生态红线与城市开发边界之间构成弹性发展区（胡飞等，2016）。谢波等（2016）以武汉市为例，也提出以“限制建设区”协调城市开发边界与基本生态控制线的关系，提高城市建设扩展用地开发强度的优化策略。

对大部分城市而言，全域空间管控分区可借鉴北京、苏州、武汉等城市，近期允许存在“模糊地带”，在“两线”之间增设限制建设区，加强对限制建设区的管理和动态实施评估，远期逐步实现“两线合一”；或借鉴武汉市，在更具备条件的都市发展区[8]内率先实现“两线合一”。

2.3　市辖区和下辖县（市）的上下联动、分层差异化管理

地级市，尤其是有下辖县或代管县级市的行政层级较多时，呈现出“地级市—县（县级市、区）”的两级政府行政架构，带来了不同等级之间政府事权的划分（刘欣，2013）。各级政府都存在强烈的自我发展诉求，传统总规中的市域城镇体系规划难以实现对城乡空间建设的全面引导，缺乏对下辖县（市）的有效指导和约束，对县城和重点城镇发展的控制和引导作用也较弱。部分地区围绕强县扩权，试点省直管县行政管理体制改革，导致地级市与下辖县的事权关系更加复杂。

总规改革中，部分试点城市针对总体规划成果如何更有效的向下传导,探索对应事权划分、上下联动，区和县（市）各有侧重的规划内容传导。如柳州市为适应“小城大市”的全域管控模式，划分市域和市辖区两个管理层级，形成各有分工、上下联动的规划管理体系。对市辖区内的“三区三线”和紫线、蓝线、绿线，城镇规模等要素实行刚性管控，对市辖区外的县（市）城镇开发边界和“三区”则实施弹性管控。柳州总规中，对规划区外的各县城和城镇只划定引导性的城镇开发边界，建议下辖县（市）参照柳州总规“三区三线”方案进行深化落实，形成最终正式的城镇开发边界，统一纳入信息平台进行管理（图 4）。基于事权与指引重点，长沙将市域划分为三类指引区，并制定分区指引总体框架，分别是：一类指引区（直管区），涵盖规划区范围；二类指引区（代管区），主要包括浏阳市和宁乡市；三类指引区（国家级开发区），主要包括长沙高新技术开发区、长沙经济技术开发区和望城经济开发区。

2.4　对非城镇集中建设地区细化分类、实施差异化分级管控

15个总规改革试点城市中，乌鲁木齐、沈阳、广州、厦门、福州、南京、苏州、南通等城市都在全域划定生态控制线（生态控制区），基于生态保护的严格程度，对应禁止和限制开发进行两级分类，并制定保护和开发管控细则。如福州分为生态底线区和生态限建区，南京分为生态保护红线区和生态功能保育区，厦门分为生态保护红线区和生态发展区。对生态控制区内的现状建设用地也都提出分类

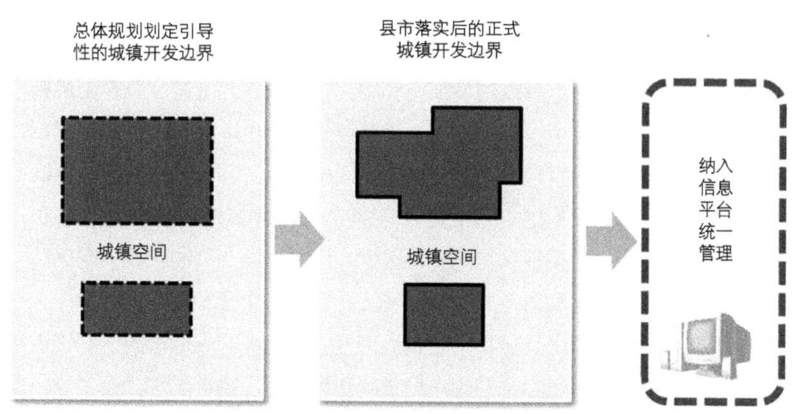

图 4 市辖区外县（市）开发边界的落实流程

处置、差异化管控，对新增建设用地实施精细化管理。如厦门针对现状建设项目，综合考虑用地类型、审批情况和生态影响等因素，提出差异化的处置策略，推进生态控制区内城乡建设用地减量提质；严格控制生态发展区内新增建设项目，并对允许的新增建设项目单处用地规模给出规定。

另外，上海和深圳等城市对生态空间也提出进一步分级分类管控。上海将生态空间细分为四类，分别制定相应的管控措施（表 2），其中特别提出将城市开发边界内包括外环绿带、城市公园绿地、水系、楔形绿地等作为结构性生态空间，纳入四类生态空间，严格保护并提升生态功能。深圳于 2005 年在全国率先划定基本生态控制线，建立了分级分类管理制度，新一轮总规编制中进一步提出分级划定生态空间，采取差异化和精细化的保护管控措施[9]。

表 2 上海市四类生态空间分类及管控要求

生态空间分类	范围	管控措施
一类生态空间	国家级自然保护区的核心范围	将市级层面严格控制和管理的空间划定为全市生态保护红线范围，并划入禁止建设区予以管控
二类生态空间	国家级自然保护区的非核心范围、市级自然保护区、饮用水水源一级保护区、森林公园核心区、地质公园核心区、山体和重要湿地	
三类生态空间	城市开发边界外除一类、二类生态空间外的其他重要结构性生态空间，包括永久基本农田、林地、湿地、湖泊河道、野生动物栖息地等生态保护区域和饮用水水源二级保护区、近郊绿环、生态间隔带、生态走廊等生态修复区域	划入限制建设区予以管控，禁止对主导生态功能产生影响的开发建设活动，控制线性工程、市政基础设施和独立型特殊建设项目用地
四类生态空间	城市开发边界内结构性生态空间，包括外环绿带、城市公园绿地、水系、楔形绿地等	严格保护并提升生态功能

资料来源：《上海市城市总体规划（2017～2035 年）》。

2.5 城镇建设用地空间布局与管控的“刚弹结合”

从发达国家和地区实施土地用途管制的发展历程看，土地用途分区管制及管制规则已逐渐向弹性化方面发展（赵永斌、孙武，2006）。国土部在关于开展新一轮土地利用总体规划编制试点工作中探索分区引导与用途管制相互衔接的管控思路，也提出空间部分留白和指标预留等弹性调控方法[10]。

新一轮总规改革试点中，加强用地空间布局与管控的“刚弹结合”已成为普遍共识。如成都总规中将城市规划区的土地按用途分为用地和功能集中区进行“刚弹结合”的管控；明确公益性用地的管控边界，实施刚性管控；划定居住和商业服务业功能区，工业集中区和物流仓储集中区等非公益类功能集中区进行弹性管控。厦门总规中，城市用地布局采取主导功能区布局形式，明确主导功能用地的比例和禁止功能，通过设定兼容性，增加总规用地布局弹性；对于由市场和社会主导开发建设、管理维护的空间与设施，以及在空间定位定界方面有不确定性的公共资源要素，总规中留有充分的空间弹性；借鉴新加坡“白地”规划[11]经验，将城市战略地区、重点更新地区中近期难以明确使用功能的用地划为“白地”，待开发条件成熟时再确定土地用途，从而为将来开发建设提供更大弹性。

3 进一步思考和建议

“分区”模式和“划线”形态本身不是重点，“三区三线”的划定和管控应是一种政策工具、一套制度设计，而不是简单的三个圈、三根线的问题。全域空间管控体系的建立需要不断创新和探索，落实的关键在于制定具体有效的空间管控手段和配套支撑政策。笔者基于试点城市现阶段的实践探索，进一步提出以下几点思考和建议。

3.1 “三类空间”为功能性地域，可交叉融合、相互转换

城市是一个开放的“复杂巨系统”，未来发展面临诸多变化和不确定性。城乡规划建设管理应面向全域，但“三类空间”的划定和管控不应是简单的“划分地盘”和“分而治之”。大到主体功能分区、小到用地分类，都要进一步体现功能和空间的复合利用，也强调分区分类的差异化管控（图 5）。

“三线”对应具体的管理和部门职权，不交叉已基本达成共识，生态保护红线和永久基本农田控制线一经划定，需要严格保护与管控。但“空间”应是主体功能的涵义，《全国主体功能区规划》提出城市化、农业和生态安全三大战略格局，指出即使是城市化地区，也要保持必要的耕地和绿色生态空间，在一定程度上满足当地人口对农产品和生态产品的需求。“三类空间”与之相对应，是三大战略格局在国土空间管控上的具体落地实施（国家发展和改革委员会，2017）。城镇、农业、生态三类空间在功能上并不是单一的，除主体功能外，都可兼有其他两种次要功能。如上海的三类空间划分并不是简单的“1+1+1=3”，而是互相有交叉和融合，如三类生态空间中包括永久基本农田，城市开发边界中也包括四类生态空间，以促进空间复合利用（图 6）。

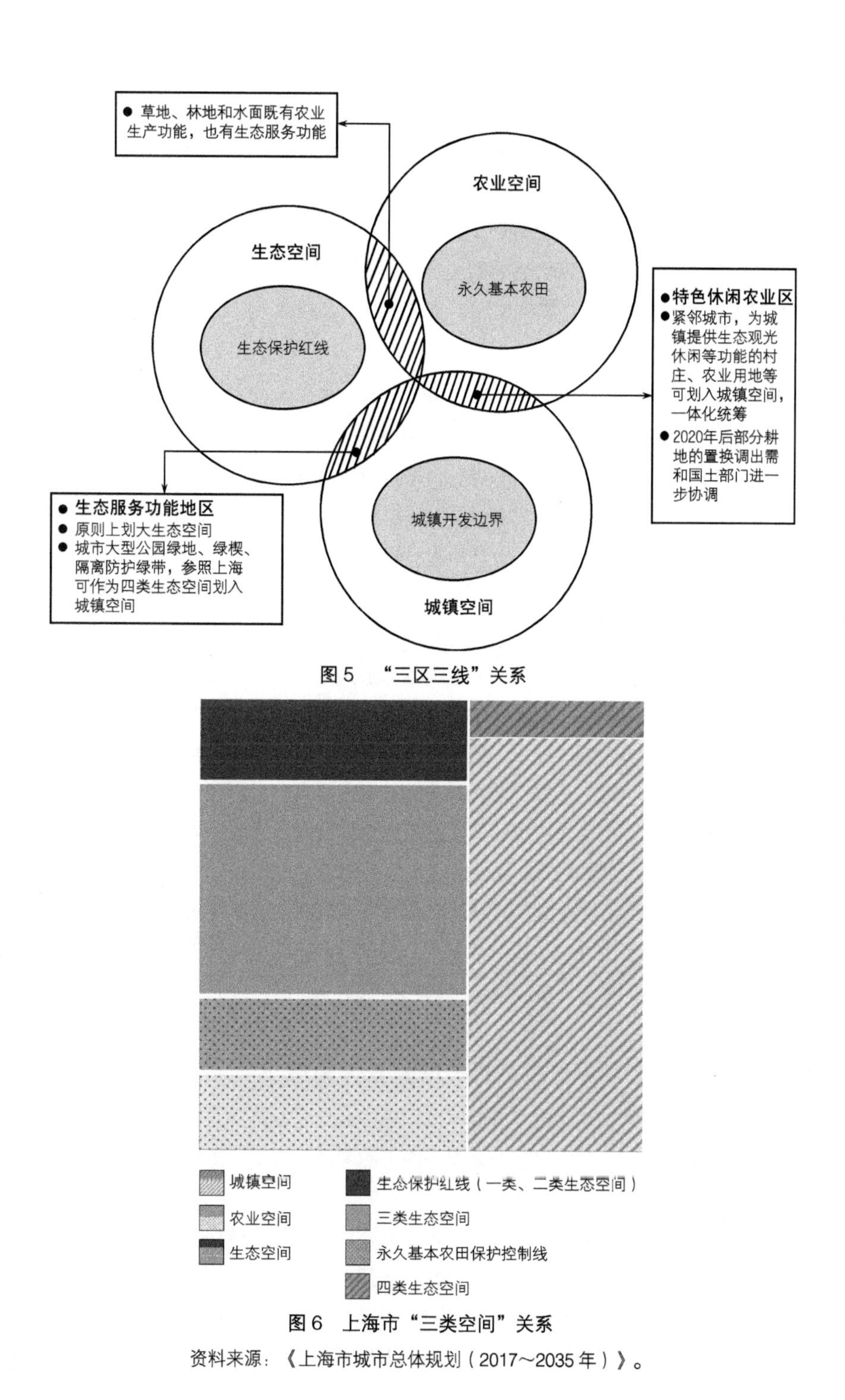

图5 “三区三线”关系

图6 上海市“三类空间”关系

资料来源：《上海市城市总体规划（2017～2035年）》。

城市周边多存在高度非农化的城乡结合部、农村集体建设用地蔓延地区及部分与城镇紧密相连的观光休闲和生态开敞区。类似于北京限建区的“模糊”空间，多兼具为城镇服务的生态和农业功能，建议纳入城镇空间进行综合统筹和管控。这类紧邻城镇、功能复合区域也是城镇开发边界实施动态和弹性调整，城镇空间和生态、农业空间在符合一定转换规则及调整程序前提下实现功能转换的主要区域。“三类空间”的相互转化利用应按照资源环境承载能力和国土空间开发适宜性评价，总体原则为最大程度保护生态安全，有利于生态和农地保护和区域可持续发展，依法由有批准权的人民政府进行修改调整。

3.2 对“三类空间”中所有开发建设行为进行差异化管控

城乡规划管理部门过去往往重点关注城镇空间内部的各类开发建设活动，随着全域旅游、特色小镇及乡村振兴上升为国家战略，如何合理引导生态和农业空间内的各类开发建设活动显得至关重要。

一方面，重点建立和完善覆盖全域所有规划建设活动的开发许可管理制度。城镇开发边界内重在完善覆盖增量和存量的用地开发管理事权，加快建立针对存量土地更新的开发许可制度。城镇开发边界外重在完善各类基础设施和单个建设行为的规划选址意见书制度；建立针对集体经营性用地、旅游休闲等分散经营性用地的规划许可制度，同时完善生态和农业空间中现状建设用地的退出补偿机制。

另一方面，在“三类空间”中建立差异化的开发建设管控方式。城镇空间内采取“边界管控+指标管控”的方式，加强城镇建设用地总量管控与结构优化，城镇开发边界内在不突破土地利用总体规划和城市总体规划建设用地规模的前提下，建设用地布局可以适当调整；城镇开发边界内的各项建设活动应符合城乡规划确定的绿线、蓝线、紫线和黄线的管理要求。生态和农业空间内的开发建设项目具有选址灵活、单体规模小等特点，应探索建立灵活的指标管控方式，在落实各项生态和环境保护要求基础上重点控制开发强度⑫。如厦门总规中提出在生态控制区内建立新增经营性建设项目用地“漂浮指标”⑬制度，待具体建设项目规划方案确定后以点状供地方式予以落地。同时，针对新增建设项目还应进一步细化开发准入制度（包括项目准入正面清单和单体项目规模控制要求），如厦门总规中规定生态控制区内的旅游休闲等经营性项目单项用地不大于 5 公顷，并进行低强度开发。

3.3 鼓励地方探索构建与开发权益相关的配套保障政策

空间管控规则的制定一方面要将高强度的开发引导至城镇开发边界内，同时也要正视开发边界外的土地发展权与合理发展诉求，建立城镇开发边界内外的利益统筹及平衡机制（广州市国土资源和规划委员会，2018）。

鼓励地方结合实际，积极探索财政转移支付、生态补偿、开发权转移等配套政策和市场化手段，以优化资源配置和空间布局。对于生态保护红线和永久基本农田，应实施严格的刚性管控措施，红线内已有建筑建议优先纳入补偿安置及清退名单，对原有建设用地进行复垦，转变为生态或农业用途，腾出“存量土地开发权”（即建设用地指标）。国内部分城市制定了城市开发边界内外利益统筹及平衡机制（表 3）。下一步应鼓励各地方加强规划实施管理，积极制定财政、产业、生态等综合配套政策来保障和推动城镇开发边界外低效建设用地减量化的实施；建立边界外低效建设用地减量化与边界内新增建设用地的清退挂钩机制，以城乡统筹的思路推动“边界管控”的有效实施。

表 3　城市开发边界内外利益统筹及平衡机制

城市	政策机制
北京	推动集中建设区新增用地与绿化隔离地区低效用地减量捆绑挂钩，强化土地资源、实施成本、收益分配和实施监管统筹管理等
上海	坚持城市开发边界外低效建设用地减量化与城市开发边界内新增建设用地相挂钩，制定城市开发边界内外差异化的管控政策和利益平衡机制
广州	正视开发边界外地区的土地发展权利与发展诉求，完善边界外的土地分级分类分期管理与管控体系与规则；逐步建立开发边界内建设用地新增与界外建设用地清退挂钩的机制，以城乡统筹的思路推动开发边界管控管理落地
深圳	探索建立基本生态控制线外新增建设用地、建筑物功能改变、容积率增加与线内建设用地清退挂钩机制，以及线内城市更新、土地整备实施新机制

资料来源：北京、上海、广州各城市总体规划已有成果，深圳市人民政府《关于进一步规范基本生态控制线管理的实施意见》（深府〔2016〕13 号）。

3.4　建立基于“多规合一”信息平台的动态评估和更新机制

构建“多规合一”实施管理平台，建立动态评估和更新机制，对总体规划中确定的各类控制线和各项指标进行实时监测，定期对规划实施工作进行反馈和修正。建设全域数字化现状一张图平台，利用空间信息数据库比对城镇开发边界，确保总规管控指标对城市现状建设的监控和指导。按照“一年一体检，五年一评估”的要求，将年度体检报告纳入城镇开发边界和生态控制线的年度执行情况，对城镇开发边界和生态控制线每五年开展一次评估。对生态保护红线和永久基本农田实施严格的刚性管控，因重大基础设施、重大民生保障项目建设等需要，经论证确需调整的，需符合相应法定程序，上报国务院批准。对城镇开发边界和生态控制线的调整，则建议结合地方实际及借鉴国外经验，采用动态监测、绩效评估及广泛的公众参与等调整和管理手段。如深圳建立了基本生态控制线的规范动态调整机制，明确了基本生态控制线优化调整的程序[14]；波特兰通过每五年一次评估进行立法修正、非评估年的主要调整和限定规模下的微调三种模式对开发边界进行修正[15]（表 4）。

表 4　波特兰城市开发边界调整机制

调整方式	具体要求
立法修正	每五年一次评估，由大都会区政府（Metro Council）负责修正，大都会区政策咨询委员会（Metro Policy Advisory Committee）提供咨询，需举行公众听证会，修正面积超过 100 英亩需提交对现有社区的影响报告

续表

调整方式	具体要求
主要调整	在非评估年，针对较为紧迫的非住宅性建设（基础设施和公用服务设施、公立学校、自然区保护等），市、县、特区或土地所有者可以申请修正，大都会区政府委员决定是否接受申请，需举行公众听证会
微调	市、县、特区、大都会区或土地所有者对城市空间增长边界（Urban Growth Boundary，UGB）进行微调以提高土地和城市设施利用效率，如 2 英亩以内道路用地或线性基础设施建设（不增加住宅或就业用地）、20 英亩以内 UGB 内外用地置换

3.5 鼓励加强针对全域空间管控体系的立法保障

《省级空间规划试点方案》中提出要推动完善相关法律法规，探索空间规划立法。以总规改革为契机，未来需进一步明确空间规划体系的构成、各层级空间规划的地位和作用，理顺空间规划的编制、实施和监管体制机制。参考国内已有部分城市实践，加强针对全域空间管控体系的立法保障（表 5）。一方面，建议适时修订《城乡规划法》和《土地管理法》等法律法规，明确“三区三线”的划定和管控要求；另一方面，鼓励地方积极探索建立以“三区三线”为核心的全域空间管控制度，特别是研究和出台城镇开发边界、城镇空间、生态控制线等具体划定管控办法及实施细则。有条件的地方还应通过立法的形式明确城镇开发边界和生态控制线的法律地位、效力及修改调整程序。

表 5　加强针对全域空间规划管控体系的地方实践

城市	颁布年份	名称	主要内容
重庆	2017 年修订	《重庆市城乡规划条例》	将建设活动的规划管理范围规定为重庆市行政区域内，实现对全域资源的规划管控；明确提出要建立统一协调的空间规划体系，完善空间管控协调机制
厦门	2016 年	《厦门经济特区多规合一管理若干规定》	实现立法和改革决策相衔接，明确“多规合一”管理体制
深圳	2005 年	《深圳市基本生态控制线管理规定》	对基本生态控制线划定、调整以及基本生态控制线范围内各项土地利用、建设活动进行规定
武汉	2012 年	《武汉市基本生态控制线管理规定》	构建一整套生态空间管控政策法规体系，对生态空间实行严格管控，开展生态空间实施机制和政策研究，探索提出生态空间的有效实施路径和配套政策
	2013 年	《关于加强武汉市基本生态控制线规划实施的决定》	
	2016 年	《武汉市基本生态控制线管理条例》	

4 结语

实施空间开发管控，对不同地域空间的开发建设活动进行综合管理是城乡规划的重要任务。十三届全国人大一次会议审议通过了关于国务院机构改革方案的决定，由新组建的自然资源部统一行使空间规划职责，包括对自然资源开发利用和保护进行监管，建立空间规划体系并监督实施。自然资源部的成立对建立空间规划体系和完善空间治理体系具有重要意义，而省级空间规划试点和新一轮城市总体规划编制试点仍在进行中，对空间规划体系和全域空间管控制度的研究仍需在接下来的改革中进一步实践和思考。

致谢

本文为住房和城乡建设部“城镇空间管控办法研究”课题（编号：201662）成果。本文中部分资料来源于中国城市规划设计研究院编制的厦门、成都、苏州、长春、长沙、柳州、福州、深圳等试点城市总体规划阶段性成果，在此感谢相关项目负责人和所有参加人员。

注释

① 2016 年 9 月 1 日，住房和城乡建设部在济南召开全国城乡规划改革工作座谈会，黄艳提出城乡规划工作思路要从中心城区向全域管控转变，做好统筹规划；2017 年 4 月，黄艳在福州召开的全国城市规划工作座谈会上进一步强调要科学编制新一版城市总体规划，坚持城乡统筹、全域覆盖、多规合一。

② “统筹规划”是指统筹各类空间性规划，形成一张蓝图；“规划统筹”是以规划为龙头，推动城市治理体系和治理能力现代化的重要方法。

③ 2016 年 9 月，住房和城乡建设部黄艳在济南召开的全国城乡规划改革工作座谈会上，要求改革城市总体规划“编审督”制度，提出“五个一”（一张图、一张表、一报告、一公开、一督查）的规划制度和管理机制。

④ 2016 年，住房和城乡建设部城乡规划司与国土资源部规划司先后四次共同组织召开城市开发边界试点成果专家论证会，会议认为试点工作为全面开展城市开发边界划定工作积累了经验，达到了试点工作目的，原则同意通过了 14 个试点城市划定成果的审查论证。

⑤ 试点省和城市：江苏、浙江两省和沈阳、长春、南京、厦门、广州、深圳、成都、福州、长沙、乌鲁木齐、苏州、南通、嘉兴、台州、柳州 15 个城市。

⑥ 北京和上海均为城区常住人口超过 1 000 万的超大城市，新一轮总规编制针对治理“大城市病”，积极探索超大城市发展模式的转型途径，均提出要“减量”规划，规划建设用地总规模负增长。北京和上海的规划与国土两部门已实现“规土合一”，面向全域的城乡规划管理水平较高。相较全国大部分城市而言，两个城市具有一定的特殊性。

⑦ 除北京和上海外，本文中包括厦门在内的城市总体规划试点城市内容均为阶段性研究成果，不代表规划的最终成果。

⑧ 武汉市都市发展区是城市功能的主要集聚区和城市空间的重点拓展区，是武汉市城镇化集中发展的区域。

⑨ 将陆域生态保护红线范围划入一级管制区，实施最严格的保护措施，按禁止开发区域要求进行管理；将一级管

制区外的生态空间划定为二级管制区，严格控制各类开发建设活动，积极实施建设用地清退，允许与环境保护相适宜的市政基础设施按程序建设，提升游憩服务功能。

⑩ 国土资源部办公厅《关于开展新一轮土地利用总体规划编制试点工作的通知》（国土资厅函〔2018〕37号）。

⑪ “白地”规划（“white-site” planning）是由新加坡规划机构在控制城市开发中创造的一种新的规划实践，其目的是为发展商提供更为灵活的建设发展空间。只要开发建设符合规定的建设要求，发展商可以根据需要，灵活决定经政府许可的土地利用性质、土地其他相关混合用途以及各类用途用地所占比例。

⑫ 控制开发强度是《全国主体功能区规划》提出的重要理念，开发强度是指一个区域建设空间占该区域总面积的比例。

⑬ “漂浮指标”是武汉市的创新提法，既在一定空间范围内给予适量的建设用地指标，这类指标在空间上没有具体范围，根据实际建设需要进行机动分配。

⑭ 市规划国土部门组织优化调整申请主体编制基本生态控制线调整方案，市人居环境部门对环境影响内容进行审查。由市规划国土部门征求相关单位意见并在市主要新闻媒体和部门网站公示10日。市规划国土部门根据意见对调整方案进行修改，提请市城市规划委员会（专业委员会）审查同意后，报市政府常务会议审定。调整方案应自批准之日起10日内，在市主要新闻媒体和市规划国土部门网站上公布，并同步更新公布基本生态控制线范围图。

⑮ 根据波特兰增长管理法规（Urban growth management functional plan）翻译。

参考文献

[1] 广州市国土资源和规划委员会．“城镇开发边界”划与管的广州探索[EB/OL]. http://www.gdupi.com/Common/news_detail/article_id/1921.html，2018-1-31.

[2] 国家发展和改革委员会．国家发展改革委有关负责人就《省级空间规划试点方案》答记者问[EB/OL]. http://www.ndrc.gov.cn/xwzx/xwfb/201701/t20170110_834740.html，2017-1-10.

[3] 何冬华．空间规划体系中的宏观治理与地方发展的对话——来自国家四部委“多规合一”试点的案例启示[J]. 规划师，2017，33（2）：12-18.

[4] 胡飞，何灵聪，杨昔．规土合一、三线统筹、划管结合——武汉城市开发边界划定实践[J]. 规划师，2016，32（6）：31-37.

[5] 林坚，乔治洋，叶子君．城市开发边界的“划”与“用”——我国14个大城市开发边界划定试点进展分析与思考[J]. 城市规划学刊，2017，（2）：37-43.

[6] 刘欣．地级城市总体规划实施评估的特征探讨[A]. 中国城市规划学会．城市时代，协同规划——2013中国城市规划年会论文集（06-规划实施）[C]. 北京：中国城市规划学会，2013：517-525.

[7] 刘治国，刘笑．沈阳城市开发边界的划定方法及实践[J]. 规划师，2016，32（10）：45-50.

[8] 王飞，石晓冬，郑皓，等．回答一个核心问题，把握十个关系——《北京城市总体规划（2016～2035年）》的转型探索[J].城市规划，2017，41（11）：9-16+32.

[9] 谢波，陈杰夫，张帆．大城市开发边界的整合与优化策略——以武汉市为例[J]. 规划师，2016，32（10）：51-56.

[10] 谢英挺，王伟．从“多规合一”到空间规划体系重构[J]. 城市规划学刊，2015，（3）：15-21.

[11] 杨玲．基于空间管制的“多规合一”控制线系统初探——关于县（市）域城乡全覆盖的空间管制分区的再思考[J]. 城市发展研究，2016，23（2）：8-15.

[12] 殷会良，李枫，王玉虎，等. 规划体制改革背景下的城市开发边界划定研究[J]. 城市规划，2017，41（3）：9-14+40.
[13] 张捷. 论总规改革、“多规合一”及全域管控——以甘肃省永靖县城乡总规为例[J]. 上海城市规划，2017，（8）：94-100.
[14] 张捷，赵民. 从“多规合一”视角谈我国城市总体规划改革[J]. 上海城市规划，2015，（6）：8-13.
[15] 张勤，华芳，王沈玉. 杭州城市开发边界划定与实施研究[J]. 城市规划学刊，2016，（1）：28-36.
[16] 赵永斌，孙武. 土地用途分区管制在县级土地利用总体规划中的应用分析[J]. 云南地理环境研究，2006，18（3）：53-57.
[17] 赵之枫，巩冉冉，张健. 我国城市开发边界划定模式比较研究[J]. 规划师，2017，33（7）：105-111.

优化城市空间结构导向的国有土地使用权转让年限制度改革探讨

周松柏　文超祥　杨林川

Study on the Reform of Term for State-Owned Land Use Oriented by the Optimization of Urban Spatial Structure

ZHOU Songbai[1], WEN Chaoxiang[1], YANG Linchuan[2]
(1. Department of Urban Planning, School of Architecture and Civil Engineering, Xiamen University, Xiamen 361005, China; 2. Faculty of Architecture, The University of Hong Kong, Hong Kong 999077, China)

Abstract At present, the forthcoming expiration of use right of many state-owned lands provides a precious opportunity for the optimization of urban spatial structure in China. Based on a review of the laws related to term for state-owned land use since the reform and opening-up and some practices of the reform in a few cities, this paper points out some problems yielded by the present long-term term for state-owned land use (e.g., low return of urban land, difficulty in implementing the optimization of urban spatial structure), and puts forward some suggestions of improving the state-owned land usufruct system, which is oriented by the optimization of urban spatial structure into the future approval of land renewal. The specific methods include establishing a term limit for non-residential lands based on company's life cycle no longer than twenty years, defining a term limit for residential lands based on property tax, and integrating the renewal system of urban spatial structure optimization evaluation based on the three-level conflict criterion.

Keywords urban spatial structure; state-owned land usufruct; term for land use; renewal

作者简介
周松柏、文超祥，厦门大学建筑与土木工程学院；
杨林川（通讯作者），香港大学建筑学院。

摘　要　盘活城市现有存量用地，促进城市产业升级和空间结构优化，已成为城市规划界的共识。目前社会关注的国有土地使用权到期问题为优化城市空间结构提供了一次难得的契机。通过对改革开放以来城镇国有土地使用权年限制度变迁的回顾，结合近年来地方城镇国有土地年限制度改革实践，针对现行长年限制度造成城市内部土地收益不高、城市空间结构优化的规划方案难以实施问题，提出改革国有土地使用权年限制度，将城市空间结构优化评价纳入未来土地续期审批环节的解决思路。具体做法为建立以企业生命周期为基础的、出让年限不超过20年的非住宅建设用地年限制度和以财产税为基础的住宅建设用地年限制度，结合包含三级冲突标准的城市空间结构优化评价续期制度。

关键词　城市空间结构；国有土地使用权；出让年限；续期

2016年4月，一则关于温州部分拥有房产的市民因土地使用年限到期，需要缴纳当前房价1/3～1/2的土地出让金才能重新办理土地证的新闻，引发了社会各界的广泛关注和讨论（温州日报，2016）。居住用地年限届满之后如何续期，已经成为政府必须面对的问题。虽然国土资源部在2016年12月针对居住用地到期问题提出了“两不一正常”①的过渡性办法，但相关法律仍有待明确。除了居住用地之外，工业用地、公共服务设施用地等其他城镇国有土地也面临同样的问题。当前，我国城市逐渐进入土地利用的存量时代，城市土地粗放低效利用和闲置浪费等现象依然存在。某些城市 2009～2013 年已供应建设用地中，闲置土地总量占当期年平均供应量的 28.6%（唐健，2015）。在城镇国有土地使用权到期的背景下，盘活城市存量用地，建立符合市场经济、新的城镇国有土地年限制度是促进城市产业升级和优化城市空间结构的重要举措。

1 我国城镇国有土地使用权年限制度现状由来

1.1 国家层面的年限制度

改革开放以前，我国实行的是“无偿、无限期、无市场”的土地划拨制度。改革开放后，为适应市场经济发展的需要，地方政府把土地作为生产要素引入市场，将其使用权作为条件进行招商引资、吸引外来投资入驻，以促进 GDP 与就业增长、推动经济发展与城镇化建设（范剑勇等，2015；叶剑平、成立，2016）。这是我国城镇国有土地使用权年限制度的源头。

1982 年通过的《宪法》规定：城市土地属于国家所有，公民合法私有财产不受侵犯。这奠定了我国城市土地归国家所有，公民私人合法财产归私人所有，两者相互分离的法律基础。1990 年国务院颁布的《中华人民共和国城镇国有土地使用权出让和转让暂行条例》（以下简称《暂行条例》）规定：“国家按照所有权与使用权分离的原则，实行城镇国有土地使用权出让、转让制度”，并明确了各性质土地的出让最高年限②。2007 年全国人民代表大会通过的《物权法》第一百四十九条规定：“住宅建设用地使用权期间届满的，自动续期。非住宅建设用地使用权期间届满后的续期，依照法律规定办理。”它对国有土地使用权续期问题做出了宏观制度安排，但并未明确具体的、可操作的实施方案。

由此可见，城镇国有土地面临续期问题的根本原因在于所有权与使用权分离以及有偿、限期的出让制度。

1.2 地方层面的年限制度

1990 年之前，国家法律法规虽然规定了国有土地有偿使用，但并未明确具体的出让年限，这导致了城镇国有土地出让定价之困难。为解决这一难题，某些地方政府出台了适用于本地的国有土地出让政策，并明确了国有土地出让最高年限。例如，深圳市 1981 年 12 月颁布的《深圳经济特区土地管理暂行规定》第十五条规定了各类土地最长使用年限：工业用地 30 年，商业用地 20 年，商品住宅 50 年，教育、科学技术、医疗卫生用地 50 年，旅游事业用地 30 年，种植业、畜牧业、养殖业用地 20 年。该规定中的使用权年限总体较短，如商业用地的土地使用权年限，仅是 1990 年《暂行条例》中规定的一半。

1990 年之后，一些其他因素也导致了地方国有土地出让与国家规定的最高年限不一致的情况。例如，为方便市民购房，地方政府降低了国有土地出让年限，按 20～70 年分档，让受让方自主选择出让年限。篇首提到的温州居住用地到期事件，就是1996年温州市国土资源局在出让土地时，将出让年限定为20年的结果。再例如，为了方便管理和处置，地方政府往往将同一栋楼里商业和居住用地的使用权都确定为同一年限。以重庆市为例，鉴于其多数房地产开发以商业和住宅混合开发为主，管理部门为避免同一栋楼里商业和住宅使用权年限不一致而带来处置难的问题，将出让年限统一规定为50年（蓝枫等，2016）。

2 现行年限制度在城市空间结构优化上存在的问题

2.1 土地使用权滞留在低效率的企业手中，导致土地资源浪费

自国有土地使用权有偿出让以来，其出让年限往往以最高年限出让。但根据陈晓红等（2009）和曹裕等（2011）的研究，深圳、广州、长沙、郑州和成都五市2000～2007年进行注销登记的中小企业中，其生命周期在10年以上的为6.95%；湖南省1980～2007年成立的中小企业生存时间中位数为7.76年，较大四分位数为13.54年。范华（2014）对上海市企业的统计分析表明，经营年期超过10年的企业占30%，超过20年的企业仅占4.6%。王淼薇和郝前进（2012）提到，我国东部地区企业平均生存时间为8年，中部地区为10年。国家工商总局的一项研究表明，我国近一半的企业生存时间不足5年。2008～2012年，传统服务业平均寿命6.32年（卢为民，2016）。由此可见，我国企业生存年限普遍低于10年，绝大部分少于20年。这意味着一部分企业在土地使用权到期之前就已衰落甚至倒闭，但由于仍占有土地使用权，就可“坐享”土地升值的“红利”，向欲收储土地、收回土地使用权的地方政府挟价。所以，现实土地出让中，部分企业大肆圈地，尤其是囤积低成本获得的工业用地，极大地浪费了城市土地资源。

2.2 缺乏用地支持，促进空间结构优化的规划方案难以落实

改革开放以来，我国城市空间迅猛扩张，城市规划编制难以跟上其步伐。城市土地利用偏重短期需求的土地供给，产业结构失衡（赵力、孙春媛，2017）；行政办公和工业用地占用城市中区位条件优越的土地，无法发挥城市中心区土地的区位优势；老城建成区用地布局混乱的状况至今没得到根本改善，工业用地与住宅、办公、商服用地混杂交错，相互包围（石成球，2000）。此外，城市用地结构失衡，各类用地的比例并不理想，具体表现在商住用地供应过少和工业用地供应过多（范剑勇等，2015）。我国城市的工业用地占比大都超过30%，远高于国际上类似城市。总之，城市空间结构亟待优化。

在现有的长年限国有土地出让制度背景下，由于城市内部不少优质土地的使用权握在低效率企业手中，使得调整用地布局、促进城市空间结构优化的各类规划[9]以及产业升级政策缺乏用地支撑，严重影响了规划实施效率。以厦门市灿坤产业园为例，台商厦门灿坤股份有限公司于1991年、2000年分

别购入厦门市湖里兴隆路以南 5 万平方米的土地及其毗邻的 0.47 万平方米土地作为家电制造基地。但由于经营不善，2003 年后，土地和厂房一直空置，直到 2012 年才被改为海西国际油画中心（吕甜，2013）。在此期间，厦门市政府一直想收回土地使用权，改为他用，但由于 50 年的工业用地使用权未到期，致使规划调整无法落实[④]。未来 10～20 年，我国主要城市内将会有大量工业用地到期。收回部分工业用地、减少工业用地比例和促进土地高效利用是目前城市存量发展阶段的工作重心，而年限制度是其一大掣肘。

3 改革现有年限制度，优化城市空间结构的必要性

城镇国有土地使用权到期，是突破公共利益需要限定、降低房屋征收成本的时机。这为我国改变现有国有土地出让的长年限制度、提高城市土地利用效率和优化城市空间结构，提供了一次难得的机遇。一旦错失良机，城市土地利用效率和空间结构会因“制度惯性”而难以得到根本改善。

3.1 突破公共利益需要限定

我国《国有土地上房屋征收与补偿条例》第八条规定：“为了保障国家安全、促进国民经济和社会发展等公共利益的需要……确需征收房屋的，由市、县级人民政府做出房屋征收决定”，并且将公共利益的需要严格限定为国防外交需要、基础设施建设需要、公共事业需要、保障性安居工程需要、旧城区改建的需要和法律、行政法规规定的其他公共利益的需要。这使得利用效率不高的工业用地、物流仓储用地等不符合公共利益征收范围的土地，无法置换。

在城镇国有土地使用权到期的背景下，根据我国已有法律、法规和条例，除《物权法》规定的住宅用地自动续期之外，其他用地的续期都需要重新签订合同，交纳土地出让金。这使得政府可以通过调节土地出让金高低，将土地使用权从占有旧工业园区、旧物流园区等低效率使用者手中转让到促进城市空间结构优化的高效率使用者手中。

3.2 降低国有土地上房屋征收成本

以往国有土地上的房屋征收是在土地使用权归于企业或市民的情况下，因此需要走一系列复杂的程序。一般先由市房屋征收工作小组确定征收计划，而后由房屋征收部门确定房屋征收范围和拟定房屋征收补偿方案，再由政府对补偿方案进行论证并公开征求意见，最后由政府同企业或市民签订征收合同。这样一系列烦琐程序走下来，耗费了地方政府大量的精力和财力。

在城镇国有土地使用权到期的背景下，根据《中华人民共和国城市房地产管理法》第二十二条规定，政府可在土地使用权出让合同约定的使用年限届满时，根据社会公共利益需要，无偿收回出让土地的土地使用权[⑤]。以此为法律基础，政府不需要对被征收房屋按照市价补偿，只需补偿房屋的残值以

及搬家安置费。这将极大地简化政府同企业或市民之间关于房屋征收的议价过程、合同内容及征收程序，降低征收成本，使得政府对旧居住区、旧工业用地、旧物流园区等的改造升级，在经济上更具可行性。

4 优化城市空间结构的国有土地使用权年限制度改革思路

城镇国有土地使用权年限制度改革，首先要坚持有偿、公平、灵活、区分的原则。此外，为避免城市空间结构再次因土地使用权滞留在低效率的使用者手中而得不到优化的情况，应采取缩短现有土地出让年限，结合续期综合效益评价，对不同性质用地采用不同年限制度的思路（图 1）。对工业用地等非住宅建设用地，要建立以企业生命周期为基础，符合市场经济运行规律的年限制度。而对住宅建设用地，除了要优先保障居住权外，还要逐渐转变到象征性收取土地出让金，以缴纳财产税获得土地使用权年限的制度上来。除此之外，作为补充，建立“转售为租”的年限制度也是十分必要的。

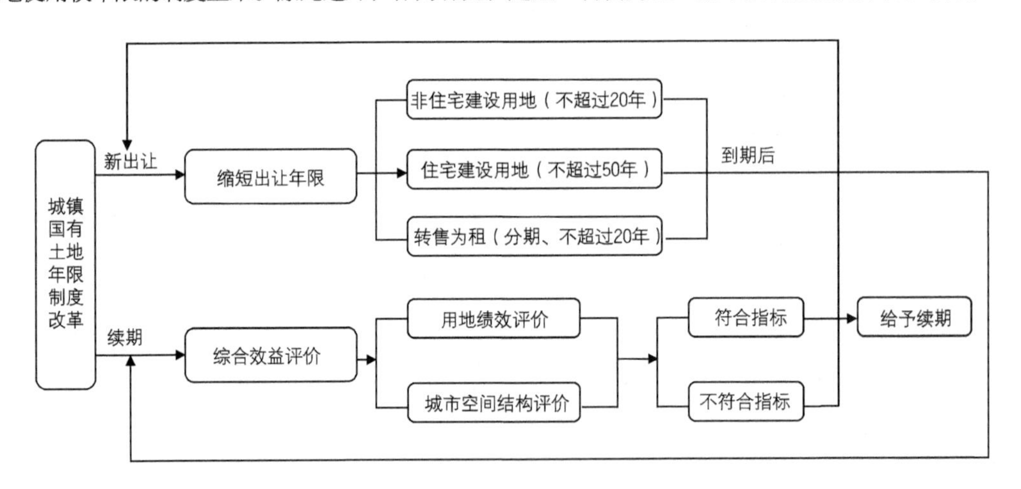

图 1 城镇国有土地年限制度改革思路

4.1 缩短国有土地使用权出让年限

4.1.1 建立以企业生命周期为基础的非住宅建设用地年限制度

在市场经济背景下，要改变土地低效利用和闲置浪费的局面，首先要缩短国有土地出让年限，修改以《暂行条例》为代表的法律法规关于土地使用权出让最高年限的规定，为城市空间结构优化奠定制度基础。

考虑到我国企业平均生存时间普遍低于 20 年，以及土地利用总体规划、城市总体规划等编制年限一般为 15～20 年，每五年修编一次，再结合北京、上海、临沂等城市在盘活城市工业用地时，其出让年限一般不超过20年的地方经验（唐燕，2015），新的国有土地出让年限制度中，宜将非住宅建设用地的最高出让年限设定为20年。这一举措既减小了企业的拿地成本，让企业能将更多资金用于促进创新和提高生产效率；又降低了拿地的资金门槛，可以优化用地对象，使得符合产业导向或具备创新能力，但资金相对不足的企业有机会拿到土地；还可以遏制“僵尸企业”造成的土地低效利用和闲置浪费现象。到期后，再进行系统全面的评估，根据评估结果决定是否给予最高不超过20年的续期年限。

另一种与之相辅、缩短出让年限的制度改革，是在条件合适的地区建立“转售为租”的年限制度。政府或者管委会从开始就只给予租赁使用权，而非土地使用权。比如浙江义乌的分阶段出让，第一阶段以三年为期，只有在三年期满时通过有关部门组织的复核验收，才能拿到剩余年期的土地使用权证。上海市短期的土地租赁最高以五年为期，长期的土地租赁以20年为期（范华，2014）。

4.1.2 转为以财产税为基础的住宅建设用地年限制度

目前关于住宅用地续期年限的讨论，主要有四种意见：①自动延期至70年，等待国家出台统一的制度安排；②无偿无限期的续期；③以建筑物的剩余寿命作为续期年限；④“改费为税”，象征性收取土地出让金，依靠逐年缴纳财产税的方式获得土地使用权。

比较这四种意见，第一种意见是权宜之计，但存在“制度惯性”的缺点，地方应早作谋断，抓住机遇，为国家出台新的标准提供实践经验。第二种意见违背了国有土地有偿使用的原则，有违社会公平正义，将带来经济风险，不符合社会主义国家的内在精神，并动摇中国特色社会主义的制度基础（叶剑平、成立，2016）。就第三种意见而言，由于每栋建筑物的剩余寿命不一致，同一个小区内不同建筑的到期年限也不同，不便于将来处置。第四种意见较为合理，采用缴纳财产税的续期方式，有利于建筑维护，盘活存量，优化城市空间结构。对于新城中出让的住宅用地，可根据民用建筑设计寿命为50年，规定首次出让最高年限不超过50年，缴纳土地出让金，而后自动续期，转为以财产税为主的方式。这样既能避免旧城衰败问题，也为新城开发获取前期基础设施所需的巨额投资。

4.2 将城市空间结构优化评价作为续期必要环节之一

4.2.1 纳入续期环节的必要性

目前关于国有土地使用权续期问题的讨论与处理，主要集中在国土部门，尚未引起城市规划界的足够重视。而国土部门在考虑用地（主要是工业用地）续期时，主要是从提高用地单位内部效益的角度（岳隽等，2009），提出以投资强度、地均产出、地均利税等为指标的用地绩效评价，将之作为续期标准（范华，2014），并对不同结果进行不同处理，较少考虑城市空间结构优化的问题。如果将来的土地续期只按国土部门的标准执行，那么促进城市空间结构优化的规划方案将因规划部门缺乏行政管辖权而难以落实。这一点应引起城市规划界的足够重视。

4.2.2 城市空间结构优化评价流程

将优化城市空间结构评价作为续期必要环节之一，关键是建立起用地冲突等级评价体系（图2）。

首先，对即将到期的地块进行普查，全面摸底，把握这些地块的区位、用地性质、产业类型和周边用地情况等，建立到期土地续期评估信息平台。其次，评价其用地性质、产业类型与周边用地情况以及将来的城市规划调整、产业规划调整是否存在冲突。冲突可分为三级：没有冲突、存在一定程度的冲突、严重冲突。按照冲突的层级，对该地块进行相应处置。对没有冲突的，甚至对周边用地有促进作用的地块，准许附着其上的企业优先、优惠续期；对与周边用地功能、城市产业发展方向存在一定冲突的地块，应进行深入研究和全面论证，适当条件下可引入公众参与，听取市民（尤其是利益相关者）的意见；对涉及用地性质调整的，不予续期；而对于严重冲突的，若因历史原因或规划调整侵占了风景名胜区、生态敏感区和历史文化保护区的旧住宅区、旧商业区、旧工业区等以及不符合城市产业升级方向的旧工业区、旧物流仓储区等，一律不予续期。政府应对这些存在严重冲突的地区，重新制定控制性详细规划。编制控规时应注意，在必要的地区，可突破现行的基于宗地单一功能的土地管理模式，适当进行混合功能的开发，对局部地块进行复合式“亦此亦彼”的灵活管理，易于企业根据需要改变用途（张衔春等，2015；卢为民，2016）。再通过“招拍挂”程序，将其转变为符合优化城市空间结构和提高城市环境品质的用地类型，将土地使用权转让到更高效的使用者手中。

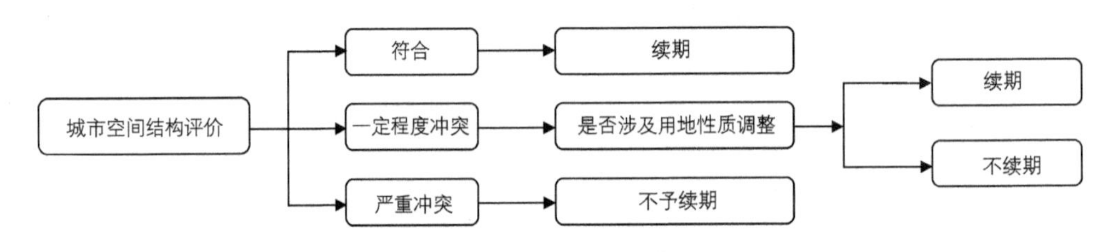

图 2　城市空间结构优化评价流程

4.2.3　用地绩效评价和城市空间结构优化评价协调机制

对地块进行综合效益评价时，若用地绩效评价和城市空间结构优化评价结果为优异且符合，给予优先、优惠续期；若为落后或严重冲突，一律不予续期；若为一般或存在一定冲突等其他情况，则视综合效益评价为正还是为负，即比较地块内的产出效益和其带来的外部性（或社会效益）为正还是为负，为正则给予续期，为负则不予续期（图 3）。

理论上讲，这需要构建一个以地块为基准，划定一定影响区域，给予地块对周边不同用地影响不同权重比值的综合效益评价函数模型。鉴于外部性范围和影响程度较为复杂且难以测度，本文在此不作深入探讨。在实施层面，更有赖于地方政府在实践中总结不同冲突层级的不同处理模式，确定一些具体规则，比如规划上涉及用地性质调整则不续期，反之则可续期。

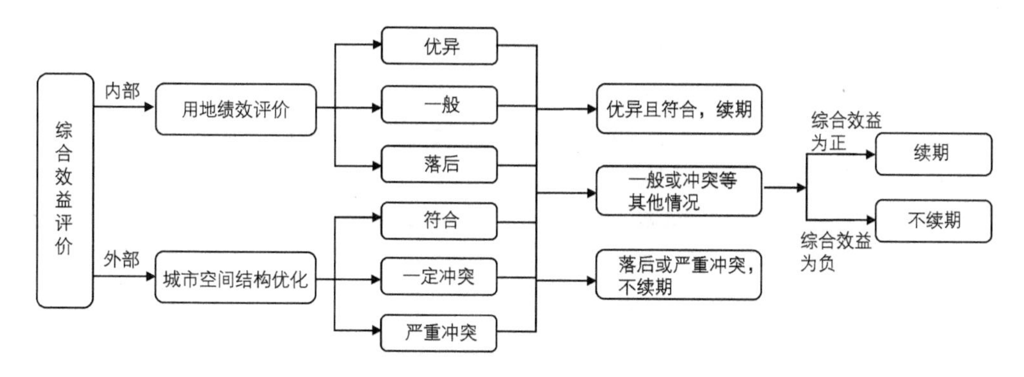

图3 用地绩效评价和城市空间结构优化评价协调机制

5 结论与讨论

在国家推行供给侧改革、城市发展进入“存量时代”背景下，注重内涵发展，提升城市内部土地使用效率，促进城市空间结构优化，成为我国大中城市未来发展与竞争的重点。然而现行长年限国有土地出让制度导致土地使用权滞留在低效率的企业手中，使得促进空间结构优化的规划方案缺乏用地支持而难以落实。城镇国有土地使用权的到期为城市空间结构优化提供了一次难得的机遇。抓住土地续期这个机遇，改革我国长年限的国有土地出让年限制度，建立以企业生命周期为基础、出让年限不超过20年的非住宅建设用地出让年限制度以及以财产税为基础的住宅建设用地出让年限制度，结合包含三级冲突标准的土地使用权续期制度，以满足优化城市空间结构的需求。

通过收回到期土地使用权，缩短国有土地出让年限，强化续期评价来促进城市空间结构优化的做法，可能存在以下几个问题：第一，土地出让年限缩短，且续期具有不确定性，会降低企业投资者的资本投入；第二，没有充分考虑到我国区域经济发展不平衡的现状，缩短土地出让年限会减少中西部地区城市建设的前期融资收入；第三，商业和办公用地可以通过开发权再转让给其他公司，政府收回土地使用权会降低经济效率；第四，续期与否虽根据用地冲突等级分为三种情况，但具备法律效力的具体实施意见和细节尚未明确，且评价具有主观性，实施过程中可能会出现政府通过灵活调整续期标准侵占公民私有财产，或通过寻租行为将土地使用权转让给不符合要求的土地使用者的情况；第五，优化城市空间结构是宏观层面的综合性评价，评价一个地块的土地使用对优化城市空间结构的作用很难操作。

针对以上问题，笔者认为：第一，确实存在降低企业投资者资本投入的可能性，但由于中小企业生命周期普遍低于土地出让年限，对他们的影响不大，对于大企业以及国家重大投资项目可适当提高土地出让年限。第二，在国家总体缩短土地出让年限的思路下，地方政府可根据实际情况灵活运用。比如，西部省份的土地出让年限会比东部沿海省份稍长。第三，商业和办公用地等通过开发权再转让，确实有助于提高效率，但也要看到存在长期闲置浪费的现实情况，政府要强化对土地利用效率的评价，对短期可以转让的予以支持，对长期闲置的要收回再“招拍挂”。第四，续期标准要结合国土部门的土地效益评价，根据三种冲突的情况，明确一定冲突和严重冲突中诸如涉及用地性质更改不得续期的实施细则，制定成公开、标准的土地续期法律法规文件，减少行政自由裁量权并保障相应的权利救济，增强企业投资者的信心。第五，正如本文第 4.2 节所述，需要强调的是城市空间结构优化评价在技术层面可以分为宏观和微观两个层面。在宏观层面，分区域进行评价，需要优化区域内的具体地块列入不续期预选信息库；在微观层面，可为具体地块构建续期评价模型，具体范围的划分、影响因子和参数设置有赖后期的深入探讨。优化城市空间结构导向的国有土地使用权年限制度改革，是个错综复杂的问题，需要在实践中不断摸索总结。

致谢

感谢哈佛大学政治学博士孙睿（Saul）和广州市规划院规划师贺辉文对本文提出的宝贵意见。

注释

①“两不一正常”的过渡性办法，指不需要提出续期申请、不收取费用和正常办理交易及登记手续。涉及“土地使用期限”，仍填写该住宅建设用地使用权的原起始日期和到期日期。

② 参见《暂行条例》第十二条：“土地使用权出让最高年限按下列用途确定：（一）居住用地七十年；（二）工业用地五十年；（三）教育、科技、文化、卫生、体育用地五十年；（四）商业、旅游、娱乐用地四十年；（五）综合或者其他用地五十年”。

③ 包含城市总体规划、分区规划、控制性详细规划、以城市更新规划为主的各项专项规划。

④ 这一点得到了厦门市原规划委员会赵燕菁主任的确认。此外，厦门市政府还为此类问题专门出台了《厦门市推进工业用地节约集约利用的实施意见》，意见指出厦门市将实行新增工业用地租让弹性年期制，一般工业项目用地租让年期不超过 20 年。见厦门市人民政府《关于印发工业用地节约集约利用实施意见的通知》。

⑤ 《中华人民共和国城市房地产管理法》第二十二条原文为：“土地使用权出让合同约定的使用年限届满，土地使用者需要继续使用土地的，应当至迟于届满前一年申请续期，除根据社会公共利益需要收回该幅土地的，应当予以批准。经批准准予续期的，应当重新签订土地使用权出让合同，依照规定支付土地使用权出让金。土地使用权出让合同约定的使用年限届满，土地使用者未申请续期或者虽申请续期但依照前款规定未获批准的，土地使用权由国家无偿收回。”

参考文献

[1] 曹裕，陈晓红，万光羽. 基于生命表方法的我国企业生存问题——以湖南省企业样本为例的实证研究[J]. 系统管理学报，2011，20（1）：84-93.

[2] 陈晓红，曹裕，马跃如. 基于外部环境视角下的我国中小企业生命周期——以深圳等五城市为样本的实证研究[J]. 系统工程理论与实践，2009，29（1）：64-72.

[3] 范华. 企业生命周期及其土地弹性出让年期研究[J]. 上海国土资源，2014，35（2）：62-65+69.

[4] 范剑勇，莫家伟，张吉鹏. 居住模式与中国城镇化——基于土地供给视角的经验研究[J]. 中国社会科学，2015，（4）：44-63+205.
[5] 蓝枫，汪丽娜，周其仁，等. 房屋土地使用权到期后怎么办?[J]城乡建设，2016，（6）：22-25.
[6] 卢为民. 推动供给侧结构性改革的土地制度创新路径[J]. 城市发展研究，2016，23（6）：66-73.
[7] 吕甜. "黄色"灿坤变"彩色"文创园[J]. 市场瞭望，2013，（1）：92-93.
[8] 石成球. 关于我国城市土地利用问题的思考[J]. 城市规划，2000，24（2）：11-15.
[9] 唐健. "供给侧改革"，土地政策已发力[N].中国国土资源报，2015-12-4（5）.
[10] 唐燕. "新常态"与"存量"发展导向下的老旧工业区用地盘活策略研究[J]. 经济体制改革，2015，（4）：102-108.
[11] 王淼薇，郝前进. 提高我国土地利用效率的途径研究——弹性土地出让年期制度的可操作性探讨[J]. 价格理论与实践，2012，（3）：27-28.
[12] 温州日报. 国内首例住宅土地使用权到期续期：交房价三至五成[N/OL]. http://business.sohu.com/20160416/n444411630.shtml，2016-4-6.
[13] 叶剑平，成立. 对土地使用权续期问题的思考[J]. 中国土地，2016，（5）：30-34.
[14] 岳隽，赵新平，邓岳方，等. 我国土地出让年期制度改革前期研究[J]. 资源导刊，2009，（6）：35-37.
[15] 张衔春，杨林川，向乔玉，等. 空港经济区法定空间规划体系内容识别与优化策略[J]. 地理科学进展，2015，34（9）：1123-1134.
[16] 赵力，孙春媛. 供给侧结构性改革视角下城市用地功能布局优化策略[J]. 规划师，2017，33（6）：26-31.
[17] 赵燕菁. 城市化 2.0 与规划转型——一个两阶段模型的解释[J]. 城市规划，2017，41（3）：84-93+116.

长春东北亚区域中心城市实施路径选择

翟 炜

Implementation Path Selection of Central City of Northeast Asia for Changchun

ZHAI Wei
(School of Architecture, Tsinghua University, Beijing 100084, China)

Abstract As the region with an economic growth only secondary to the European Union and North America, Northeast Asia has become the new pole of growth around the world. Therefore, the construction of central city in Northeast Asia plays a leading role in each city future development path. However, existing research on this issue mainly consider the goal setting while not enough spatial implementation strategies are proposed, so it is hard to be combined with the master plan specifically. To address these problems, this paper chooses Changchun as an example to put forward the strategies in constructing the Northeast Asian Central City. This paper firstly reviews the progress of central city construction in Northeast Asian countries. Secondly, the paper discussed Changchun's core function and potential function under the context of Northeast Asian Central City construction with SWOT analysis. Then, three strategies were proposed in terms of how to amend the decision-making frameworks towards forward-thinking and proactive central city construction and planning. Specifically, comprehensive industry systems, open-oriented policies and urban culture building are suggested as effective action plans for Changchun. Finally, to better adapt the proposed strategies to master plan, how to design the industrial space, cultural space, and green space is introduced.

Keywords Northeast Asia; central city; Changchun; implementation strategies

作者简介
翟炜，清华大学建筑学院。

摘 要 东北亚作为仅次于欧盟与北美的全球经济增长次区域，其中心城市的建设对于区域内城市总体规划的编制起到引领作用。然而，现有相关城市研究仍停留于制定目标与构想理念阶段，发展策略与实施路径并不明确，从而导致难以在空间发展上与城市总体规划相契合。本文将针对该问题，以长春为例，提出东北亚中心城市建设的战略部署策略以及空间实施路径。本文首先梳理了东北亚区域内各国中心城市建设实施的进展，从而明确东北亚区域中心城市建设的重点以及不足之处，为长春建设东北亚区域中心城市明确方向与突破点。其次，本文根据SWOT分析，挖掘长春在东北乃至东北亚地区的核心职能与潜在职能，从汽车制造、特色文化与现代文化、交通枢纽与现代高新技术农业等角度提出长春建设东北亚区域中心城市的功能定位，为战略部署提供目标。由此，本文在大产业体系、对外开放和城市文化精神建设三大领域谋划长春建设东北亚区域中心城市的发展之道，对城市总体规划的空间战略布局提供思路与支撑。最后从产业空间、文化空间和绿色空间入手，为东北亚区域中心城市建设与总体规划的编制提供桥梁。

关键词 东北亚；中心城市；长春；实施路径

东北亚作为全球经济体系中仅次于北美和欧盟的重要增长极，其战略地位不言而喻。长春作为一座因铁路修建而形成的现代城市，从曾经的伪满统治中心，到新中国重要的工业城市，始终在东北亚发展史中占有至关重要的地位。本文探讨了长春建设东北亚中心城市的功能定位和实施路径，为城市总体规划提供依据。

1 东北亚区域中心城市建设概况

20 世纪 60 年代，在劳动分工国际化和国际贸易全球化过程中形成了一类具有全球性经济、政治和文化交流作用的中心城市，按层次分为世界城市、全球城市、区域性国际城市等。弗里德曼（Friedmann，1986）认为，新国际劳动分工带来的世界经济融合将促进这一类世界城市的生产功能被生产性服务职能所取代。随着世界城市的研究从侧重经济功能向经济与服务功能并重转型（Sassen，2001；Saito，2003），当前得到普遍认可的世界城市的主要功能包括：①世界金融中心城市（Sassen，2001；Taylor et al.，2010）；②全球信息中心城市（Malecki，2002）；③政治文化中心城市（Knox，1996；Varsanyi，2000）；④国际交往中心城市（Knox，1996）。

进入 21 世纪以来，随着国际合作的进一步深入，东北亚地区已经成长为仅次于西欧和北美的世界第三大国际区域共同体。除了传统的东京、首尔等国际性中心城市，东北亚六国的城市在新一轮的城市发展战略和城市定位中表现出一致的迫切需求——成为“东北亚中心城市”，甚至形成了规模化的“东北亚中心城市”建设浪潮。本文对各个城市的相关战略规划、总体规划等资料进行收集总结，仅在我国，就有至少 6 个省、17 个城市提出了建设“东北亚 XX 中心城市”的宏伟目标（表 1）。尤其是在东北地区，36 个市（州）中竟有 11 个提出建设“东北亚 XX 中心城市”的城市定位，占地区城市数量的 1/3，涵盖物流、旅游、贸易、航运等诸多方面。

表 1　东北亚地区各城市的中心城市建设目标

国家	省/直辖市	城市	东北亚中心城市建设目标
中国	吉林	吉林	东北亚重要的新型产业基地
			东北亚旅游中心城市
		延吉	面向东北亚开放的重要门户
			东北亚经济技术合作的重要平台
		珲春	东北亚区域中心城市
	辽宁	大连	东北亚重要的国际城市
			东北亚国际贸易中心城市
			东北亚国际航运中心
		沈阳	东北亚的金融中心
			东北亚旅游中心城市和国际旅游目的地城市
			东北亚国际化中心城市
		丹东	东北亚国际城市
		本溪	东北亚重要的观光目的地城市
			东北亚度假健康城市

续表

国家	省/直辖市	城市	东北亚中心城市建设目标
中国	黑龙江	哈尔滨	东北亚重要的中心城市
			东北亚商贸旅游中心
		牡丹江	东北亚国际休闲旅游中心城市
		佳木斯	生态型、区域化的东北亚中心城市
		大庆	东北亚经贸物流节点城市
	天津		东北亚物流中心
			东北亚旅游休闲中心城市
	山东	青岛	东北亚国际航运中心
			东北亚物流中心城市
			东北亚数据中心
		烟台	东北亚交通物流枢纽城市
	内蒙古	鄂尔多斯	东北亚金融副中心
		满洲里	东北亚区域航运枢纽城市
韩国		济州岛	能与香港和新加坡竞争的东北亚区域中心
			东北亚国际教育城市
		首尔	东北亚中心城市
			东北亚经济和金融中心
		釜山	东北亚航运中心
			东北亚地区的物流商业中心城市
			东北亚地区的海洋文化及观光城市
		仁川	东北亚中心城市
			东北亚最佳商务城市
日本		东京	东北亚能源交易中心
			亚洲的经济中心和亚洲第一时尚中心
		松岛	东北亚商业中心
		神户	东北亚国际航运中心

不难发现，我国东北亚地区城市定位突出表现为两个方面的选择偏好：一是多侧重于城市的综合功能（如综合中心）或产业功能（如物流中心、航运中心），城市定位专注于经济、产业等硬实力建

设，忽略文化软实力功能；二是多依赖原有基础条件做出定位选择，特别表现为倚赖原生态的环境资源（如定位生态旅游中心）、基于现状的交通区位资源（物流中心、航运中心、贸易中心）等。相比较而言，韩国、日本的部分城市定位另辟蹊径，如济州岛的"东北亚国际教育城市"、釜山的"东北亚地区的海洋文化及观光城市"、东京的"亚洲的经济中心和亚洲第一时尚中心"，聚焦方面更为软化柔和，侧重教育优势、文化特色（海洋文化、时尚文化）优势。

2 长春城市发展SWOT分析

①长春公路、铁路、航空立体化网络已经形成，向南可经辽南城市群联系我国东部沿海地区，向北可通过黑龙江和蒙东地区与俄罗斯和欧洲对接，向西可经白城与蒙古国合作，向东可经珲春和图们口岸通往俄罗斯和朝鲜，区位优势明显。②长春经济发展态势良好，与东北亚各城市比较，长春2016年的GDP平均增长速度达到了7.3%，位居东北亚第二位，东北第一。虽然乌兰巴托近五年的GDP增速维持在15%左右，但是蒙古国经济发展相对落后，GDP总量较低，总体发展远落后于长春。③长春文化资源在东北乃至东北亚范围内独具一格。伪满皇宫博物馆、伪满八大部[①]、"中国一汽"历史街区、吉剧、马孔德艺术博物馆等独具文化特色。④长春科技教育背景雄厚，在不到百年的历史中创造了多项亚洲第一（第一个普及抽水马桶的城市、第一个普及管道煤气的城市等）和中国第一（第一座电影制片厂、第一辆汽车、第一炉光学玻璃等）。⑤长春经济持续稳固增长的根本在于支柱产业的强势表现。汽车产业在2015年仍然占据了长春工业总产值的55%；铁路客车产量占全国产量由2008年的29.66%增长到41.29%，在全国独占鳌头。农副产品深加工业也位居全国领先地位，现有大中企业50多家，每年生产200万吨粮食，出栏200多万头猪、50多万头牛和2 000多万只家禽，大成玉米现在生产规模亚洲第一、世界第四，皓月集团出口肉牛量占全国一半，德大公司肉鸡屠宰量全国第一。

然而，长春市乃至吉林省在对外开发层面并不具备优势。①东北地区共有各类口岸67个，其中空运口岸10个、水运口岸24个、铁路口岸8个、公路口岸23个、输油管道口岸1个、公务通道1个。在东北亚航空网络中，大连的辐射能力为东北地区最强，其与东京的航空客运量位居东北亚前三位。长春通航的国际城市为14个，沈阳与哈尔滨均为19个。哈尔滨是对接俄罗斯远东以及西伯利亚地区的重要交通枢纽城市。②影视文化影响力下降，创新不足。2015年长影仅出品了两部作品，远远落后于其他电影企业。

与此同时，改革开放以来东北三省人口不断外迁和流出现象受到了广泛关注（戚伟等，2017），虽然长春人才储备存量大，但是同样流失严重。2014年，吉林大学流失科研人才90余人，其中90%流向省外，中国科学院长春应用化学研究所流失70余人。在2017年作为985高校的吉林大学本科生在校人数接近4.3万，位居全国之首，足以证明长春人才储备之雄厚。但是据省教育厅数据显示，吉林省高校60%省内招生，60%毕业生流向省外，说明每年至少存在20%的省内高校毕业生流向省外。每年的高校毕业生数量在15万左右，可以估算，每年净流失3万左右高校毕业生。如何应对人口乃至人才的外流问题，是长春建设东北亚区域中心所面对的巨大挑战。

最近，国务院正式发布《关于哈长城市群发展规划的批复》，明确提出要将长春建设成为东北亚区域性中心城市、国家创新型城市、东北亚区域性服务业中心城市和绿色宜居森林城市（国家发展改革委，2016）。在国家“一带一路”大战略背景下，长春作为战略支点，将获得巨大的发展机遇，尤其在协同推动外接俄罗斯、蒙古、韩国、日本、朝鲜和欧洲，内联国内腹地的贸易大通道建设，以实现“一带一路”战略、俄罗斯“欧亚联盟”战略和蒙古“草原丝绸之路”战略的对接。

3 新时代长春城市功能定位

根据SWOT分析，结合长春当前发展的需求，本文认为长春在东北亚区域的城市功能定位应该是：以汽车制造为主的先进制造业中心，特色文化和现代文化（电影和电视）中心，区域性交通物流枢纽，现代农业和农业高新技术研究与推广中心。该功能定位为长春市城市总体规划的城市性质提供依据与支撑。具体而言，汽车制造为主的先进制造业中心是指应当以汽车制造业为主，以轨道客车制造为辅，大力发展生物医药、新材料等新兴产业，建设成为东北亚地区制造业的尖峰区。特色文化和现代文化（电影和电视）中心是指长春应当在已有电影特色文化基础上，以“整合创新”盘活多方面资源，以“微观创新”突出各领域优势，以城市文化的全新规划带动整个城市形象的转型升级。区域性交通物流枢纽是指依托中蒙大通道和哈大交通轴带的交叉枢纽，对内辐射东北和内蒙古，对外辐射日朝韩蒙俄。现代农业和农业高新技术研究与推广中心需要长春发挥传统农产品加工的技术优势，在此基础上延伸加工业产业链，从传统粗加工向精深加工转型，形成东北亚农业高新技术的研究中心与推广中心。

此外，在东北亚视角下，长春还有潜在职能可以深入挖掘。首先，长春有望成为东北亚金融服务业中心城市。长春可以继续依靠东北亚博览会对东北亚总部基地的桥梁作用，集聚各国客商以及全球生产要素，为总部基地发展提供有力的服务保障。其次，长春应当在东北亚创业创新中心方向深度挖掘自身潜力。目前，吉林省“互联网+”创新创业综合示范基地在长春市绿园区正式启动，其应用平台建设将加速在长春高新区形成互联网相关产业及新兴服务业聚集（今日财富报，2017）。

4 长春东北亚区域中心城市实施策略

4.1 构建“三大”产业支撑体系

为了重构长春的产业体系，基于长春现有的三产结构，本文提出以“大农业”“大制造业”“大服务业”为核心的开放创新型大产业体系（图 1）。区别于传统的农业、制造业与服务业，该产业体系主要基于产城融合、创新引领、平台支撑与绿色发展四大理念。此外，“三大”产业体系并非独立的系统，而是相互融合、协作的有机体。

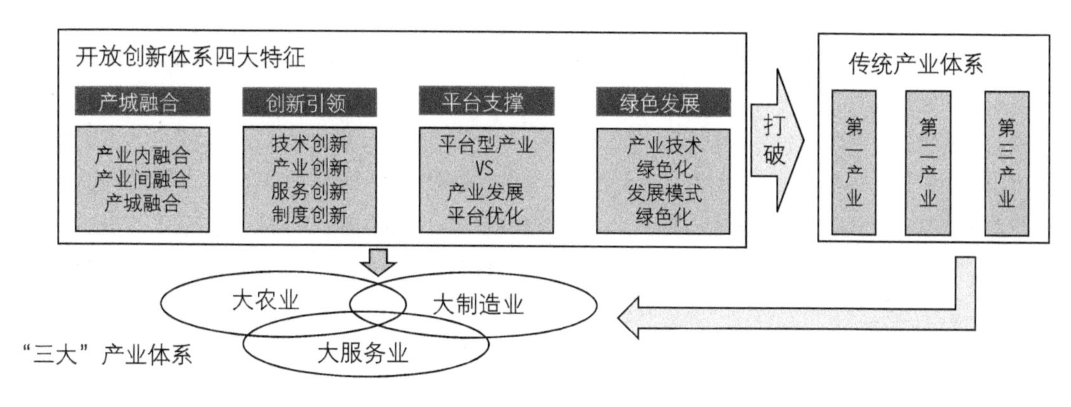

图1 产业体系框架

具体而言，长春的大农业体系主要着眼于四大领域：绿色高值农业、农产品精深加工业、高效园艺特色产业、都市休闲农业。大农业体系需要现代农业科技教育培训服务体系，承担农业种子研发、农业技能人才培训和农业科技服务等工作。此外，电商培训服务、市场营销服务、种子交易平台等市场运营服务体系是大农业体系的支撑。

大制造业体系主要侧重于汽车产业、轨道交通设备制造、航空航天以及现代光电装备制造、现代农业装备产业。为实现大制造业体系的构建，需要围绕智能制造等先进技术提出研发目标与标准，例如研发高精尖数控系统、减速器、传感器等功能部件技术，同时超前性地制定新能源、人工智能、自动驾驶汽车等标准。此外，长春需要突破已有先进制造业的“材料”天花板，增强为汽车、轨道客车等优势产业配套的高性能、轻量化材料研发能力，加强新能源电池材料研发以及纤维增强复合材料等工艺。

大服务业体系需要从金融服务、国际商贸服务和国际贸易物流服务三大领域入手，以集聚发展、融合发展、创新发展、开放发展为主线，构建综合化平台服务产业体系，配以文化创意与设计服务产业、大健康产业、大旅游业以及信息服务行业。其中，大健康产业主要包括与健康相关产品的制造业及与健康相关的服务业。而大旅游业则是综合长春特色的影视旅游、文化旅游、工业旅游和农业旅游等优势，发展由衣、食、住、游、购、娱主导的直接旅游产品，以及与经济、技术联系的间接关联产业。

4.2 强化对东北亚的开放与合作

对外开放的目的在于提升本地企业的国际竞争力，充分调动东北亚各国的资源优势，推动长春产业向具有高附加值的新兴产业发展。空间上，依托哈大轴线对外开放，引进来自我国北方、蒙古国、俄罗斯的生产原材料、能源物资，发挥东北地区制造加工的优势，与俄罗斯、蒙古国建立贸易合作区，将货物出口至俄罗斯、蒙古与我国内陆地区。同时依托图乌轴线，引进来自韩国、日本的技术和零部件，在长春进行制造业加工，借港出海，跨越日本海将产品出口至韩国、日本、加拿大、美国等国家。

同时，将海外技术结合本地零部件，拓宽国内腹地，从而实现本地企业在新兴物流、分拨、交易与信息等高附加值领域的产业升级。

但是图们江“借港出海”是跨境的国与国之间、企业与企业之间的合作，由于我国和俄罗斯在国家制度、法律、管理部门和企业文化间存在差异性，可能导致双方的投资合作存在一定的风险，如何建立合理的保障机制来确保两国的投资效益成为“借港出海”面临的先决问题。此外，长春应当加强与“长满欧”铁路沿线城市合作。“长满欧”班列由长春市始发，经满洲里铁路口岸出境，途径俄罗斯西伯利亚、白俄罗斯布列斯特、波兰华沙，终点到达德国施瓦茨海德。沃尔沃、华为、高露洁、三星电子、F 1 赛车等世界知名企业均为“长满欧”线路的客户。

4.3 挖掘和重塑长春城市特色文化

依托长春现有文化特色，将长春打造成为东北亚“记忆之城”和“青春之城”。

记忆之城的精神内涵在于刻画中国历史、雕塑人类文明与续写民族传奇。刻画中国历史即以传承抗战精神与复苏民族记忆为核心，推动“十四年抗战”的抗战历史转型，挖掘与重塑长春伪满八大部的记忆珍宝。目前伪满八大部遗迹保存比较完整，大部分建筑依旧保持着伪满时代的风貌，但由于历史原因，已分归不同单位使用，例如吉林大学和医院等，没能充分开发并起到教育意义。雕塑人类文明主要依托长春的雕塑文化优势，开展“中华文明雕塑工程”，建设中华文明主题雕塑群，同时提升城市雕塑水平，建设城市雕塑博物馆，将雕塑公园打造为东北亚视觉艺术交流展示中心。续写民族传奇旨在盘活一汽创业史，打造“红色工业旅游”。具体措施为打造“工业之魂”为主题的“工业化之路”核心展览等。此外，需要传承长影辉煌历史，建设“电影创作旅游”基地。

青春之城旨在建设“影都”“雪都”和“绿都”三位一体的青春活力城市。“影都”的建设需要改制长春电影节、建设艺术体验与旅游街区、与数字技术结合打造动漫与网游产业等。“雪都”长春需要强调“粉雪”概念，主打区别于东北其他城市的“滑雪”文化，推广“瓦萨”品牌，接轨国际市场。“绿都”即长春可以建设“绿色汽车城”，引领汽车文化新潮流，与影视、动漫、游戏联动，打造“泛娱乐+汽车文化”。此外，可以将民族文化结合绿色生态，在农安榆树建立特色小镇，推广榆树“黄金玉米”，以绿色农业助力生态示范。

5 长春东北亚区域中心城市实施的空间响应

5.1 产业空间响应

结合长春市产业发展现状，重点发展先进制造业、战略性新兴产业、物流产业、科技创新业、文化产业、商务金融业、旅游休闲业、现代农业、农产品加工业、绿色环保产业等产业类型，构建绿色导向的创新驱动型现代大产业体系。具体而言，在空间上沿哈大、图乌两个发展轴，形成五条产业发展带，建设优势明显、主业突出的十大产业集群，各集群内布置若干个产业园区：长西南汽车产业集群、长西北轨道客车产业集群、长东北国际合作及战略性新兴产业集群、长东北物流贸易加工产业集群、长东北生物化工产业集群、长春南部现代服务业集群、长春南部科技创新产业集群、长东南文化创新产业集群、长春东部高端服务和生态休闲产业集群、德农榆九现代农业产业集群（图 2）。

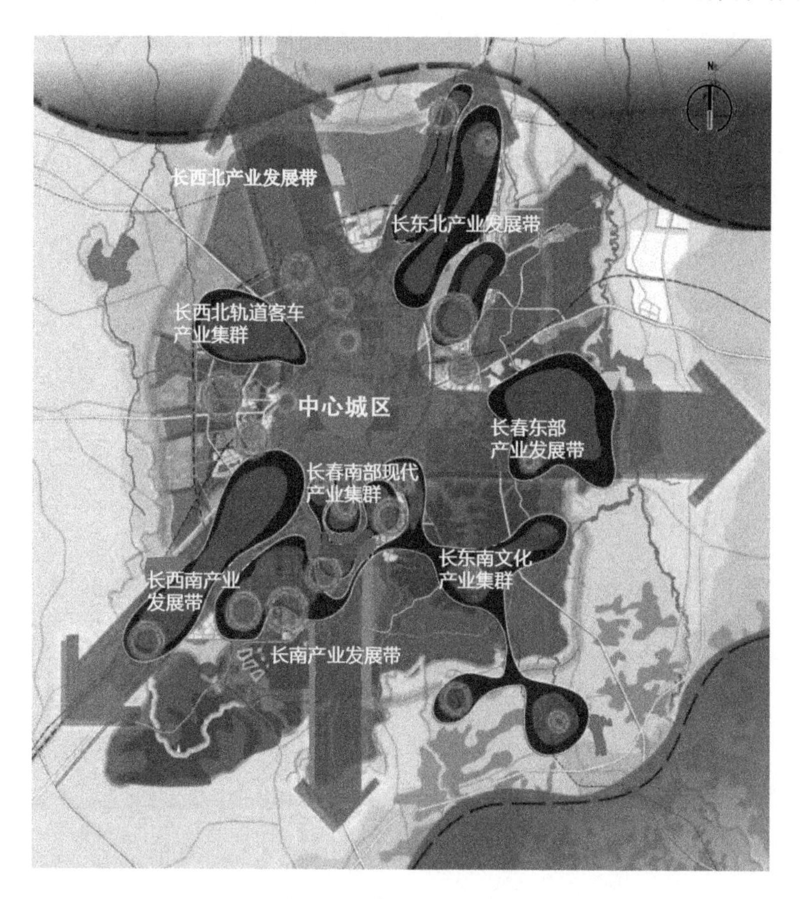

图 2　长春产业空间布局

5.2　文化空间响应

长春文化空间的建设不仅需要遵循服务半径来布局文化设施，还要集中建设城市的优势资源，凸显城市结构。一方面，把城市文化当成发展战略，推动城市各项资源向更有文化氛围的区域集中；另一方面，在空间打造与选址上，能集中优质空间形成富有文化气息的廊道和各种节点，形成“一廊一谷一核三心”的文化空间体系（图 3）：“一廊”即沿新民大街、人民大街形成的综合文化廊道；“一谷”即沿伊通河形成的滨水文化谷带；“一核”是围绕重庆路、文化广场形成的城市文化核心；“三心”为南部新城、西南国际汽车城、长春新区（长东北区域）文化副中心。通过人民大街、伊通河、远达大街三条轴线贯通城市中心城和南部新城，联系城市历史街区、商圈、中心、公园、开敞空间、滨水空间、文化娱乐空间等活力空间要素，形成传承城市历史记忆、引领城市现代生活潮流的活力都市带。

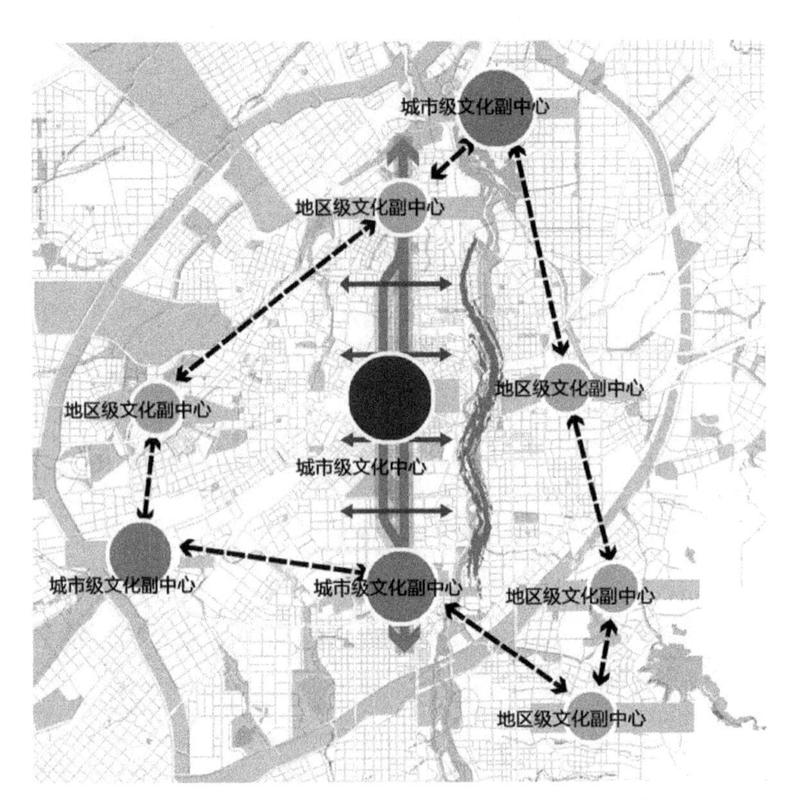

图 3　长春文化空间结构

5.3　绿色空间响应

为实现长春“绿都”的文化内核，需要优化城市绿地系统结构，在城市内部构建“一轴、三环、线网、多园”的绿地空间体系；实施“楔形廊道”和“大公园”建设战略，保证公共绿地空间与建设用地空间同步增长。沿城市东部的大黑山脉，依托卡伦湖、莲花山、净月潭国家森林公园、新立城水库、景台森林公园等优质生态区发展生态廊道；依托南湖公园、雕塑公园等城市大型公园（5 平方千米以上，包括城市型国际名园和郊野型的主题公园），构筑城市绿色心；依托伊通河水网构建长春的湿地肺，打造绿色生态之都。

6 结语

本文通过对东北亚地区中心城市建设的现状进行梳理和长春SWOT分析，初步认为长春在东北亚中心城市建设中的功能定位为：以汽车制造为主的先进制造业中心，特色文化和现代文化（电影和电视）中心，区域性交通物流枢纽，现代农业和农业高新技术研究与推广中心。此外，长春还有潜力成为东北亚金融服务业中心城市和创业创新城市。

基于此，本文认为长春首先需要从三大产业体系入手，构建“大农业”“大制造业”“大服务业”为核心的开放创新型大产业体系；其次，依托哈大轴线和图乌轴线，加强与东北亚各国的对外开放渠道建设；最后，提升长春的城市文化精神，建设东北亚“记忆之城”与“青春之城”。为了实施策略落地并且能够服务于城市总体规划，本文从产业空间、文化空间与绿色空间三个角度，提出了空间布局的响应策略。

致谢

感谢清华大学顾朝林教授，长春市城乡规划设计研究院张博、宋云婷等对本文的指导，并为本文提供数据等资料。

注释

① 伪满八大部即治安部（军事部）、司法部、经济部、交通部、兴农部、文教部、外交部、民生部的统称。这些政治机构同伪国务院、综合法衙（司法检察机关）都建在长春新民大街附近，形成以地质宫为中心的建筑群。

参考文献

[1] Friedmann, J. 1986. “The world city hypothesis,” Development and Change, 17(1): 69-83.

[2] Knox, P. L. 1996. “Globalization and the world city hypothesis,” Scottish Geographical Magazine, 112(2): 124-126.

[3] Malecki, E. J. 2002. “Hard and soft networks for urban competitiveness,” Urban Studies, 39(5-6): 929-945.

[4] Saito, A. 2003. “Global city formation in a capitalist developmental state: Tokyo and the waterfront sub-centre project,” Urban Studies, 40(2): 283-308.

[5] Sassen, S. 2001. “Global cities and global city-regions: A comparison,” in Global City-Regions: Trends, Theory, Policy, ed. Scott, A. J. Oxford: Oxford University Press. 78-95.

[6] Taylor, P. J., Hoyler, M., Verbruggen, R. 2010. “External urban relational process: Introducing central flow theory to complement central place theory,” Urban Studies, 47(13): 2803-2818.

[7] Varsanyi, M. W. 2000. "Global cities from the ground up: A response to Peter Taylor," Political Geography, 19(1): 33-38.

[8] 国家发展改革委. 国家发展改革委关于印发哈长城市群发展规划的通知[EB/OL]. http://www. ndrc.gov. cn/zcfb/zcfbtz/201603/t20160311_792497.html. 2016-3-7.

[9] 今日财富报. 跨界“双创基地”正式落户长春新区[EB/OL]. http://www.sohu.com/a/136664006_456875. 2017-4-27.

[10] 戚伟，刘盛和，金凤君. 东北三省人口流失的测算及演化格局研究[J]. 地理科学，2017，37（12）：1795-1804.

东北亚国际中心城市建设指标体系选择

翟 炜 顾朝林

Selection of the Index System for the Construction of International Centers of Northeast Asia

ZHAI Wei, GU Chaolin
(School of Architecture, Tsinghua University, Beijing 100084, China)

Abstract This paper reviews the evolution of Central City from World City, Global City, Global City Network and National Central City. The science behind each hierarchy and the principles in choosing indicators are concluded. Apart from that, the characteristics of central city in the context of information age are concerned to analyze the future corporations development types, namely high quality service corporations, complex global headquarter and highly specialized corporations. This paper also establishes a framework for building the Central City indicator system for city's comprehensive planning of Shenyang and Changchun.

Keywords Northeast Asia; international central city; indicator system

摘　要 文章基于中心城市层次进行综述，从世界城市、全球城市、全球城市网、国家中心城市多个层级入手，总结不同层级中心城市的科学内涵、指标体系内容与选取原则。最后，基于信息时代城市中心性特征，文章总结了未来企业发展的三种主要类型：高标准化产品/服务企业，复合型全球化公司的总部企业与高度专门化网络化的服务公司。文章旨在为长春和沈阳城市总体规划目标——建设东北亚国际中心城市提供研究框架。

关键词 东北亚；国际中心城市；指标体系

最近东北亚地区建设国际化城市的呼声渐高。长春和沈阳作为东北亚地区的重要城市，正处在区域经济振兴和城市转型发展的关键时期，建设东北亚国际中心城市成为国家需求和地方政府的发展目标。本文基于长春和沈阳两市建设东北亚国际化中心城市指标体系的理论和方法研究报告，为长春和沈阳两市城市总体规划目标的拟定提供研究依据。

1　东北亚国际化中心城市内涵

20 世纪 60 年代，在劳动分工国际化和国际贸易全球化过程中形成了一类具有全球性经济、政治和文化交流作用的中心城市，按层次分为世界城市、全球城市、区域性国际城市等。所谓东北亚国际中心城市，首先是地区中心城市，其次是国际化、具有跨国影响力的城市。建设东北亚国际中心城市主要在于：到 2035 年建设成为东北亚地区

作者简介
翟炜、顾朝林，清华大学建筑学院。

具有较大国际影响力的中心城市。东北亚国际中心城市具有世界城市、全球城市、国家中心城市的实质内涵。

2 世界城市及其指标体系

2.1 世界城市定义

在开展全球化对城市影响的讨论过程中，国外学者主要采用了世界城市（World City）和全球城市（Global City）概念，以描述城市全球化发展的过程及其所达到的状态或结果。1915 年，格迪斯（Geddes）首次提出世界城市概念。1966 年，霍尔（Hall）发展了这一概念，并讨论了当时典型的七个世界城市的功能和空间。霍尔（Hall，1966）认为，世界城市是主要的政治权力中心，首都、国际组织或跨国公司总部所在地，金融、商贸总部所在地，工业中心，交通枢纽，医疗、法律中心，文化、科研中心，信息中心，特别商品和服务业集聚中心，全球性会议首选地。1986 年，弗里德曼（Friedmann）的《世界城市假说》（*The World City Hypothesis*）从新的国际劳动分工角度出发，着重研究了世界城市的等级层次结构布局；继承了既有的“核心—半边缘—边缘”世界区域思想，并根据工业化的不同阶段，将世界城市分为了“核心首位—半边缘首位—核心次位—半边缘次位”四个层级；接着从资本配置、全球控制力、人口迁移、空间和阶级的两极分化等七个方面总结了世界城市的主要特点。弗里德曼等认为，现代意义上的世界城市是全球经济系统的中枢或组织节点，并且集中了控制和指挥世界经济的各种战略性功能（Friedmann and Wolff，1982）。弗里德曼（Friedmann，1986）讨论由 30 个城市组成的世界城市体系（表 1），使世界城市理论得到了广泛关注。在 1986 年弗里德曼的世界城市体系中，尚无中国大陆的城市入选。但伴随中国改革开放的深入以及加入 WTO 后与世界经济的日益融合，中国城市的全球化受到了前所未有的关注。戈特曼（Gottmann，1989）认为，世界城市是人口密集地、“脑力密集型”产业集聚地、政治权力中心。司瑞福（Thrift，1989）认为，世界城市是大公司总部和银行总部集聚地。肯尼迪（Kennedy，1991）指出，世界城市应当拥有完善的基础设施、强大的财富创造力、就业增长力和满足高质量生活的吸引力。

表 1 弗里德曼提出的世界城市体系

世界城市等级	代表城市
全球金融连接城市	伦敦（也包括国内连接）、纽约、东京（也包括跨国连接，东南亚）
跨国连接城市	迈阿密（加勒比海、拉丁美洲）、洛杉矶（环太平洋）、法兰克福（西欧）、阿姆斯特丹、新加坡（东南亚）
重要的国家连接	巴黎、苏黎世、马德里、墨西哥城、圣保罗、首尔、悉尼
次要的国内或区域连接	大阪—神户、旧金山、西雅图、休斯敦、芝加哥、波士顿、温哥华、多伦多、蒙特利尔、香港、米兰、里昂、巴塞罗那、慕尼黑、莱茵—鲁尔区

世界城市的主要功能包括：①世界金融中心城市（Sassen，2001；Musil，2009；Taylor，2001）；②全球信息中心城市（Malecki，2002）；③政治文化中心城市（Knox and Taylor，1995；Varsanyi，2000）；④国际交往中心城市（Knox and Taylor，1995）。

2.2 世界城市指标体系

20 世纪 80 年代以来，随着全球化进程的不断深入，涌现出一些在空间权力上超越国家范围、在世界经济中发挥指挥和控制作用的世界性城市，一般称之为世界城市（World City）或者全球城市（Global City）。学者们围绕世界城市议题，从理论和实证两方面入手，对世界城市/全球城市的概念界定、功能定位、等级地位等方面展开了多元化的研究（Taylor and Derudder，2004；宁越敏，1991、1994；屠启宇、杨亚琴，2003；周振华，2006；汪明峰、高丰，2007；武前波、宁越敏，2008；周蜀秦，2010）。随着世界城市研究的深化，学者发现世界城市通过彼此间频繁的经济文化往来会凝聚成新的空间有机体，即世界城市网络。受传统城市地理学理论（如中心地理论）的城市等级体系的影响，早期世界城市研究学者强调在经济权利主导的全球尺度下，建立“核心—边缘—半边缘”结构的世界城市等级体系（Friedmann，1986）。随着经济全球化和信息化的发展，世界城市发展日新月异，世界城市组织结构越发复杂。以泰勒为首的“全球化与世界城市研究网络”（Globalization and World Cities，GaWC）将研究的焦点从城市等级转换到城市网络，致力于探讨世界城市网络的形成与演化机制、网络结构与经济全球化之间的互动关系以及对城市发展带来的影响等问题。他们将城市视作网络中的节点，城市的地位更多地依赖于其在网络中与其他城市的关系。随后，GaWC 小组分别从企业组织和基础设施网络两个方面对世界城市网络进行了实证分析。完善的理论和实证研究打破了世界城市体系等级化的观念，推动了世界城市研究范式从层级向网络的转变，并引导了世界城市研究从属性研究到关系研究的转型。

GaWC 以六大“高级生产者服务业机构”在世界各大城市中的分布为指标，对世界城市进行排名。主要包括：银行、保险、法律、咨询管理、广告和会计，关注的是该城市在全球活动中具有的主导作用和带动能力。

德吕代和泰勒（Derudder and Taylor，2016）呈现 2000～2012 年在世界城市网络中的个别城市及区域之轨迹的大尺度分析（表 2）。检视城市演化中的网络中心性的方法，是根据进阶生产者服务厂商透过它们在全世界的办公室分布，与城市“相互连锁”。我们的分析不限于推定的世界城市之有限集成，而是将全世界区域中的 157 座城市纳入此全球城市分析之中。本分析建立改变的绝对及相对评估方法，以揭露主要的改变面向。最显著的研究发现是，面对全球经济层级中续存的核心—边陲模式时，显著的连结性增加，仅限于少数的城市集（特别是杜拜、上海、北京与莫斯科），而纽约与伦敦则稳固地维持在顶点。与此同时，全球城市网络连结性的总体层级明显上升，意味着网络的逐渐整合。就地理而言，可察觉到从西方到东方的转换，尽管是不均等的。

表 2 全球化变化与世界总部机构城市变化

世界地区	HQ 变化（%）	国家	HQ 变化（%）	城市	HQ 变化（%）
澳洲	2.9	中国	5.7	北京	6.3
亚太地区	2.5	澳大利亚	2.9	悉尼	2.9
拉丁美洲	2.3	加拿大	2.9	巴黎	2.6
南亚地区	0.6	巴西	1.7	旧金山	1.9
撒哈拉以南非洲地区	0.8	法国	1.6	法兰克福	0.4
中东地区	0	瑞典	−0.4	苏黎世	−0.1
北美地区	−3.8	瑞士	−0.7	波士顿	−1.3
欧洲	−5.7	比利时	−1.4	明尼阿波利斯	−1.9
		荷兰	−3.3	阿姆斯特丹	−3.4
		德国	−3.7	伦敦	−6.4
		日本	−6.6	芝加哥	−7.4
		英国	−7.0	东京	−8.4
		美国	−9.7	纽约	−12.1

资料来源：Derudder and Taylor，2016。

3 全球城市及其指标体系

3.1 全球城市定义

全球城市即在社会、经济、文化或政治层面直接影响全球事务的城市。萨森（Sassen，1991）从跨国公司与高端生产性服务业区位集中的角度入手，将全球城市定义为“能为跨国公司经济运营管理提供优质服务和通信设施的场所，是跨国公司总部的聚集地”。她认为全球城市具有四个基本特征：①高度集中化的世界经济控制中心；②金融及高端生产性服务业的主要所在地；③创新生产等主导产业的生产场所；④产品和创新市场所在地。萨森提出把高度发达的金融和商业服务中心定义为全球城市。英国伦敦、美国纽约、法国巴黎和日本东京传统上被认为是“四大全球城市”。近些年亚洲部分城市高速发展，香港、新加坡等城市也开始被列为全球城市。我国北京、上海在多项研究中已经被列入全球城市梯队。之后一系列学者对全球城市的定义又做了进一步的修订和补充，大致可概括为七个方面：跨国公司的全球或区域总部；全球或区域的金融中心；高度发达的生产性服务业；科技创新和文化创意基地；国际性的旅游和会展目的地；精英人才的汇聚地；信息、通信、交通枢纽。广州建设全球城市的目标，分为经济实力、枢纽节点、科技创新和国际声誉四大方面。

3.2 全球城市指标体系

萨森、霍尔、弗里德曼、GaWC 等学者和团队对全球城市/世界城市的开创性研究，对全球化背景下的世界城市因其经济、社会、文化、政治等全球控制力和影响力而形成的等级结构进行了揭示与解读。此后，包括联合国人居署、科尔尼（A.T.Kearney）、《经济学人》杂志等在内的诸多学术或社会机构，创建了特色各异的评价指标体系，以此对全球城市进行分析和排名，展示和评估全球城市的各方表现力。

2009 年 GaWC 的最新研究成果，根据各城市的高级生产性服务业（包括会计、广告、银行/金融、法律等部门）水平，将全球 220 个城市分为五个级别（Alpha，Beta，Gamma，high sufficiency，sufficiency）。中国大城市在全球的地位逐步提升，在 GaWC 排名中，北京、上海和广州已迈入世界一线城市行列。

根据 2016 年榜单，世界一线城市包括了 49 个城市，其中主要为：第一档 Alpha++ ——伦敦、纽约；第二档 Alpha+ ——新加坡、香港、巴黎、北京、东京、迪拜、上海；第三档 Alpha——悉尼、圣保罗、米兰、芝加哥、墨西哥城等 19 个城市；第四档 Alpha-——都柏林、墨尔本、华盛顿、台北、广州等 21 个城市。

GaWC 中国城市完整榜单，从高到低依次是：第一层级——香港（Alpha+）、北京（Alpha+）、上海（Alpha+）、台北（Alpha-）、广州（Alpha-）；第二层级——深圳（Beta）、成都（Beta-）、天津（Beta-）；第三层级——南京（Gamma+）、杭州（Gamma+）、青岛（Gamma+）、大连（Gamma）、重庆（Gamma）、厦门（Gamma）、武汉（Gamma-）、苏州（Gamma-）、长沙（Gamma-）、西安（Gamma-）、沈阳（Gamma-）；第四层级——济南（high sufficiency）；第五层级——昆明（sufficiency）、福州（sufficiency）、沈阳（sufficiency）、郑州（sufficiency）、南宁（sufficiency）、哈尔滨（sufficiency）。

总体而言，对于全球城市进行排名，主要是从宏观经济表现、金融投资和商业环境、城市连接网络、知识人力资源和技术、城市形象品牌和吸引力、生活质量和成本、环境和可持续发展等角度进行研究（表 3）。

综合来看，不同机构发布的研究成果对全球/世界城市基本特征的判断指标存在一些共识，主要包括三方面：①具有雄厚的经济实力，表现为经济总量大，人均 GDP 程度高，国际总部聚集度强，以现代产业体系为核心的后工业化经济结构明显；②具有巨大的国际高端资源流量与交易，表现为高端人才的集聚，信息化水平、科技创新能力、金融国际竞争力的领先地位，以及现代化、立体化的综合交通体系；③三是具备作为“软实力”的全球影响力，涉及文化和舆论、组织和制度、意识形态的力量等，表现为城市综合创新体系、国际交往能力、文化说服力和全球化治理结构。

由于国家与城市的动态发展变化，绝大部分研究都没有对全球城市提出固定的静态“标准”，而是基于城市表现相互比较结果（百分制得分或参照某一基准城市的相对值）的评分和排名（每年都在变化）——排名前几位的逐渐成为公认的全球城市，比如前三名，即伦敦、纽约、东京。这也意味着，

表 3　全球城市各领域排名

指数	年份	纽约	伦敦	巴黎	东京	新加坡	香港	北京	上海	广州	深圳
宏观经济表现											
经济增长排名	2013	176	26	260	201	61	242	67	92	77	64
全球大都市 GDP	2015	2	4	8	1	35	14	17	9	21	—
金融投资和商业环境											
GaWC 全球城市网络	2012	2	1	4	7	5	3	8	6	40	120
世界外包城市	2014	—	—	—	—	30	—	12	11	35	15
人员风险指数	2013	—	—	—	—	—	—	55	56	62	67
城市连接网络											
最繁忙机场	2015	16	6	9	5	17	8	2	13	18	—
国际航运中心发展指数	2015	8	2	—	11	1	3	—	6	28	31
知识、人力资源和技术											
创新城市百强指数	2015	6	1	9	10	8	22	40	20	193	75
世界大学排名（前 300 名）	2015	5	6	10	6	2	5	3	2	0	0
世界大学学术排名（前 300 名）	2015	6	3	3	4	2	4	4	2	1	0
城市形象、品牌和吸引力											
国际大会及会议协会排名	2014	47	6	1	22	7	16	14	29	240	
生活质量和成本											
全球宜居城市	2015	—	—	—	—	49	46	69	78	90	81
美世生活质量	2015	44	39	37	44	26	70	118	101	119	138
生活成本调查	2015	16	12	46	11	4	2	7	6	15	14
全球生活成本调查报告	2015	7	6	5	11	1	2	31	11	56	16
国际生活样本	2014	50+	50+	28	11	31	29	20	18	34	47
环境和可持续发展											
生态城市排名	2010	98	63	67	59	22	142	181	152	167	164

我国的上海、北京等地在建设世界城市的过程中，需要明确城市在现有全球城市体系中的地位以及逐步攀升的具体位置目标，并以上层级/顶级世界城市的综合表现指标为引领，找准差距，渐进发展。

英国智库（经济学人情报中心）、日本森纪念基金会、美国智库（科尔尼）和普华永道（PwC）等机构，主要从发展维度、支撑维度两大角度进行了全球城市的评价（表 4）。其中普华永道与英国智库考虑的指标更加综合，日本森纪念基金会更加注重文化、宜居指标对全球城市的贡献，美国智库的特色在于将政治参与也考虑进指标体系。英国智库主要从经济强度、人力资本、制度效率、全球吸引力、物质资本等角度对全球城市进行了评价（表 5）。

表4 全球城市综合评价体系

指标维度		英国智库	日本森纪念基金会	美国智库	普华永道
		全球城市竞争力指数	全球城市实力指数	全球城市指数	机遇城市指数
发展维度	经济	经济实力、金融成熟度	经济	商务活动	经济核心
	社会文化	社会和文化特色	文化交流、宜居性	文化体验	人口和宜居性
	科技		研发		信息技术水准
	环境	环境和自然风险	环境		可持续性、环境健康和安全
	体制	机构效率		信息交流	易商程度
支撑维度	人力资本	人力资本		人力资本	知识资本和创新
	物质资本	物质资本	可达性		开放门户、交通和基础设施
其他		全球感召力		政治参与	成本

资料来源：唐子来、李粲，2015。

表5 经济学人指标体系

总分（百分制）		70.4	71.4	68.0	69.3	56.0	55.2
经济强度 30%	名义 GDP，PPP 人均 GDP，PPP 年消费大于 14 000 美元的家庭，PPP 实际 GDP 增长率 区域市场融合	41.9	54.0	50.5	43.6	49.8	51.8
人力资本 15%	人口增长 劳动年龄人口 企业精神和冒险精神 教育质量 医疗质量 国际雇员	75.6	76.5	64.1	80.0	64.1	63.7
制度效率 15%	选举制度和多元化 地方政府财政自主权 税收 法律规定 政府效率	83.8	85.8	76.3	72.7	37.6	37.6

续表

总分（百分制）		70.4	71.4	68.0	69.3	56.0	55.2
金融成熟 10%	财务聚集范围和水平	100.0	100.0	100.0	83.3	83.3	83.3
全球吸引力 10%	全球 500 强企业数量 国际航班频次（每周） 国际会议数量 高等教育全球领导力 全球声誉的智库数量	65.1	35.7	44.4	64.8	41.5	22.6
物质资本 10%	基础设施质量 公共交通质量 电信基础设施质量	90.2	92.0	100.0	93.8	77.7	81.3
环境和自然灾害 5%	自然灾害风险 环境治理	75.0	66.7	62.5	91.7	58.3	62.5
社会文化 5%	言论自由和人权 开发性和多元性 犯罪率 文化活力	92.5	95.0	84.2	90.0	53.3	53.3

资料来源：Klaus，2011。

联合国人居署的“State of the World’s Cities 2012/2013（City Prosperity Index）”显示，我国的上海、北京在生活质量、基础设施建设、平等与社会融合上正与顶级世界城市水平靠近，但是在以生产力为代表的综合经济表现和以空气质量为代表的环境可持续发展（上海例外）方面差距明显。而在科尔尼的“Global City Index 2015”中，上海、北京的商业活动表现尚佳，但在人力资本、信息交流、文化体验、政治参与四方面与顶级世界城市具有明显差距（表 6）。

科尔尼全球城市指标体系主要从商业活动、人力资本、信息交流、文化体验和政治参与的角度构建，该指标体系由美国期刊 *Foreign Policy*，*Chicago Council on Global Affairs* 联合制定，由萨森等学者出任顾问。报告年度连续发布，被联合国人居署、各大城市官网、世界银行等广泛引用（表 7）。

表 6 联合国人居署指标体系

指标体系与标准		伦敦	纽约	东京	巴黎	北京	上海	指标体系特点
生产力	投资额 正式/非正式就业 通货膨胀率 贸易额 储蓄率 进出口 家庭收入与消费	0.923	0.940	0.850	0.895	0.667	0.671	1. 综合指标； 2. 相对分值排名，无原始数据； 3. 满分为 1，0.900 以上城市为具有非常稳固的繁荣因素
生活质量	教育指数 医疗指数 公共空间	0.898	0.866	0.931	0.925	0.836	0.836	
基础设施	基础设施指数 住房指数	0.997	0.994	0.989	0.996	0.911	0.900	
环境可持续性	空气质量（PM_{10}） 二氧化碳排放 室内空气污染	0.920	0.941	0.936	0.895	0.663	0.950	
平等与社会融合	收入/消费不平等 基尼系数 基础设施可达性	0.793	0.502	0.828	0.788	0.967	0.800	
CPI 整体得分		0.904	0.825	0.905	0.897	0.799	0.826	

资料来源：UN Habitat，2012。

表 7 科尔尼全球城市指标体系

研究领域	指标	伦敦	纽约	东京	巴黎	北京	上海
商业活动 30%	主要全球企业总部 高级商务服务公司 资本市场总量 国际会议数量 机场港口吞吐量	16.1	18.2	16.6	17.1	17.1	14.0

续表

研究领域	指标	伦敦	纽约	东京	巴黎	北京	上海
人力资本 30%	国外出生人口 大学质量 国际学校数量 国际学生数量 高等教育水平人口	17.5	18.9	13.2	8.9	6.4	7.3
信息交流 15%	主要电视新闻频道的可用性 国际新闻机构数量 互联网存在度（以主要语言搜索城市名称，考察搜索结果的稳定性） 言论自由水平 宽带用户比例	10.2	10.3	8.2	12.0	4.5	2.9
文化体验 15%	主要体育活动及赛事数量 博物馆数量 艺术表演场所 多元化的饮食场所 国际旅行者数量 姐妹友好城市数量	11.2	9.6	4.6	9.1	4.4	3.8
政治参与 10%	使领馆数量 主要智库 国际组织和具有国际联系的地方机构 举办政治会议	5.1	6.1	3.7	4.8	2.8	1.0

资料来源：Kearney，2012。

除去对经济发展与国际开放的关注，纽约全球城市指标更加关注社会问题，将失业率、寿命、婴儿出生率、禁烟立法等加入指标体系，此外更加注重城市的人居环境，将空气质量作为重要考量标准（表 8）。

表 8 纽约全球城市指标体系

指标	伦敦	纽约	东京	巴黎	北京	上海
城市面积（平方千米）	321	789	2 187	105.4	92.54	5 155
都市区面积（平方千米）	1 584	31 815	13 368	12 012	16 410	6 340.5
城市人口（百万）	8.20	8.20	12.80	2.23	14.39	19.21
都市区人口（百万）	9.01	19.05	34.99	11.60	19.62	23.02

续表

指标	伦敦	纽约	东京	巴黎	北京	上海
国际人口比例（%）	37	36	2	14	0.46	0.82
人口年增长率（%）	0.85	1	0.9	0.8	3.8	1.72
人均 GDP、PPP（美元）	52 000	67 762	41 400	53 900	20 300	21 400
首要产业	房地产	专业服务	服务业	专业服务	批发零售	金融保险
次要产业	金融保险	金融保险	批发零售	金融服务	金融业	批发零售
占全球 500 强企业比例（%）	3.2	3.6	10.2	5.0	8.2	1
失业率（%）	8.3	7.7	0.56	8.9	1.37	4.3
贫困率（%）	16	19.4	—	—	0.84	2.43
主要机场（个）	5	3	2	4	1	2
主要港口（个）	1	1	1	4	—	1
高等教育水平人口比例（%）	31.0	33.7	—	41.6	32.05	21.89
高等教育机构（个）	40	110	136	17	89	66
年旅客量（百万人次）	26.3	50.9	187.7	28	184.9	129.9
年度国际旅客数量（百万人次）	15.2	10.6	4.6	8.37	4.9	6.29
年度国内旅客数量（百万人次）	11.1	40.3	183.1	6.66	180	123.61
婴儿死亡率（%）	4.6	4.7	2.7	4	3.29	2.89
男性预期寿命（岁）	79	78.1	79.02	80	79	79.42
女性预期寿命（岁）	83.3	83.3	85.53	86	83	84.06
医院数量（个）	255	59	658	37	551	296
禁烟立法	是	是	是	是	是	是
博物馆数量（个）	237	86	113	136	156	111
文化艺术组织数量（个）	307	881	269	2 333	405	430
空气质量/PM_{10}，推荐值低于 20（微克/立方米）	29	21	23	38	121	81
立法提升能源利用效率	是	是	是	是	是	是
城市汽车改装	是	是	是	是	—	—
公共自行车项目	是	是	是	是	是	是

资料来源：Bill de Blasio，2015。

王颖等（2014）的全球城市指标体系注重五大功能特征，即全球金融商务集聚地、全球网络平台、全球科技创新中心、全球声誉和面向全球的政府，五大指标主要基于已有的各类全球指标进行二次评价（表9）。

表 9 全球城市指标体系

五大功能特征	典型评价指标
全球金融商务集聚地	全球金融中心指数（CFCI7—16）
全球网络平台	GaWC 全球城市间网络联系值
全球科技创新中心	2ThinkNow 全球城市创新能力排名
全球声誉	GPCI 报告宜居、文化、生态环境得分（2014）
面向全球的政府	WCoC 法律和政治框架、经济稳定性、经营的容易度评分

倪鹏飞等人（2011）基于连锁网络模型的测度，根据连锁网络模型的三个层级，选取福布斯 2000 强（2010 年）中的 225 个生产性服务业的跨国公司作为样本，分别统计其在全球 621 个城市的分布情况。从全球城市竞争力产值指标、全球城市竞争力要素指标和全球城市产业竞争力指标体系构建了全球城市竞争力报告（表 10）。

表 10 全球城市竞争力报告

指标体系	考察内容
全球城市竞争力产值指标体系	由绿色 GDP（经济规模）、人均绿色 GDP（发展水平）、地均绿色 GDP（经济聚集）、绿色 GDP 增长（经济增长）、专利申请数（科技创新）、跨国公司指数（国际影响力）六个指标构成
全球城市竞争力要素指标体系	由企业素质、当地要素、当地需求、基础设施、内部环境、公共制度、全球联系七个一级指标（包括 52 个二级指标）构成
全球城市产业竞争力指标体系	同 时考察城市的产业层次和城市 22 个产业在全球产业链的地位，通过非线性加权得到城市的产业竞争力

4 全球城市网

4.1 全球城市—区域

斯科特在霍尔、弗里德曼等的“世界城市”及萨森的“全球城市”等概念的基础上继续拓展，提出了“全球城市—区域”（Global City Region）概念。这一概念不同于以往的城市因“地域邻近”而形成的城市群，而是在全球化高度发展的背景下，以经济联系为基础，由全球城市及其腹地内经济实力较强的大中城市相互联系而呈现出的一种全新空间现象。本质上，这是城市为了应对日益激烈的全球竞争，与腹地区域内城市联合发展的一种空间形态（Scott，2000）。如此看来，亦可以将其理解为“流动空间”在特定“地域”概念上的一种特殊表现形式。有别于全球城市聚焦于对全球/区域的控制力和生产性服务业功能，“全球城市—区域”关注生产网络中的全部价值链环节，包括研发、生产、营销等。而不同的价值链环节在地方“镶嵌”后，必然会因其自身的组织特征呈现出不同的空间形态和结构。由此形成的“全球城市—区域”空间系统是全球化和地方化共同作用下的产物（李健，2012）。

4.2 世界城市网络

弗里德曼和萨森关于世界/全球城市的研究贡献在于开创性地将城市化过程与世界经济和高级生产性服务直接联系起来，相比之下，卡斯特尔在“流动空间”的阐述中更加关注“关联空间”。他将空间重新定义为“凝固了的时间”（crystallized time）。此外，卡斯特尔所称的“流”，不单单是社会组织里的某一个要素，而是支配了社会、经济、政治等过程的特征表现（Castells，1996）。与此同时，卡斯特尔认为“场所空间”并未消失，但其逻辑及意义已经被整合至网络之中，即“流动空间”和场所空间是全球化背景下出现的两种截然不同又相互依存的空间形式，它们共同把世界连接成了“无缝之网”（艾少伟、苗长虹，2010）。“流动空间”连接了多尺度、具有不同联系强度的区域或场所，因此就其研究视角而言显得更为宽广。卡斯特尔于1996年出版的著作《网络社会的崛起》（*The Rise of the Network Society*）提出了“流动空间”（Space of Flows）概念（Castells，1996）。卡斯特尔认为，随着信息时代的来临，诸多“流”，如资本流、信息流、技术流、组织性互动流等，环绕共筑了我们的社会；他认为，是“流动空间”而非“场所空间”造就了全球城市体系，并强调城市“去空间化”后，其作为一个节点在塑造整个网络体系中的价值。

4.3 城市连锁网络

泰勒等（Taylor et al.，2010）明确指出：“城市不可能在仅与其腹地互动的前提下取得成功，城市应该是一种进程，它们彼此联系形成群体，进而形成网络。”他们以“城市关系”的视角来理解城市，认为城市网络是当前城市体系的研究重点。泰勒及其GaWC研究团队做了大量实证研究；他们基于行动者网络特征，将城市与企业看作是一种二模网络关系，认为在同一总部下设有分支机构的城市之间均有联系，并据此构建了城市连锁网络模型（Interlocking Network Model），为定量解释和描述城市网络的特征提供了有力的分析工具。泰勒曾指出，城市间的关系被中心地理论所定义，但它又把中心城市与其腹地静止地锁定在空间和等级结构中（Taylor，2009）。

5 国家中心城市指标体系

5.1 国家中心城市定义

国家中心城市的设立是综合考虑城市实力、国土空间布局与城市功能定位等多重因素的结果，表现为区域性的经济中心、贸易中心、交通运输中心、物流中心，应是区域经济发展的支撑点（国家中心城市的标准）。2007 年，建设部（现住房和城乡建设部）上报国务院的《全国城镇体系规划》首次提出“国家中心城市”概念。《全国城镇体系规划》明确指出：国家中心城市是全国城镇体系的“顶级”城市，在我国的金融、管理、文化和交通等方面都发挥着重要的中心与枢纽作用，在推动国际经济发展和文化交流方面也发挥着重要的门户作用，国家中心城市已经或将要成为亚洲甚至世界的金融、管理和文化中心。2010 年，住房和城乡建设部发布的《全国城镇体系规划》确立了五大国家中心城市，即北京、上海、广州、天津、重庆，自此这些特大区域中心城市将建设国家中心城市定位为未来城市发展的战略方向。近期，住建部委托中规院进行的相关研究提出了建设十个国家中心城市的新构想，分别是北京、天津、上海、广州、重庆、武汉、西安、沈阳、深圳、成都。

学术界多是根据国家中心城市的功能作用对其进行描述。①侧重于国内作用。如陈江生、郑智星（2009）以东京和伦敦为例进行研究，认为国家中心城市是在全国居于核心地位、发挥着主导作用的城市。路洪卫（2012）通过研究武汉的国家中心城市建设，认为国家中心城市是一国综合实力最强、集聚和辐射能力最大的城市。②综合了国内和国际的双重作用。姚华松（2009）在《珠江三角洲地区改革发展规划纲要（2008～2020 年）》的基础上提出，国家中心城市是一国城市发展水平的最高代表，是联系国内外的重要门户，是代表国家参与国际竞争与合作的重要载体。朱小丹（2009）通过对广州建设国家中心城市实力的研究，指出国家中心城市是在政治、经济、文化和社会等领域有着全国性的重要影响，并能代表国家参与国际竞争与交流的主要城市。

5.2 国家中心城市指标体系

我国对国家或区域城市体系等级规模的划分，起初运用城市人口、经济总量、建设用地面积等静态属性指标来衡量（顾朝林、孙樱，1999；顾朝林、胡秀红，1998）。随着城市体系研究的深入，开始重视城市间的相互联系，逐步运用人流、物流、交通流、技术流、信息流、金融流等数据近似反映城市间的空间联系（顾朝林，1992）。随着市场经济的迅速发展，城市间的联系变得异常复杂，以城市网络地位衡量城市中心性具有一定片面性，且数据不易得到。据此，对于城市中心性的研究，综合评价体系的构建作为一个重要的视角也受到国内外学者和机构的关注。一般而言，中心城市可依据其辐射范围分为国际性、全国性、区域性以及地方性四个等级。区域性中心城市是指在某一经济区域范围内，在政治、经济、文化、科教、交通等某些方面具有重要地位，具备满足区域内各项综合服务能力的城市。

田美玲和方世明（2015）的研究表明，国家中心城市的评价大致可以分为以下三种。

（1）以单个指标或少数几个具有识别性的指标作为评价标准。如北京市经济与社会发展研究所课题组（2001）提出，将经济发展指标、生活与社会发展指标、基础设施与环境指标、国际开放程度指标作为北京建设国际大都市的标准；沈金箴与周一星（2003）认为世界城市的判别指标应综合考虑国内与国际的金融贸易、政治权力，跨国公司总部与全球金融机构，全球的信息水平、专业化服务、重要消费、文化娱乐、大型活动、交通节点、制造中心，城市经济规模与人口规模等方面；刘玉芳（2008）以人口、经济、公共交通、航空运力与国际组织等几个单项指标，对北京、东京、纽约等城市的国际化水平进行了比较。

（2）建立指标体系，主要针对国家中心城市的某一项或几项功能进行评价。如丁波涛等（2006）通过构建指标体系，比较了上海与若干发达国家中心城市的城市信息化水平；陈来卿（2009）以经济、集聚、创新和国际化功能构建指标体系，比较分析了广州与主要发达国家中心城市的功能，王琳（2009）从城市的文化核心价值水平、制度健全程度、政府管理及创新、国际化水平和文化中心影响力等方面，评价了港、京、沪、津、穗五大国家中心城市的文化软实力；周晓津（2010）采用层次分析法和主成分分析法对五大国家中心城市的金融服务功能做了评价；杜鹏等（2013）从智能发展支撑层、职能发展现状层、智能发展创新动力层三个方面构建了国家中心城市智能化发展评价指标体系。

（3）建立指标体系，对国家中心城市进行综合评价，但依据研究目的的不同设定差异性指标。如肖耀球（2002）从现代化城市质量和国际化职能效应两方面构建了国际性城市评价指标体系；刘玉芳（2007）以经济发展、基础设施、社会进步与国际化水平四个子系统构建了国际城市评价指标体系；屠启宇（2009）强调世界城市的研究应当由“识别”转为“塑造”，进而构建了一个后发世界城市指标体系，包括目标性与路径性两个指标群，涵盖了城市规模、控制力、沟通力、效率、创新、活力、公平、宜居与可持续九个指标组；段霞与文魁（2011）以建设世界城市的功能、规模、基础、禀赋和品质为指标，构建基于全景观察的评价指标体系，对 31 个全球城市进行综合评价；陆军（2011）基于城市个体与城际联系的双重标准构建了指标体系，对 39 个世界城市做了综合评价；齐心等（2011）从总体实力、网络地位与支撑条件三个维度构建指标体系，对北京建设世界城市进行综合评价；田美玲等（2013）基于层次分析法，就国家中心城市的四大功能和八大中心，构建国家中心城市评价指标体系，对杭州、青岛、武汉、成都、沈阳和南京六大中心城市进行了综合评价。

2011 年 12 月，武汉市第十二次党代会确立了建设“国家中心城市”的目标，并设定了具体标准：GDP 突破 8 000 亿元，高新技术产值 4 556 亿元，工业总产值突破 10 000 亿元，工业投资完成 1 701 亿元，社会零售总额 3 432.43 亿元。研究对比分析了武汉与重庆、上海、北京、天津、广州（《全国城镇体系规划》设定的五个国家中心城市），在引领水平、辐射能力、集散功能三个方面的数据，反映出了各城市之间的优势与劣势领域以及可相互借鉴和追赶的方面与潜力（表 11）。

武汉市社会科学院以国家中心城市的核心功能和属性为基本框架，借鉴以往研究中的一些指标，确定国家中心城市的评价指标，提出国家中心城市具有控制管理、协调辐射、城市服务和信息枢纽四大功能。研究采用层次分析法（AHP）评价国家中心城市指数，以广州为参照系，选择与其比较接近的整数值，当广州在某一指标方面表现较差时，选择五个国家中心城市的平均值，以此标准将原始数据转化为百分制数据，最后得到国家中心城市评价指数。其他一些学者（田美玲、方世明，2015）根据国家中心城市所具有的经济集聚、空间辐射、对外开放、文化创新、管理服务、生态保护的功能特征，建立了国家中心城市六元判别指数。结合国家中心城市六元判别指数，构建计量模型，对国家中心城市进行定量判别（表 12）。

表 11 国家中心城市建设标准（2012 年）

目标层	主要指标		武汉	重庆	上海	北京	天津	广州	标准
引领水平	人口规模（万）		1 012	2 945	2 380.43	2 069.30	1 413.15	1 275.14	1 845
	城镇化率（%）		79.23	56.98	89	86.2	81.55	83	80
	财政收入（亿元）		828.58	1 705.10	3 743.70	3 314.90	1 760	1 102.25	2 000
	城乡居民收入（元）		27 061	22 968	40 188	36 469	29 626	38 054	30 000
	农民纯收入（元）		11 190	7 383	17 401	16 476	13 571	17 017	13 000
辐射能力	三产比重		3.8 : 48.3 : 47.9	8.2 : 53.9 : 37.9	0.6 : 39.4 : 60.0	0.8 : 22.8 : 76.4	1.3 : 51.7 : 47.0	1.6 : 34.8 : 63.6	2 : 38 : 60
	交通运输	货运量（亿吨）	4.39	11.01	9.44	2.86	4.77	7.60	6.5
		客运量（亿人次）	2.75	15.78		14.90	2.85	7.61	8.5
		港口货物吞吐量（亿吨）	0.76	1.25	7.36		4.77	4.51	3.5
		机场旅客运送量（万人次）	1 398	2 205	7 870.84	8 000	814	4 831	4 000
	对外贸易	进出口总额（亿美元）	203.54	532.04	4 367.58	4 079.16	1 156.23	1 171.31	1 900
		实际利用外资（亿美元）	44.44	105.33	151.85	80.42	150.16	45.75	80
集散功能	社会消费品零售额（亿元）		3 432.43	3 961.19	7 387.32	7 702.82	3 921.43	5 977.27	5 000
	商品销售总额（万亿）		1.23		5.38	5.08	2.57		3.5
	物流业增加值占 GDP 的比重（%）		10	9	12	4	9	10.31	9
	金融单位（家）				1 124	620			800

表 12　国家中心城市职能评价指标体系与参考标准

指标体系		考查内容	北京	上海	广州	重庆	天津	武汉
经济集聚指数	经济增长指数	GDP 年增长率（%）	1.963	2.258	1.576	1.339	1.469	1.014
		规模以上工业总产值（万元）						
		常住非农业人口总量（万人）						
	商贸集聚指数	社会固定资产投资总额（万元）						
		社会消费品零售总额（万元）						
		年末金融机构各项贷款余额（万元）						
空间辐射指数	区域辐射指数	地区生产总值（万元）	4.382	4.455	4.845	4.800	1.050	1.538
		地均 GDP（万元）						
		地方财政预算内支出（万元）						
	交通枢纽指数	客运总量（万人）						
		货运总量（万吨）						
	信息枢纽指数	国际互联网用户数（万户）						
		人均邮政业务总量（元）						
对外开放指数	国际贸易指数	进出口总额（亿美元）	1.253	1.808	1.203	1.098	1.854	0.944
		实际利用外资金额（万美元）						
	国际交流指数	国际会展数量（次）						
		入境国际游客人数（人）						
文化创新指数	科技创新指数	R&D 支出占 GDP 比重（%）	3.508	2.588	3.108	2.308	2.148	2.108
		高新技术产业产值占规模以上工业总产值比重（%）						
	文化影响指数	普通高校数量（所）						
		每百人公共图书馆藏书量（册）						
管理服务指数	行政管理指数	国际组织总部或分部数量（家）	1.203	0.983	0.987	0.932	0.857	0.924
		国家级经济技术开发区数量（家）						
	社会服务指数	第三产业增加值（万元）						
		每万人拥有公共汽（电）车量（辆）						
		医院、卫生院数量（所）						
生态保护指数	资源节约指数	单位国内生产总值能源消耗率（%）	1.438	1.208	1.338	1.138	1.098	1.338
		工业固体废物综合利用率（%）						
	环境保护指数	生活垃圾无害化处理率（%）						
		建成区绿化覆盖率（%）						
六元判别指数			2.291	2.217	2.176	1.936	1.413	1.311

另有相关研究（田美玲等，2014）在构建国家中心城市职能评价指标体系中，根据经济规模水平、生态环境水平、生产和生活服务水平以及文化创新水平，建立国家中心城市职能评价指标体系（表 13）。

首先，构建计量模型，确定国家中心城市职能评价指标体系各层的指标权重；然后，进行降维处理，将变化一致的指标合并为少数几个主成分变量，使其能够较多地反映原始变量的信息并保持彼此独立；最后，确定最终的综合指标——国家中心城市职能，并通过 SPSS19 软件来界定国家中心城市职能评价的主成分，进而评价国家中心城市职能。

表 13 国家中心城市指标体系

<table>
<tr><th>评价体系</th><th>主要考查内容</th><th>北京</th><th>上海</th><th>广州</th><th>重庆</th><th>天津</th><th>武汉</th></tr>
<tr><td rowspan="11">经济规模水平</td><td>国际组织总部或分部数量（家）</td><td rowspan="11">0.877</td><td rowspan="11">1.000</td><td rowspan="11">0.437</td><td rowspan="11">0.148</td><td rowspan="11">0.209</td><td rowspan="11">0.035</td></tr>
<tr><td>国家级经济技术开发区数量（家）</td></tr>
<tr><td>中国 500 强企业落户数（家）</td></tr>
<tr><td>社会固定资产投资总额（万元）</td></tr>
<tr><td>社会消费品零售总额（万元）</td></tr>
<tr><td>年末金融机构各项贷款余额（万元）</td></tr>
<tr><td>GDP（万元）</td></tr>
<tr><td>规模以上工业总产值（万元）</td></tr>
<tr><td>地方财政预算内支出（万元）</td></tr>
<tr><td>进出口总额（亿美元）</td></tr>
<tr><td>货运总量（万吨）</td></tr>
<tr><td rowspan="7">生态环境水平</td><td>人均绿地面积（m^2）</td><td rowspan="7">0.962</td><td rowspan="7">0.994</td><td rowspan="7">0.686</td><td rowspan="7">1.000</td><td rowspan="7">0.903</td><td rowspan="7">0.731</td></tr>
<tr><td>建成区绿化覆盖率（%）</td></tr>
<tr><td>生活垃圾无害化处理率（%）</td></tr>
<tr><td>每万人拥有公共汽（电）车（辆）</td></tr>
<tr><td>人均城市道路面积（m^2）</td></tr>
<tr><td>年末人均储蓄存款余额（元）</td></tr>
<tr><td>人均邮政业务总量（元）</td></tr>
<tr><td rowspan="5">生产和生活服务水平</td><td>第三产业占 GDP 比重（%）</td><td rowspan="5">0.000</td><td rowspan="5">1.000</td><td rowspan="5">0.494</td><td rowspan="5">0.670</td><td rowspan="5">0.740</td><td rowspan="5">0.513</td></tr>
<tr><td>第三产业从业人数（万人）</td></tr>
<tr><td>金融业从业人员占第三产业从业人员比重（%）</td></tr>
<tr><td>医院、卫生院数（个）</td></tr>
<tr><td>年末电话用户数（万户）</td></tr>
<tr><td rowspan="5">文化创新水平</td><td>客运总量（万人）</td><td rowspan="5">0.729</td><td rowspan="5">1.000</td><td rowspan="5">0.298</td><td rowspan="5">0.400</td><td rowspan="5">0.396</td><td rowspan="5">0.050</td></tr>
<tr><td>普通高校数量（所）</td></tr>
<tr><td>教育支出占财政支出比重（%）</td></tr>
<tr><td>每百人公共图书馆藏书（册）</td></tr>
<tr><td>每万人在校大学生数（人）</td></tr>
</table>

6 信息时代的城市中心性表达

萨森（Sassen，2001）认为：经济全球化和远程通信为都市开创了一种空间性，以驱动都市成为去区域化跨界网络（de-territorialized cross-border networks）和资源大量集中在区域区位（territorial location）的枢纽。这并非是一种全新特性，因为过去若干世纪以来，城市一直处在超都市甚至跨大陆尺度的交叉点上。如今的不同之处在于，这些网络的强度、复合度和全球跨度进行的经济活动在去物质化与数字化后得以通过这些网络高速移动的程度。这种现象造成越来越多的城市成为大区域跨界网络的一部分。

6.1 新时期三种新企业类型

过去20年来，到处可见的事实显示，信息科技被企业应用发展出三种类型企业。

（1）高标准化产品/服务企业。这些大多数是跨国企业，设厂选址的选项增多，只要能维持整个生产/服务系统的完整性，它们无所谓在哪里选址。这类企业也可能是一些专殊化产品/服务企业，不需要太复杂的合同、分包或供应商网络，只要在城市就可以有效工作，如数据录入和简单制造工作可以转移到任何劳动力与其他成本更低的地方，总部可以从大城市搬到郊区或小城镇。例如京东的数据平台就设在江苏的宿迁，阿里巴巴的总部就设在杭州西湖区的云栖小镇，首个国家级数据中心落户贵阳。

（2）复合型全球化公司的总部企业。公司总部功能是对高度专门化的服务公司进行外包，这些总部的区位可以在任何地方。例如世界500强企业中的中石化、中石油、平安保险、华为等企业，总部可以在北京也可以在深圳，只要它们可以与全球城市中高度专门化服务网络联结在一起即可。

（3）高度专门化网络化的服务公司。这些公司不是由于生产形成空间集聚的总部，而是由于其服务功能嵌入其他专门化企业的密集交易中形成的区域总部。例如证券交易中心、知识产权交易中心、财务结算中心、金融中心等生产性服务业集聚的总部，它们的区位选择主要受专门化服务企业的网络影响，有时由于其产品和专业性呈现超移动性特征。例如香港全球财务结算中心的形成与发展就与中国内地的改革开放和外国直接投资相关联。

6.2 四种潜在中心类型

基于上述信息技术对企业和经济部门的不同影响，“中心”的类型也出现了变化，存在四种潜在的中心类型。

（1）中央商务区（CBD）。传统的城市金融、商务中心或CBD的替代形式，例如硅谷。它们的特征是，CBD是城市主导产业的衍生品，是技术和经济发展的副产品，技术和经济一旦重构，这些中心也随之转移，比如世界城市从伦敦到纽约和东京的发展过程，前者是全球经济重心的变化，后者是由于信息技术的发展。

（2）全球城市（Global City）。如前所述，信息技术促进了“时间的永恒和空间的终结”，信息化时代的人们可以跨时区工作，可以不在乎是在城区还是郊区工作，但人们会在意“和谁一起工作”，信息网络枢纽成为新的聚焦场所，这个场所不再是传统的CBD，而可以是专门服务网、专业服务块以及延展出的数字网乃至更大范围的都会区，这就是通过密集商务活动节点网络形成的全球城市。这样的“中心”（全球城市）表现为强烈的“大范围的集中，小空间的分散”特征。例如全球城市，他们通过信息网将全球生产、服务连接在一起，在全球生产—服务网中是一个节点城市，对具体空间而言它不再是一个点，而是传统CBD被去区域化的整个城市空间展现。

（3）全球城市区（Global City Region）。信息技术推进了经济全球化，从而带动技术、文化、体育、生活方式的全球扩散和全球化，信息的传输和交易将一个个全球城市联结起来，由于信息网络的存在也进一步形成了全球城市的层级，有些是综合性的全球城市，比如对全球产生巨大影响的是世界城市；有些是某一方面的全球网络城市，有些是依附于相关全球城市、服务于全球城市的特殊部门全球城市，它们有些独立存在，比如主要的国际金融商务中心——纽约、伦敦、东京、巴黎、法兰克福、苏黎世、阿姆斯特丹、洛杉矶、悉尼、香港等；有些则互相紧密关联形成高度特殊化回路并逐渐产生“乘数效应”，这个特定的全球城市“乘数效应”区就是全球城市区，比如以香港—深圳—广州—澳门为核心的粤港澳大湾区、以上海为核心的长江三角洲全球城市区等。

（4）数字港湾（Digital Bay）。以物联网、云计算和移动互联网为技术手段，通过大数据、金融、数字空间和实体空间的复合形成的新数字空间中心。比如乌镇互联网特色小镇，建设互联网国际会展中心、互联网创客空间、健康谷“挂号网”医疗中心、互联网大数据运营中心、互联网创业街区和创客村，将一个普通的小城镇发展成为全球化和信息化时代的枢纽。

7 结语

本文对中心城市体系的构建进行了全面、系统的梳理。综合各个层级的中心城市来看，对世界城市、全球城市基本特征的判断指标主要关注顶尖的影响力，包括三方面：①具有雄厚的经济实力；②具有巨大的国际高端资源流量与交易；③具备作为“软实力”的全球影响力。全球城市网则更加注重“流动空间”，“流”主要选取城市网络中资本流、信息流、技术流、组织性互动流等要素作为评价指标。国家中心更强调中心城市在政治、经济、文化、科教、交通等领域综合的领导力，相对于指标少而专的世界城市、全球城市指标体系，国家中心城市指标体系更加综合，覆盖范围更广。

最后，本文结合信息技术的发展，基于萨森的研究，总结了新时期主要的三种企业类型：高标准化产品/服务企业、复合型全球化公司的总部企业和高度专门化网络化的服务公司。基于信息发展对企业和经济部门的影响，提出未来可能适用于东北亚中心城市建设的四种类型：中央商务区、全球城市、全球城市区和数字港湾。这些理论成果综述为沈阳、长春城市总体规划目标——建立东北亚中心城市提供研究支撑。

参考文献

[1] Bill de Blasio. 2015. One New York. The Plan for a Strong and Just City.

[2] Castells, M. 1996. "The rise of the network society," in The Information Age: Economy, Society, and Culture, Ed. Castells, M. New Jersey: Wiley-Blackwell.

[3] Derudder, B., Taylor, P. 2016. "Change in the world city network, 2000-2012," The Professional Geographer, 68(4): 624-637.

[4] Friedmann, J. 1986. "The world city hypothesis," Development and Change, 17(1): 69-83.

[5] Friedmann, J., Wolff, G. 1982. "World city formation: an agenda for research and action," International Journal of Urban and Regional Research, 6(3): 309-344.

[6] Gottmann, J. 1989. "What are cities becoming the centers of? Sorting out the possibilities", Cities in a Global Society, 35: 58-67.

[7] Hall, P. 1966. The World Cities. London: Weidenfeld & Nicholson.

[8] Hall, P. 1997. "Megacities, world cities and global cities." Stichting Megacities 2000.

[9] Kearney, A. T. 2012. "Global cities index and emerging cities outlook." The Chicago Council.

[10] Kennedy, R. 1991. London: World City Moving into the 21st Century-A Research Project. New York: Stationery Office Books(TSO).

[11] Klaus, S. 2011. The Global Competitiveness Report 2011-2012. World Economic Forum.

[12] Knox, P. L. and Taylor, P. J. 1995. World Cities in a World-System. Cambridge: Cambridge University Press.

[13] Malecki, E. J. 2002. "The economic geography of the Internet's infrastructure," Economic geography, 78(4): 399-424.

[14] Musil, R. 2009. "Global capital control and city hierarchies: An attempt to reposition Vienna in a world city network," Cities, (5): 255-265.

[15] Sassen, S. 1991. The Global City: New York, London, Tokyo. Princeton, NJ.: Princeton University Press.

[16] Sassen, S. 2001. "Global cities and global city-regions: A comparison," in Global City-Regions: Trends, Theory, Policy, ed. Scott, A. J. Oxford: Oxford University Press. 78-95.

[17] Scott, A. J. 2000. "Global city-regions and the new world system." Unpublished Paper, Department of Policy Studies and Department of Geography, University of California, Los Angeles.

[18] Taylor, P. J. 2001. "Specification of the world city network," Geographical Analysis, 33(2): 181-194.

[19] Taylor, P. J. 2009. "Urban economics in thrall to Christaller: A misguided search for city hierarchies in external urban relations," Environment and Planning A, 41(11): 2550-2555.

[20] Taylor, P. J., Derudder, B. 2004. World City Network: A Global Urban Analysis. London and New York: Routledge.

[21] Taylor, P. J., Hoyler, M., Verbruggen, R. 2010. "External urban relational process: Introducing central flow theory to complement central place theory," Urban Studies, 47(13): 2803-2818.

[22] Thrift, N. J. 1989. "New times and spaces? The perils of transition models," Environment and Planning D: Society and Space, 7(2): 127-129.

[23] UN Habitat. 2012. https://unhabitat.org/urban-initiatives/initiatives-programmes/city-prosperity-initiative/.

[24] Varsanyi, M. W. 2000. "Global cities from the ground up: A response to Peter Taylor," Political Geography, 19(1): 33-38.

[25] 艾少伟，苗长虹. 从"地方空间"、"流动空间"到"行动者网络空间"：ANT 视角[J]. 人文地理，2010，25（2）：43-49.

[26] 北京市经济与社会发展研究所课题组. 北京建设国际化大都市要用哪些指标来评价？[J]前线，2001，（4）：46-48.

[27] 陈江生，郑智星. 国家中心城市的发展瓶颈及解决思路——以东京、伦敦等国际中心城市为例[J]. 城市观察，2009，（2）：14-20.

[28] 陈来卿. 建设国家中心城市以功能论输赢[J]. 城市观察，2009，（2）：49-61.

[29] 丁波涛，王贻志，郭洁敏. 上海城市信息化水平的测评、预测与国际比较[J]. 图书情报工作，2006，50（6）：61-65.

[30] 杜鹏，夏斌，杨蕾. 国家中心城市智能化发展评价指标体系研究[J]. 科技进步与对策，2013，30（6）：108-112.

[31] 段霞，文魁. 基于全景观察的世界城市指标体系研究[J]. 中国人民大学学报，2011，（2）：61-71.

[32] 顾朝林. 中国城镇体系——历史·现状·展望[M]. 北京：商务印书馆，1992.

[33] 顾朝林，胡秀红. 中国城市体系现状特征[J]. 经济地理，1998，18（1）：21-26.

[34] 顾朝林，孙樱. 经济全球化与中国国际性城市建设[J]. 城市规划汇刊，1999，（3）：1-6+63-79.

[35] 李健. 全球城市—区域的生产组织及其运行机制[J]. 地域研究与开发，2012，31（6）：1-6+27.

[36] 刘玉芳. 国际城市评价指标体系研究与探讨[J]. 城市发展研究，2007，14（4）：88-92.

[37] 刘玉芳. 北京与国际城市的比较研究[J]. 城市发展研究，2008，15（2）：104-110.

[38] 路洪卫. 推动武汉建设国家中心城市的战略突破口研究[J]. 湖北社会科学，2012，（4）：54-57.

[39] 陆军. 世界城市判别指标体系及北京的努力方向[J]. 城市发展研究，2011，18（4）：16-23.

[40] 倪鹏飞，刘凯，彼得·泰勒. 中国城市联系度：基于联锁网络模型的测度[J]. 经济社会体制比较，2011，（6）：96-103.

[41] 宁越敏. 新的国际劳动分工世界城市和我国中心城市的发展[J]. 城市问题，1991，（3）：2-7.

[42] 宁越敏. 世界城市的崛起和上海的发展[J]. 城市问题，1994，（6）：16-21.

[43] 齐心，张佰瑞，赵继敏. 北京世界城市指标体系的构建与测评[J]. 城市发展研究，2011，18（4）：1-7.

[44] 沈金箴，周一星. 世界城市的涵义及其对中国城市发展的启示[J]. 城市问题，2003，（3）：13-16.

[45] 唐子来，李粲. 迈向全球城市的战略思考[J]. 国际城市规划，2015，30（4）：9-17.

[46] 田美玲，方世明. 国家中心城市研究综述[J]. 国际城市规划，2015，30（2）:71-74+80.

[47] 田美玲，刘嗣明，朱媛媛. 国家中心城市综合评价与实证研究——以武汉市为例[J]. 科技进步与对策，2013，30（11）：117-121.

[48] 田美玲，刘嗣明，朱媛媛. 国家中心城市评价指标体系与实证[J]. 统计与决策，2014，（9）:37-39.

[49] 屠启宇. 世界城市指标体系研究的路径取向与方法拓展[J]. 上海经济研究，2009，（6）：77-87.

[50] 屠启宇，杨亚琴. 经济全球化与塑造世界城市[J]. 世界经济研究，2003，（7）：4-10.

[51] 王琳. 国家中心城市文化软实力评价研究——以港京沪津穗城市为例[J]. 城市观察，2009，（3）：71-78.

[52] 汪明峰，高丰. 网络的空间逻辑：解释信息时代的世界城市体系变动[J]. 国际城市规划，2007，22（2）：36-41.

[53] 王颖，潘鑫，但波. "全球城市"指标体系及上海实证研究[J]. 上海城市规划，2014，（6）:46-51.

[54] 武前波，宁越敏. 国际城市理论分析与中国的国际城市建设[J]. 南京社会科学，2008，（7）：17-23.
[55] 肖耀球. 国际性城市评价体系研究[J]. 管理世界，2002，（4）：140-141.
[56] 姚华松. 论建设国家中心城市的五大关系[J]. 城市观察，2009，（2）：62-69.
[57] 周蜀秦. 基于特色竞争优势的城市国际化路径[J]. 南京社会科学，2010，（11）：150-155.
[58] 周晓津. 国家中心城市金融服务功能评估[M]. 王方华. 2010 中外都市圈发展报告. 上海：格致出版社，2010.
[59] 周振华. 全球化、全球城市网络与全球城市的逻辑关系[J]. 社会科学，2006，（10）：17-26.
[60] 住房和城乡建设部城乡规划司，中国城市规划设计研究院. 全国城镇体系规划（2006～2020 年）[M]. 北京：商务印书馆，2010.
[61] 朱小丹. 论建设国家中心城市——从国家战略层面全面提升广州科学发展实力的研究[J]. 城市观察，2009，（2）：5-13.

沈阳在辽宁省的中心城市地位

李 玏

Research on the Evaluation of Shenyang's Central City Position in Liaoning Province

LI Le
(School of Architecture, Tsinghua University, Beijing 100084, China)

Abstract Based on the multi-source data collected by the method of web data mining, the paper systematically evaluates the centrality index of 31 cities' in Liaoning province, combining qualitative and quantitative analysis methods. It finds that: Shenyang is a national central city, whose index of central city is significantly higher than other cities in Liaoning Province; Dalian is regional central city; Anshan and other 9 cities are provincial central cities.

Keywords Shenyang; central city; evaluation and comparison

摘 要 本文利用网络数据挖掘方法采集多源数据，采取定性与定量分析相结合的方法，对辽宁省31个城市进行了中心性指数评价。研究发现，沈阳中心城市指数显著高于其他城市，是国家中心城市；大连是大区中心城市；鞍山等九个城市是省域中心城市。

关键词 沈阳；中心城市；评价研究

信息化、全球化和高技术发展正在重塑世界城市体系，信息社会的建设、资本和技术的流动、生产的全球重构与转移、去工业化发展等成为城市发展的新动力（顾朝林，2006）。中心城市作为一定经济、社会、科技、文化发展阶段下的产物，评价要素与标准也需要与时俱进。沈阳地处东北亚经济圈和环渤海经济圈的中心，是长三角、珠三角、京津冀地区通往关东地区的综合枢纽城市，也是“一带一路”向东北亚延伸的主要节点，在我国面对东北亚其他地区的竞争与交流合作中，具有重要战略地位。在此背景下，结合城市发展新趋势，对辽宁省中心城市进行系统评价，分析沈阳在辽宁省的中心城市地位，对提升沈阳城市整体发展，发挥其在东北亚地区的中心城市作用具有重要指导作用。

全球化对发展中国家城市发展产生了深刻影响，发展中国家的学者也已经认识到这一点（顾朝林等，2005），全球/世界城市理论被广泛用于中国城市体系及中心城市研究（唐子来等，2016；田美玲等，2013）。萨森（Sassen，1991）认为全球城市是经济全球化驱动下生产活动在全球分散和管理控制地理集中的产物，因此非常强调生产性服

作者简介
李玏，清华大学建筑学院。

务业的作用。霍尔（Hall，2003）将政治要素作为区别世界城市与其他类型城市的重要因素，认为世界城市是“主要的政治权力中心、国际最强势政府和国际商贸等全球组织的所在地”。弗里德曼（Friedmann，2005）指出，尽管历史背景、国家政策和文化因素在世界城市的形成过程中有着重要的作用，但经济变量是解释不同等级世界城市对全球控制能力的决定因素，这种控制能力的产生表现为少数关键部门的快速增长，包括企业总部、国际金融、全球交通和通信、高级商务服务等。全球化正在通过经济、社会、文化、制度的影响重构我国的国家城市体系（顾朝林等，2005），使中心城市具有更加显著的层次性，包括在国际城市体系中具有重要地位的世界城市和全球城市，国家层面经济社会发展的核心城市，在国家大区具有独特地位的区域性中心城市，以及跨行政区或自然区的地方性中心城市等（顾朝林、李玏，2017）。虽然全球化对不同层次中心城市的影响有所差异，但全球/世界城市研究为全球化影响下的中心城市评价提供了基础。

综合指标体系的构建是中心城市评价实证研究的重要视角之一，受到国内外学者和机构的关注。联合国人居署（UNHABITAT，2012）、科尔尼咨询（A. T. Kearney，2017）、《经济学人》杂志（Economic Intelligence Unit，2012）、日本东京都市战略研究所（Institute for Urban Strategies，2016）、普华永道（PwC，2015）和布鲁金斯学会（Brookings Institution，2014）等诸多学术或社会机构，分别创建了城市繁荣指数（City Prosperity Index）、全球城市指数（Global City Index）、全球城市竞争力指数（Global City Competitiveness Index）、全球影响力城市指数（Global Power City Index）和机遇城市指数（Cites of Opportunity）等评价指标体系，从宏观经济表现、金融投资和商业环境、城市连接网络和信息交换、知识人力资源和技术、城市文化体验和吸引力、生活质量和成本、环境和可持续发展、政治参与和制度效率等角度，对全球范围的城市进行排名和分析。基于以上研究，顾朝林和李玏（2017）从经济发展、科技创新、生产—流通—消费网络枢纽、文化交流和社会服务五个方面，构建了包含 61 项指标的国家中心城市综合评价体系，对中国 291 个地级市进行了中心城市指数评价和等级划分。现有对区域中心城市的评价研究大多仅从某一项或几项功能展开（张兰霞等，2016；徐志华等，2016；张欣炜，2017），综合评价研究较为薄弱。而针对沈阳中心城市地位和功能定位的研究，多是与北京、上海等国家中心城市（李靖宇、毕楠楠，2008；邢铭、丁伟，2017；和军等，2017）或东北地区某几个城市（冯章献等，2008）进行对比，且偏定性和概括性，从辽宁省域中心城市体系的视角出发，对沈阳中心地位进行系统的定量评价研究较为鲜见。

1 评价指标体系

从前述分析出发，本文认为辽宁省的中心城市涵盖多个层面，不仅是区域发展的经济中心，也是科技创新、生产—流通—消费网络枢纽、社会服务等方面在不同层面具有重要地位的城市。①城市的综合经济中心性反映了城市的经济中心强度，不仅体现在市场规模、经济结构、财政状况等经济实力方面，上市公司数量和电商发展指数也侧面反映了城市在区域经济网络中的地位。②科技创新水平直接影响着城市劳动生产率水平，技术先进且劳动生产率高的城市所生产的产品在市场竞争的经济条件下优势显著，必然表现为中心作用强度较大。③城市作为物质和信息实体，要实际发挥经济中心作用必须拥有传导载体、设备和方式，生产—流通—消费网络枢纽作用愈显著，则与城市腹地联系愈紧密，因此也是构成中心城市作用强度重要的组成部分。④人力资源、文化交流能力和公共服务水平共同反映了中心城市的社会实力。⑤生态建设和环境保护体现了中心城市的绿色发展内涵。从这五方面内涵着手，通过分析和筛选建构辽宁省中心城市评价指标体系，包括综合经济中心、科技创新中心、网络枢纽、社会服务中心和生态环境五个系统、26 项指标（图 1）。

评价对象为辽宁省 31 个城市，指标数据来源主要包括统计年鉴、政府部门资料、出版物和专业资讯平台等。其中，统计年鉴资料有《中国城市统计年鉴 2016》《中国区域经济统计年鉴 2016》《中国县域统计年鉴 2016》《中国城市建设统计年鉴 2016》以及《辽宁省城乡建设统计年报 2015》；政府部门资料包括环境保护部公布的《2015 年全国城市空气质量报告》等；出版物包括中国民航出版社出版发行的《从统计看民航 2015》等；专业资讯平台包括 Wind 金融咨询终端（机构专用版），数据收集时间为 2016 年 10 月 18 日；网络数据来源包括阿里研究院公布的《2015 年“电商百佳城市”排行榜》aEDI 指数（阿里巴巴电子商务发展指数）。

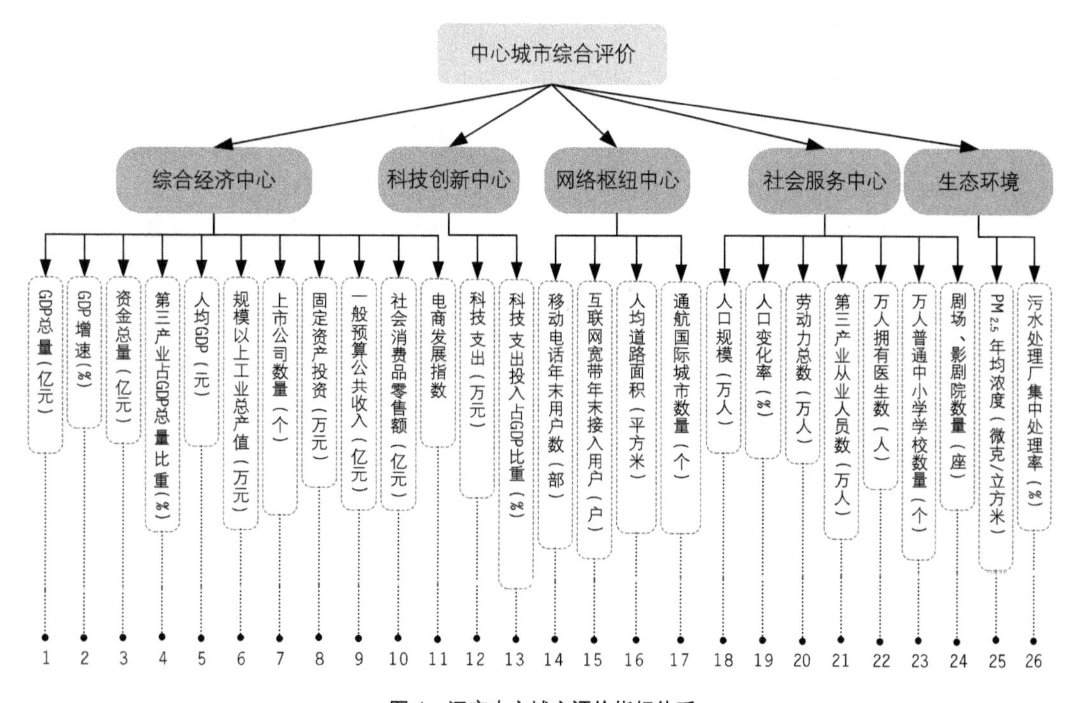

图 1 辽宁中心城市评价指标体系

2　评价模型

基于“城市与区域规划模型系统”（URPMs）软件平台，采用主成分分析法进行辽宁省中心城市评价。首先对数据库原始数据进行标准化处理，根据指标对中心性的影响选择相应标准化方法；其次，采用旋转方法提取主因子，为了进一步使因子的结构层次清晰，利用正交旋转方法进行处理，得出各因子的载荷矩阵，计算每个主成分得分；再次，对所有主成分进行加权求和，即得最终评价值，权数为每个主成分的方差贡献率；最后，运用“URPMs 模型系统”系统聚类模块，基于组间联系和平方欧式距离，对辽宁省中心城市等级进行划分（图 2）。

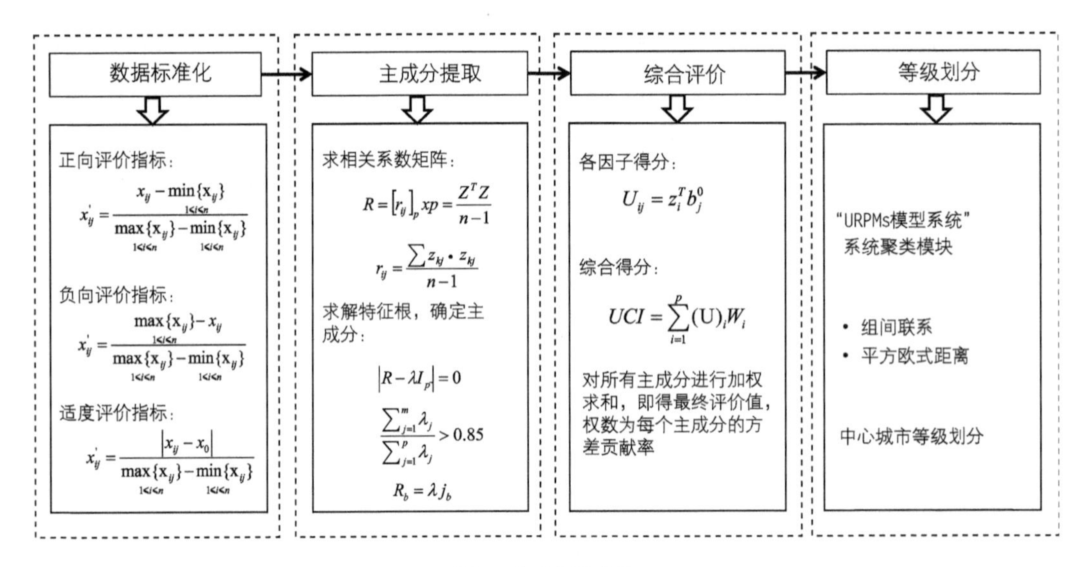

图 2　综合评价方法

注：式中，X_i表示 26 个指标 x_i 无量纲化后的标准值，x_0 为指标的标准值，式中 $i=1,2,L,19$；$n=31$。其中，对适度评价指标进行计算后，再进行逆向处理，即可得到标准化数据。p 为主因子个数；b_j^0 为主因子单位特征向量；w_i 为每个主成分的方差贡献率；UCI 为中心城市指数。

3　评价结果

对辽宁省 31 个城市的 26 个评价因子数值进行相关系数矩阵计算，得各主因子的特征值、贡献率和累计贡献率（表 1）。前五个主成分的特征值大于 1，其中第一主成分特征值为 14.204，其所解释的方差占总方差的百分比为 59.181%，前五个主成分特征值之和占总方差的累计百分比为 87.299%。

表 1 辽宁省中心城市因子分析特征值和方差贡献率

主因子	特征值	贡献率（%）	累计贡献率（%）
1	14.204	59.181	59.181
2	2.566	10.692	69.873
3	1.892	7.884	77.758
4	1.268	5.282	83.039
5	1.022	4.259	87.299

为了进一步使因子的结构层次清晰，利用正交旋转方法进行处理，与未旋转得到的主因子基本一致，同时得出各因子的载荷矩阵（表 2）。

表 2 辽宁省中心城市评价 R 型因子载荷量

序号	变量名称	第一主因子	第二主因子	第三主因子	第四主因子	第五主因子
1	GDP 总量（亿元）	0.974	0.161	–0.106	–0.054	–0.07
2	GDP 增速（%）	0.031	0.424	0.027	0.612	–0.456
3	资金总量（亿元）	0.545	–0.689	–0.088	0.385	0.003
4	第三产业增加值占 GDP 比重(%)	0.52	–0.443	–0.079	–0.349	0.294
5	人均 GDP（元）	0.526	0.432	–0.145	0.387	–0.039
6	规模以上工业总产值（万元）	0.711	–0.214	0.609	0.152	–0.003
7	沪深股市上市公司数量（个）	0.949	0.191	–0.067	–0.19	–0.085
8	固定资产投资（万元）	0.661	–0.246	0.603	0.192	–0.001
9	一般预算公共收入（亿元）	0.983	0.117	–0.091	–0.065	–0.04
10	社会消费品零售总额（亿元）	0.983	0.13	0.012	–0.078	–0.034
11	电商发展指数	0.904	0.339	–0.084	–0.22	–0.066
12	科技技术支出（万元）	0.889	0.249	–0.262	–0.208	–0.134
13	科技技术支出占 GDP 比重（%）	0.891	–0.089	–0.334	–0.043	–0.083
14	移动电话年末用户数（部）	0.989	–0.04	–0.035	–0.05	–0.052
15	互联网宽带年末接入用户（户）	0.98	–0.122	–0.047	0.002	–0.063
16	通航国际城市数量（个）	0.899	0.322	–0.089	0.004	–0.003
17	人均道路面积（平方米）	0.125	0.535	–0.083	0.208	0.556
18	人口规模（万人）	0.974	–0.135	–0.059	–0.027	–0.057
19	人口变化量率（%）	0.571	0.358	0.39	0.077	0.366
20	劳动力总数（万人）	0.96	0.148	0.054	0.019	–0.031
21	第三产业从业人员数（万人）	0.953	0.143	0.102	–0.05	–0.021
22	万人拥有医生数（人）	0.663	–0.331	–0.265	0.283	0.16

续表

序号	变量名称	第一主因子	第二主因子	第三主因子	第四主因子	第五主因子
23	万人普通中小学学校数量（个）	0.486	−0.728	−0.279	0.17	−0.025
24	剧场、影剧院数量（座）	0.705	−0.043	0.36	0.116	0.3
25	$PM_{2.5}$年均值（微克/立方米）	0.024	−0.106	0.674	−0.305	−0.335
26	污水处理厂集中处理率（%）	0.013	−0.112	0.274	0.103	−0.459

依据主因子载荷量计算中心城市 UCI 指数并进行总排序，辽宁省 31 个城市中心城市指数由强到弱的排列顺序如表 3。

表 3　辽宁省中心城市 UCI 指数排序及等级层次

位序	城市	UCI 指数	UCI 指数差	中心性等级	位序	城市	UCI 指数	UCI 指数差	中心性等级
1	沈阳市	10.429 83	—	Ⅰ	17	普兰店市	−0.598 59	0.009 27	Ⅲ2
2	大连市	7.226 462	3.203 366	Ⅱ	18	东港市	−0.756 1	0.157 506	
3	鞍山市	2.535 059	4.691 403	Ⅲ1	19	阜新市	−0.810 98	0.054 886	
4	锦州市	0.717 62	1.817 439		20	新民市	−1.302 45	0.491 465	—
5	盘锦市	0.537 518	0.180 102		21	凤城市	−1.308 19	0.005 738	
6	营口市	0.329 366	0.208 152		22	开原市	−1.309 54	0.001 355	
7	辽阳市	0.175 79	0.153 576		23	大石桥市	−1.332 38	0.022 835	
8	本溪市	0.159 726	0.016 064		24	北票市	−1.462 65	0.130 277	
9	抚顺市	0.156 568	0.003 157		25	调兵山市	−1.469 83	0.007 176	
10	丹东市	0.150 709	0.005 86		26	盖州市	−1.496 83	0.027 002	
11	葫芦岛市	−0.048 09	0.198 802		27	凌源市	−1.548 23	0.051 395	
12	铁岭市	−0.347 08	0.298 983	Ⅲ2	28	北镇市	−1.572 22	0.023 997	
13	海城市	−0.406 36	0.059 287		29	兴城市	−1.572 99	0.000 765	
14	瓦房店市	−0.565 17	0.158 809		30	凌海市	−1.645 9	0.072 913	
15	朝阳市	−0.588 9	0.023 724		31	灯塔市	−1.686 81	0.040 909	
16	庄河市	−0.589 32	0.000 427						

4　结论

运用“URPMs 模型系统”系统聚类模块，基于组间联系和平方欧式距离，根据中心城市 UCI 指数大小，可将辽宁省中心城市体系划分为国家级中心城市、区域级中心城市和省域级中心城市三个等级（表 4）。其中，沈阳为国家级中心城市，占辽宁省城市总数量的 3.23%；区域级中心城市包括 1 个大区中心城市，即大连，占城市总数量的 3.23%；省域级中心城市包括 9 个省域中心城市和 8 个地区中心城市，分别占辽宁省城市总数的 29.03%和 25.81%；其他为地方一般城市，共 12 个。

表 4　辽宁省中心城市等级划分

中心城市等级	国家级	区域级	省域级		地方一般城市
	Ⅰ	Ⅱ	Ⅲ1	Ⅲ2	—
	国家中心城市	大区中心城市	省域中心城市	地区中心城市	地方一般城市
UCI 指数	10.429 8	7.226 5	2.535 1～-0.048 0	-0.347 1～-0.811 0	<-1.302 4
城市个数	1	1	9	8	12
占城市总数比例（%）	3.23	3.23	29.03	25.81	38.71
UCI 指数均值	—	—	0.523 8	-0.582 8	-1.475 7

对不同等级城市 UCI 中心指数的分析表明，沈阳市中心城市指数最高，为 10.429 8，中心城市指数最低的是灯塔市，中心城市指数仅为-1.686 81。中心城市 UCI 指数在个体城市间差距显著，表明辽宁省城市发展存在显著的分化现象，中心城市极化特征突出（图 3）。其中值得注意的是鞍山市 UCI 指数在省域中心城市中位列第一，且显著高于其他省域中心城市，具备发展成为区域中心城市的潜力。

从综合经济中心、科技创新中心、网络枢纽中心、社会服务中心和生态环境五个方面的各项指标对沈阳在辽宁省的中心城市地位进行分析，得到如下结果。

①综合经济中心方面，雄厚的工业基础仍然是沈阳经济发展的主要动力，表现在规模以上工业总产值、固定资产投资等方面在全省的绝对优势地位。同时也存在一些潜在的问题，如沈阳第三产业从业人员数量高出第二位大连近 40%，但产值占 GDP 比重却不足，第三产业仍然处于发展阶段，拥有一定从业人员数量，但增长较慢。从上市公司数量和电商发展指数等能够侧面反映城市与区域经济体系联系的指标来看，沈阳和大连水平相当，均处于全省领先位置。②科技创新中心方面，沈阳共分布各类高等院校 21 座，是国内高校最集中的城市之一，为沈阳未来发展提供了良好的创新平台基础和科技人才资源。但从科技支出总量和全社会 R&D 投入占 GDP 比重两项指标来看，沈阳分别仅为大连的 61.7%和 66.8%，在科技创新的资金投入方面沈阳较大连差距显著。③从网络枢纽中心地位来看，辽宁省内共有四个城市拥有直接通航国际城市的能力，分别为沈阳、大连、丹东和锦州。沈阳的通航国际城市达到 14 个，位列首位，主要辐射范围包括俄罗斯、日本和韩国的多个城市，其中与韩国直接通航城市就达到七个，能够与东北亚地区产生较为便捷的人流、物流联系，使沈阳在联动东北亚各国间的交流合作方面具备突出优势。④从社会服务中心来看，沈阳的劳动力数量和结构反映出其人力资源方面的优势，但人均教育与医疗资源水平在辽宁省地级市中仅处于平均水平。作为国家中心城市，高质

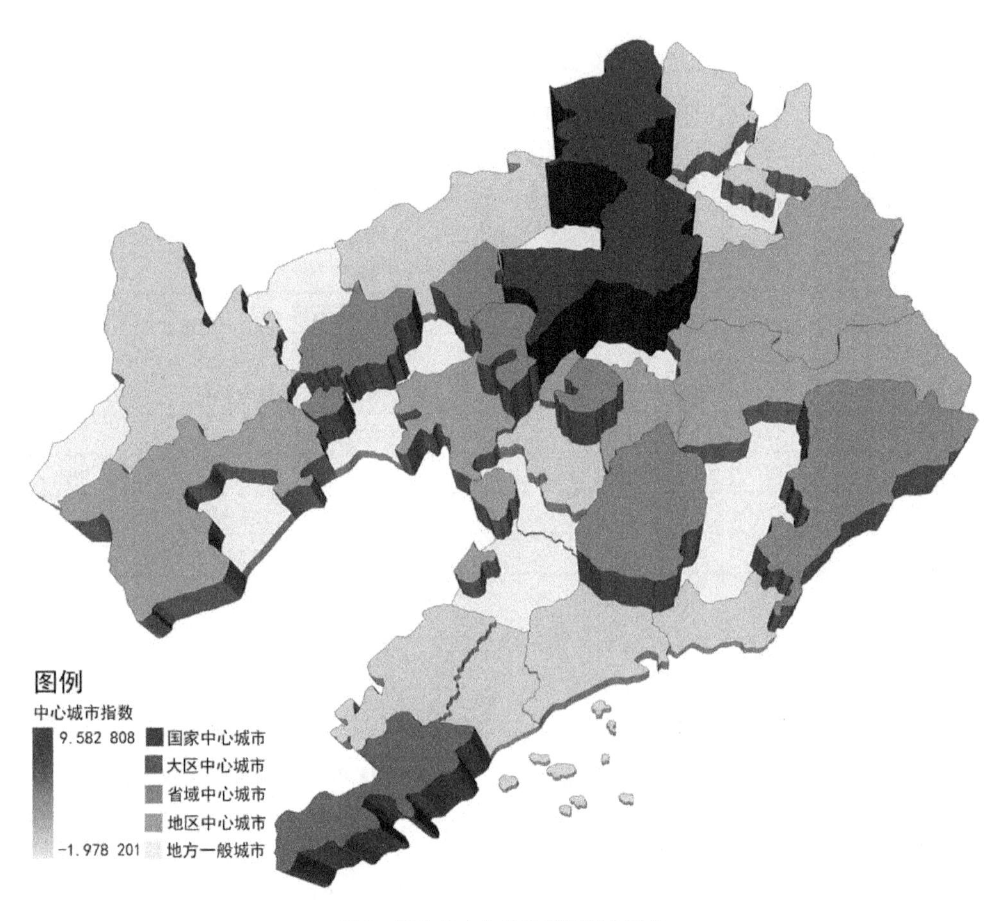

图3 辽宁省中心城市等级划分示意

量的公共服务水平是提升城市宜居环境的重要内容，沈阳仍然存在短板。⑤生态环境方面，位于沿海地区的营口、丹东和大连等城市生态环境整体较好，而沈阳空气质量等指标在辽宁省内处于较低水平，成为影响沈阳中心城市地位的因素之一。

参考文献

[1] A. T. Kearney, 2017. Global Cities 2017. https://www.atkearney.com/research-studies/global-cities-index.

[2] Brookings Institution. 2014. Global Metro Monitor 2014. http://www.brookings.edu/research/interactives/global-metro-monitor.

[3] Economic Intelligence Unit. 2012. Hot Spots Benchmarking Global City Competitiveness. http://www.citigroup.com/citi/citiforcities/home_articles/n_eiu.htm.

[4] Friedmann, J. 2005. "Globalization and the emerging culture of planning," Progress in Planning 64: 183-234.

[5] Hall, P. 2003. "Book Review: Planning the twentieth-century city: the advanced capitalist world," Progress in Human Geography 27(4): 532-533.

[6] Institute fro Urban Strategies. 2016. Global Power City Index 2016. http://www.mori-m-foundation.or.jp/english/ius2/gpci2/.

[7] PwC. 2015. Cities of Opportunity 2015. https://www.pwccn.com/en/cities-of-opportunity/cities-of-opportunity- china-report-2015.pdf.

[8] Sassen, S. 1991. The Global City: New York, London, Tokyo. Princeton, NJ.: Princeton University Press.

[9] UNHABITAT. 2012. Prosperity of Cities: State of the World's Cities 2012/2013. https://unhabitat.org/books/prosperity-of-cities-state-of-the-worlds-cities-20122013/.

[10] 和军，靳永辉，任晓辉. 我国国家中心城市建设能力评价与对策研究——以沈阳市为例[J]. 技术经济与管理研究，2017，（4）：102-106.

[11] 冯章献，王士君，王学军. 中国东北地区四中心城市功能关系优化[J]. 人文地理，2008，23（6）：50-54+105.

[12] 顾朝林. 中国城市发展的新趋势[J]. 城市规划，2006，30（3）：26-31.

[13] 顾朝林，陈璐，丁睿，等. 全球化与重建国家城市体系设想[J]. 地理科学，2005，25（6）：641-654.

[14] 顾朝林，李玏. 基于多源数据的国家中心城市评价研究[J]. 北京规划建设，2017，（1）：40-47.

[15] 李靖宇，毕楠楠. 论沈阳在东北优化开发主体功能区建设中的中心城市引擎功能定位[J]. 决策咨询，2008，（5）：20-28+32.

[16] 唐子来，李粲，李涛. 全球资本体系视角下的中国城市层级体系[J]. 城市规划学刊，2016，（3）：11-20.

[17] 田美玲，刘嗣明，寇圆圆. 国家中心城市职能评价及竞争力的时空演变[J]. 城市规划，2013，37（11）：89-95.

[18] 邢铭，丁伟. 沈阳：补齐短板 做优国家中心城市[J]. 北京规划建设，2017，（1）：31-34.

[19] 徐志华，杨强，申玉铭. 区域中心城市服务业发展综合评价及其影响因素[J]. 地域研究与开发，2016，35（3）：40-45.

[20] 张兰霞，付竞瑶，姜海滔，等. 我国区域中心城市科技人力资源竞争力评价[J]. 东北大学学报（自然科学版），2016，37（2）：290-294.

[21] 张欣炜. 新型城镇化背景下地区性中心城市的功能作用及评价体系构建[J]. 城市观察，2017，（5）：19-29.

沈阳建设东北亚国际化中心城市指标体系[①]

清华大学建筑学院　沈阳市规划设计研究院

The Indicator System of Shenyang for Developing as the International Center of Northeast Asia

School of Architecture, Tsinghua University; Shenyang Urban Planning & Design Institute

沈阳东北亚国际中心城市指标体系注重对沈阳已有中心城市指标体系的传承，同时吸纳国家中心城市指标、全球城市指标，是为2035年中国实现现代化、发挥沈阳在东北乃至东北亚的国际影响力和作用力设计的一系列可度量、可评估的指标系统。

1　沈阳建设东北亚国际化中心城市的内涵

1.1　东北亚概念及其地域范围

东北亚是亚洲东北部地区，广义的东北亚包括日本、朝鲜半岛（朝鲜、韩国）、中国的东北地区和内蒙古东四盟、蒙古国、俄罗斯的远东地区和西伯利亚联邦，多数地区为汉字文化圈，数千年来一直是中国、蒙古、朝鲜、俄罗斯、日本等地域文化交融的地区。

1.2　超国家影响力城市评价及其方法

在学术界，超国家影响力城市的研究由来已久。最早是彼得·霍尔（Peter Hall）的世界城市研究，后来是萨斯基娅·萨森（Saskia Sassen）的全球城市研究，再后来是泰勒及其世界一线城市（Globalization and World Cities，GaWC）研究团队全球城市网和排名研究。在信息化时代，三种企业值得关注：①高标准化产品/服务企业；②复合型全球化公司的总部企业；③高度专门化网络化的服务公司。

基于信息技术对企业和经济部门的不同影响形成四种“中心”类型：①中央商务区（CBD）；②全球城市

（Global City）；③全球城市区（Global City Region）；④数字港湾（Digital Bay）。

1.3 东北亚国际化中心城市内涵

所谓东北亚国际化中心城市，就是在这一地域范围内，具有跨国家重要影响力的城市，这些重要影响力包括政治、文化、经济、科技、教育、交通、价值观等诸多方面。东北亚地域范围广阔，包含多个国家、多元文化，因此也存在多个国际化中心城市。这些国际化中心城市，可能是这一地区具有跨国家影响力的城市，也可能是具有世界影响力的城市，例如东京。

1.4 沈阳东北亚国际化中心城市建设

沈阳建设东北亚国际化中心城市，将按照"依托辽中城市群、引领东北亚、服务全世界"的思路，抢抓中心城市高质量转型发展新机遇，把沈阳打造成东北亚三大影响力城市、一定规模的经济中心城市、先进装备智能制造基地、科教创新引领发展城市以及宜居宜业绿色魅力之都。

2 构建原则

沈阳建设东北亚国际中心城市指标体系构建原则包括四点。①科学性原则。借鉴世界城市、全球城市等有影响力的国际化城市指标体系，坚持定性分析和定量分析、可比性与适用性相统一。②开放性原则。立足沈阳特点和发展定位，体现与东北亚相关城市横向和纵向可比性，客观反映现代城市国际化发展趋势与规律，构建多元和包容的东北亚区域性中心城市建设指标体系。③可比性原则。选取目前国际城市研究业界通行的国际化指标，注重可操作性和实效性，以客观、可比、可获取的国际指标，引领提升沈阳各领域国际化发展水平。④实用性原则。以战略引领、刚性控制、主动服务为原则，对应实现目标指标化、体检评估考核和事权明晰三项工作要求，形成目标传导、实施监测和事权分级三个维度。

3 指标体系

通过沈阳在东北亚的地位、东北亚国际中心城市内涵、东北亚中心城市中的沈阳、沈阳在全国科技创新中的地位、沈阳在东北地区的中心城市地位、沈阳在辽宁省的中心城市地位和新时代沈阳发展的新机遇等研究，不难看出，沈阳在辽宁省及东北地区长期保持着中心地位，并没有太大变化，但其科技创新地位较弱并在持续下降。就东北亚 35 个大中城市看，沈阳的综合实力处在第 20 位左右。据此，沈阳建设东北亚国际中心城市，虽有其可能性，但也面临着巨大的挑战。

作为东北亚地区大陆最大的中心城市，区位条件、建设条件和国家需求都强力支撑沈阳建设东北亚国际中心城市。本文从东北亚国际化中心城市内涵、沈阳需要扬长避短的诸多方面，构建未来15～20年建设东北亚国家化中心城市的指标体系，由东北亚国际化城市、国家经济中心、装备制造中心、科教创新中心、宜业宜居之都5个方向、18个目标、47个指标构成。

3.1 东北亚国际化城市

随着全球产业链和价值链的分工日益明确，中国承接全球产业转移和推进地域产业转移的空间布局已基本形成，沈阳东北亚国际中心城市建设至关重要。

从影响力看，东京和首尔无疑是具有世界及亚太地区影响力的东北亚中心城市，而沈阳作为东北亚地区大陆规模最大、实力最雄厚、中心性最强的城市，需要在稳固东北地区中心城市地位的基础上，面向蒙古和朝鲜，以制造业（汽车）为切入点，提升国际化要素资源主动配置能力和国际化产业融入能力；以开放服务业为抓手，推进跨国家的教育、医疗、贸易、金融等服务中心地位。

指标构建方向：东北亚国际化城市。以世界城市、全球城市的指标体系为基础，构建使其发展成为仅次于东京、首尔，在东北亚具有重要影响力方向的城市指标体系，由综合、城市国际化、经济全球化和文化全球化4个目标、11个指标构成（表1）。

表1　东北亚国际化城市指标体系

目标	指标	东北亚区域中心城市参考值	参考值划定依据
1. 综合	（1）全球500强企业区域及以上总部数（家）	10以上	全球城市
	（2）全球生产性服务业公司区域及以上（含）总部数量（家）	10以上	全球城市
2. 城市国际化	（3）国际组织总部和地区代表处（含领事机构和代表处）（家）	10以上	全球城市
	（4）国际友好城市数量（个）	30	全球城市
	（5）在国外出生的人比重（%）	3以上	世界城市
3. 经济全球化	（6）经济外向度（%）	36	沈阳开放发展
	（7）实际利用外资总额（亿美元）	80	国家中心城市
	（8）外贸进出口总额（亿美元）	670	沈阳开放发展
	（9）国际资本市场总量（%）	5	全球城市
4. 文化全球化	（10）外语电视新闻频道数量（个）	3以上	世界城市
	（11）大型体育活动及赛事数量/大型艺术表演场所数量/大型国际会议数量（次）	24次及以上/300次以上/180次及以上	全球城市

3.2 国家经济中心

建设沈阳东北亚国际中心城市，需要一定的经济规模、人口规模和空间规模，才能支撑其成为国际化生产中心、国际化服务中心和国际交通物流枢纽。应加快推进制造业转型升级，促进制造产业链、价值链、创新链紧密结合，建设国际化生产中心；与国际先进的服务行业管理标准和规则相衔接，积极发展生产性服务产业，建设国际化服务中心，创造国际化营商和宜商环境；以“一带一路”建设和中欧班列开通为契机，打造中蒙俄和中朝韩经济走廊的重要枢纽，以及中德、中欧国际交通和物流集散中心、重要通关口岸。此外，应充分发挥沈阳龙头作用和辐射带动作用，依托辽中城市群（经济区），推进产业分工和协作、环境同保共治，将其打造成东北地区的金融服务中心。

指标构建方向：国家经济中心城市。以经济和人口总量为基础，构建具有相当经济和人口规模的巨型城市方向的城市指标体系，由综合、国际化生产中心、国际化服务中心、国际化交通物流枢纽 4 个目标、10 个指标构成（表 2）。

表 2　国家经济中心指标体系

目标	指标	东北亚区域中心城市参考值	参考值划定依据
5. 综合	（12）GDP 总量（亿元）	10 000	国家中心城市
	（13）常住非农业人口（万人）	1 000	国家中心城市
6. 国际化生产中心	（14）国内 500 强企业总部数（家）	20	国家中心城市
	（15）国际国内驰名商标数（个）	30	国家中心城市
	（16）金融业增加值占服务业比重（%）	6 以上	国家中心城市
7. 国际化服务中心	（17）第三产业占 GDP 比重（%）	60	国家中心城市
	（18）高端生产性服务业公司数（家）	10	全球城市
	（19）五星级酒店数（家）	50	国家中心城市
8. 国际化交通物流枢纽	（20）国际航线数量（条）	100	沈阳开放发展
	（21）高速铁路站数（个）	2	国家中心城市

3.3 装备制造中心

先进装备制造是工业之母，也是中国建设制造强国的重要基础。沈阳装备制造业占工业半壁江山，在汽车、军工、精密机床、机器人、医疗成像器械以及与之关联的新材料开发等诸多领域的技术装备实力雄厚，是沈阳强市之本，也是做大经济总量、提升城市位势的关键，但也面临着强大的城市间竞争，数字化、智能化、绿色化升级改造的迫切需求。顺应信息网络、智能制造、新能源和新材料为代表的新一轮技术创新全球制造业发展趋势，利用云计算、互联网、大数据、物联网、人工智能等前沿技术改造提升装备制造业，以机床、汽车、机器人及智能装备、航空等为重点领域，建设东北亚先进装备智能制造基地。利用“中国制造 2025”试点示范城市平台，瞄准制造业发展薄弱环节，通过突破重点领域共性关键技术，加速科技成果商业化和产业化，优化制造业创新生态环境，打造国家装备制造业创新中心。通过引入欧洲制造业先进技术，广泛应用信息网络技术促进生产过程的无缝衔接和企业间的协同制造、智能制造、网络制造、柔性制造，加快建设智能工厂、智能车间、智能公共服务平台。以中德装备园和中法生态城为合作平台，加大国外先进技术的引进力度，推动沈阳先进装备走出去，将沈阳建成全国重要的装备制造出口基地。到 2020 年，在重点领域打造一批制造业智能化企业、工厂和园区，以先进制造业引领工业转型升级；到 2035 年，形成一批拥有自主品牌、具有国际重要影响力的大型企业以及装备制造、汽车制造、数控机床等多个千亿级装备制造业产业，使沈阳成为产业规模较大、产业链条完善、技术水平领先的世界级先进装备制造业集群。

指标构建方向：装备制造中心。以汽车、军工、机器人和紧密机床为基础，建构技术水平领先的世界级先进装备制造基地方向的城市指标体系，由综合、先进装备制造、智能化制造和信息化制造 4 个目标、13 个指标构成（表 3）。

表 3　装备制造中心指标体系

目标	指标	东北亚区域中心城市参考值	参考值划定依据
9. 综合	（22）装备制造业增加值（亿元）	6 000	
	（23）工业用地地均产值（亿元/平方千米）		
	（24）千亿级装备制造业产业（个）	5	
10. 先进装备制造	（25）军工（航空等）产品生产值占工业生产总值比重（%）	15.0	
	（26）先进装备制造出口基地（处）	2	
	（27）具有全球竞争力核心技术和自主品牌的骨干企业和产业集群（个）	3～5	振兴东北科技成果转移转化专项行动实施方案
11. 智能化制造	（28）智能工厂、智能车间、智能公共服务平台数量（个）	80 以上	
	（29）高档数控机床和机器人增加值占工业生产总值比重（%）	15.0	“中国制造 2025”
	（30）柔性制造增加值占工业生产总值比重（%）		
12. 信息化制造	（31）新能源、无人驾驶技术汽车产量占总量比重（%）		
	（32）国际信息和通信枢纽数（个）	3 以上	全球城市
	（33）非信息部门信息人员比重（%）	10.0	
	（34）网络制造增加值占工业生产总值比重（%）		

3.4 科教创新中心

沈阳是东北地区乃至全国科技和教育资源都比较丰富的城市，被联合国公布为中国人均受教育年限和预期受教育年限最高的城市。雄厚的工业基础和丰富的科技人才资源为沈阳建设成为东北亚科技创新中心奠定了坚实基础。但与世界和中国其他创新型城市相比，沈阳的科技创新推动产业升级、拉动经济增长的动力并不突出，不仅落后于东京、北九州的机器人制造创新水平，韩国的电子、通信、汽车等领域的创新水平，而且根据复旦大学经济学院、第一财经研究院《中国城市和产业创新力报告2017》，沈阳实际科技创新和创业指数仅列第20名，已跌出北京、深圳、上海、苏州、杭州、南京、广州、成都、武汉、西安等国家中心城市行列，甚至综合评估科教水平已经落后哈尔滨、长春和大连。只有引领科技创新才能拥有经济发展的未来，要建设先进装备智能制造基地，离不开“科技引领、创新驱动”。

据此，第一，紧密围绕沈阳产业基础，充分调动科技创新资源活力，完善科技创新平台支撑，优化创新创业发展环境，强化区域创新体系的要素政策，在重点领域率先抢占全球科技制高点，加快建设在东北亚乃至全球有影响力的装备制造科技创新中心；依托国家自主创新示范平台和中科院等科研技术力量，体现国家战略，突出高端引领，集中优势力量，在先进装备、汽车制造、航空航天等重点优势领域打造一批原始创新成果、共性技术和创新平台，加大重大关键技术源头供给，争取成为科学新发现、技术新发明、产业新方向的重要策源地。

第二，创新载体平台建设。围绕制约重点行业发展的技术“瓶颈”，面向世界科技前沿、国家重大需求、国民经济主战场，以基础科学、应用科学和企业为研发主体，以技术产业的紧密结合以及实现产业升级为根本目标，开展先进装备、汽车制造、航空航天、材料领域科技创新，创建集科学研究、技术创新、人才培养、成果转化、产业孵化、科学知识传播于一体，具有国际影响力的综合性材料科学研究中心。

第三，创新供应链。进一步发挥省会城市、区域性中心城市、交通枢纽城市的优势，集聚创新资源，打造以沈阳经济圈为核心的区域创新体系和协同创新合作关系，增强对区域产业科技创新的支撑能力，把沈阳建成东北地区科技创新辐射源，从学院建设、专业设计、参与国际大科学计划、推进教育国际化等方面，建设和拉长创新供应链。调整本地大学专业人才配置，重点建设先进设备制造、信息和通信、媒体技术、可穿戴技术或虚拟现实技术、机器人、电动汽车、医疗和生物科技、互联网+金融等专业，吸引世界顶级高校和研究机构招收研究生专业数量，使沈阳在先进装备、汽车制造、航空航天等重点产业保持技术创新的全国性领先优势。加快政府资助的创业孵化中心建设，为创业者提供低租金的共享办公地点，分享、交流与合作的环境，并协助创业者吸引投资。特别是在孵化园，给创业者提供法律和会计等方面咨询、多种培训讲座，并协助创业者吸引投资，建设沈阳先进装备、汽车制造、航空航天等创新空间、孵化器和新型产品生产基地。

第四，推进各类人才计划。包括面向大学生的“就业计划”、面向高层次人才的“创业计划”、面向中青年拔尖人才培养计划、面向海外高层次人才的“引智计划”等，提高双创平台服务功能，吸引科技人员、留学归国人员等创业。

第五，加快科技生态环境建设。政府提供土地建设应用科学计划科技园区和研究生院；降低或减免科技企业所得税，建设政府科技企业投资种子基金和政府合作开发基金，建立风险资本投资企业，并通过市场加快科技公司IPO数量；以媒体为核心，涵盖媒体、出版、广告等，为消费者服务业和新兴科技提供服务；推进免费公共WIFI网络或数字城市建设；建设将科技工作者、创业公司和（风险）投资者联系在一起科技城市。

指标构建方向：科教创新中心。科教创新城市建设不会一蹴而就，对沈阳来说，需要从区域性科学中心、国家创新中心、东北亚科技创新中心逐级递进建设，累积能量，最终建成具有国际竞争力的先进装备制造全球创新中心。科教创新中心指标体系由综合、国家创新中心、区域科技中心3个目标、5个指标构成（表4）。

表4 科教创新中心指标体系

目标	指标	东北亚区域中心城市参考值	参考值划定依据
13. 综合	（35）世界一流大学数量（所）或世界一流学科（车辆制造、船舶制造、航空航天、智能制造、机器人等）	3～10	
14. 国家创新中心	（36）科技公司或初创科技企业数（个）	8 000	2018全球前20高科技城市
	（37）百万人口专利授权数量（件/年）	4 000	国家中心城市
	（38）风险投资占总投资比例（%）	5.0	2018全球前20高科技城市
15. 区域科技中心	（39）应届高校毕业生留沈就业人数（%）	65.0	

3.5 宜业宜居之都

建设东北亚国际化中心城市，宜居城市是必要条件，宜业城市则是城市吸引力和创造力的体现。宜居，主要在于推进绿色、低碳、生态城市建设；宜业，营商环境营造至关重要。把“宜业、宜居”作为城市高品质的发展目标，构建15分钟城区生活圈和30分钟工作通勤圈。而重视营商环境，是城市可持续发展的基础。

对沈阳而言，需要：①优化产业空间资源配置，实施工业用地保护制度；②切实加快保护知识产权和财产权的立法，打造知识产权和财产权强市高地；③简化办理手续，鼓励银行向中小微企业、中小微企业主发放首笔贷款和信用贷款；④吸引外地人才来沈创业，推进“多证合一”改革，建立集办公、审批、对外服务、监察、信息公开等于一体的全市统一智慧政务平台，全面推行清单管理制，外地人才来沈创业全面享受市民待遇。

指标构建方向：宜业宜居城市。以常住人口人均可支配收入、森林覆盖率、失业率为基础，构建宜业和宜居城市指标体系，由综合、宜业、宜居 3 个目标、8 个指标构成（表 5）。

表 5　宜业宜居之都指标体系

目标	指标	东北亚区域中心城市参考值	参考值划定依据
16. 综合	（40）常住人口人均可支配收入（万元）	12.0～18.0	全球城市
	（41）人均公园绿地面积（m^2/人）	17	长春 2049
	（42）失业率（%）	小于 5.0	
17. 宜业	（43）工业用地占总用地比重（%）	20.0	
	（44）知识产权和财产权保护比重（%）	100.0	
	（45）市外人才创业比重（%）	20.0	
18. 宜居	（46）平均通勤时间（分钟）或轨道交通站点 800 米覆盖率（%）	25 分钟	
	（47）国际学校数或国际医院数（个）		2018 全球前 20 高科技城市

4　结论

本文从东北亚国际化中心城市内涵、沈阳需要扬长避短的诸多方面，构建未来 15～20 年建设东北亚国家化中心城市的指标体系，由东北亚国际化城市、国家经济中心、装备制造中心、科教创新中心、宜业宜居之都 5 个方向、18 个目标、47 个指标构成，直接为沈阳市总体规划修编服务。

注释

① 参加本次研究工作的主要成员包括顾朝林、张晓云、殷健、董志勇、翟炜、张年国、范婷婷、邹莹、李璐、李迎秋等。

长春建设东北亚区域性中心城市指标体系研究及其现状水平分析①

清华大学建筑学院　长春市城乡规划设计研究院

Research on the Northeast Asian Central City Indicator System and Current Status of Changchun

School of Architecture, Tsinghua University; Changchun Institute of Urban Planning & Design

2016年，王君正书记主政长春，首次提出建设东北亚区域性中心城市。2016年7月，中共长春市委十二届九次全体会议审议通过《深入实施创新驱动发展战略，加快东北亚区域性中心城市建设的若干意见》。2016年12月，中国共产党长春市第十三次代表大会报告指出："未来五年始终突出建设东北亚区域性中心城市"，加快推进长春参与区域发展、集聚资源要素、抢占发展先机、拓展发展空间。

建设东北亚区域性中心城市，首先需要明确中心城市的内涵；其次基于中心城市研究的指标体系提出长春建设东北亚中心城市的指标体系。指标体系还可用以评价长春各项指标在东北亚地区的地位。

1　长春建设东北亚区域性中心城市指标体系构建原则

东北亚区域性中心城市指标应当注重对长春已有中心城市指标体系的传承，同时从高处着手，吸纳国家中心城市指标与全球城市指标，为实现长春在东北亚乃至全球范围内的崛起提供科学的发展目标。

本研究从以下三个原则构建东北亚区域性中心城市指标体系。①科学性原则。借鉴世界城市、全球城市等当今世界有影响力的国际化城市指标体系，坚持定性分析和定量分析、可比性与适用性相统一。②开放性原则。立足长春特点和发展定位，体现与东北亚相关城市横向和纵向可比性，客观反映现代城市国际化发展趋势与规律，构建多元和包容的东北亚区域性中心城市建设指标体系。③可比性原则。选取目前国际城市研究业界通行的国际化指标，注重可操作性和实效性，以客观、可比、可获取的国际指标引领提升长春各领域国际化发展水平。

2 长春建设东北亚区域性中心城市指标体系

结合对世界城市指标体系的研究，本文总结出适用于长春的世界城市指标体系，主要从全球金融集散地、全球网络平台、全球科技创新中心、全球声誉和政府治理的角度，提出七大指标（表 1）。

表 1 世界城市指标体系

功能特征	指标	参考值
全球金融集散地	Top500 全球或区域总部数量	60～100 个
	全球金融中心排名	第 2～5 名
全球网络平台	高度发达的生产性服务业比重	50%
	信息、通信、交通枢纽数量	5 个以上
全球科技创新中心	全球科技创新和文化创意基地排名	第 2～5 名
全球声誉	国际性的旅游和会展目的地排名	第 2～5 名
政府治理	出生在国外的人才比重	3%

结合对全球城市的研究，本文总结出适用于长春的全球城市指标体系，主要从商业活动、人力资本、信息交流、文化体验和国际化程度入手，共选取了 16 个指标（表 2）。

表 2 全球城市指标体系

要素	指标	参考值
商业活动	全球 Top500 企业总部数量	10～20 家
	全球高级商务服务公司数量	10 家及以上
	国际资本市场总量	5%
	国际会议数量	180 次及以上
	民用机场数/年旅客吞吐量	2 个以上/7 000 万
人力资本	全球排名 500 的大学数量	3 个以上
	国际学生数量比重	5%
	受高等教育人口比重	30%
信息交流	外语电视新闻频道数量	3 个以上
	国际新闻机构驻地数量	20 个以上

续表

要素	指标	参考值
文化体验	年体育活动及赛事数量	24 次及以上
	艺术表演场所数量	300 次以上
	国际旅行者数量	3 000 万以上
	姐妹友好城市数量	5 个以上
国际化程度	使领馆数量	5 个及以上
	国际组织和具有国际联系的机构	10 个及以上

结合对已有国家中心指标体系的研究，本文从国家经济中心、国家科技创新中心、大区域服务中心和人居环境质量的角度，对国家中心城市指标体系进行了归纳总结（表 3）。

表 3　国家中心城市指标体系

功能	指标	参考值
国家经济中心	常住非农业人口总量	1 000 万人
	国内 500 强企业落户数	20 家
	金融业增加值占服务业比重	6%以上
	人均可支配收入	4.0 万元
	人均 GDP	25 万元以上
国家科技创新中心	R&D（研究与开发）支出占 GDP 比重	5%
	专利授权量	4 000 件
	普通高等院校数量	5 所
	普通高校在校大学生数	50 万人
	全国专业协会和国家智库数量	30 个
	国际、国内驰名商标数量	30 个
	文化创意从业人员比重	15%
大区域服务中心	直辖市或副省级城市	是
	第三产业增加值占 GDP 比重	65%
	外国领事馆数量	3 个
	高速铁路站数量	2 个
	4F 等级机场数量	1 个
	五星级酒店数量	50 个
	综合医院数量	5 个
	千人医生数量	6～8 人
	入境国际旅游人数比重	20%

续表

功能	指标	参考值
人居环境质量	人均住房面积	36 平方米
	户均拥有家庭轿车数	1.3 辆
	每百人公共图书馆藏书量	60 册
	生活垃圾无害化处理率	95%
	人均耗电量	3 500 千瓦时
	人均绿地面积	1 平方米

长春建设东北亚区域性中心城市需要遵循科学性、开放性和可比性的原则，综合全球城市与国家中心城市以及长春已有的相关规划指标，构建东北亚区域性中心城市指标体系（表 4），以东北亚地区的经济繁荣之城、网络枢纽中心、文化创新之都、国际开放高地、幸福宜居家园为建设目标，实现长春在国际舞台上的崛起。

表 4　东北亚区域性中心城市指标体系

目标	指标	东北亚区域中心城市参考值	参考值划定依据
东北亚 经济繁荣之城	全球 500 强企业（个）	10	全球城市
	第三产业占 GDP 比重（%）	60	国家中心城市
	城市化率（%）	88	长春 2049
	GDP 总量（亿元）	10 000	国家中心城市
	GDP 增速（%）	7	长春 2049
	高端生产性服务业公司（个）	10	全球城市
东北亚 枢纽网络中心	航空旅客吞吐量（万人次）	4 000	国家中心城市
	航空货邮吞吐量（万吨）	30	国家中心城市
	国际航线数量（条）	40	全球城市
	交通运输从业人员占比（%）	5	东北亚同等城市
东北亚 文化创新之都	百万人口专利授权数量（件）	400	国家中心城市
	R&D 经费投入占比（%）	3	长春 2049
	普通高等学校在校生数量（万人）	50	全球城市
	全球 Top500 名高校（所）	3	全球城市
	受高等教育人口占比（%）	30	全球城市
东北亚 国际开放高地	实际利用外资总额（亿美元）	80	国家中心城市
	国际友好城市数量（个）	30	全球城市
	国际游客数量（万人）	400	全球城市

续表

目标	指标	东北亚区域中心城市参考值	参考值划定依据
东北亚国际开放高地	外贸进出口总额（亿美元）	300	长春 2049
	国际学生占比（%）	5	全球城市
	国际组织与机构（个）	10	全球城市
东北亚幸福宜居家园	人均住房面积（m^2）	36	国家中心城市
	生活垃圾无害化处理率（%）	100	长春 2049
	人均公园绿地面积（m^2/人）	17	长春 2049
	千人医生数量（人）	6～8	国家中心城市
	文艺活动场次（次）	300	全球城市

3 长春东北亚区域性中心城市现状水平评价

为了表征长春现状的发展进程，本文提出构建城市中心性评价模型，从经济、文化创新、网络枢纽、国际开放和宜居等角度对长春的东北亚发展目标进行评价。同时，与东北亚重要城市进行排名对比，以认清长春在东北亚地区的地位，为长春构建战略发展框架提供依据。

3.1 中心性评价模型

为了对长春现状有一个全方位的认知，本文对长春各个领域的现状指标进行模型评价。

根据熵值法确定各个指标的权重：

$$e_j = -k\sum_{i=1}^{m} y_{ij} \ln y_{ij}$$

$$k = \frac{1}{\ln m} W_j = \frac{1-e_j}{n-\sum_{j=1}^{n} e_j}$$

式中，y_{ij}为各个指标标准化后的信息熵值，e_j为第j个指标的熵值，W_j为所求的权重数值，k为归一化因子。

根据现状值与东北亚中心城市参考值求得各个指标的建设进展：

$$F_j = \frac{S_j}{R_j}$$

式中，S为中心城市参考值，R为现状发展值，F为现状发展水平。

对各个领域的指标进行权重求和，得到各个领域的中心性指数。

$$Q_i = \sum_{j=1}^{n} W_j \cdot F_j$$

式中，i 为各个领域，j 为各领域对应的指标，Q 为中心性指数。

3.2 长春现状评价

根据上述评价模型，对长春的经济、文化创新、网络枢纽、国际开放和宜居进行了中心性评价。可以发现，长春的宜居中心性较高，国际开放中心性相对较低，经济和网络枢纽等有一定优势与基础（表 5）。

表 5 长春东北亚区域性中心城市指标评价

中心城市目标	指标	东北亚区域中心城市参考值（S）	长春现状发展值（R）	建设进展（F）	权重（W）	中心性评价值（Q）
东北亚经济繁荣之城	全球 500 强企业（个）	10	1	10%	0.039	0.601
	第三产业占 GDP 比重（%）	60	43.6	72.7%	0.089	
	城市化率（%）	88	58.6	66.6%	0.031	
	GDP 总量（亿元）	10 000	5 530	55.3%	0.027	
	GDP 增速（%）	7	7.5	达标	0.052	
	高端生产性服务业公司（个）	10	5	50%	0.101	
东北亚网络枢纽中心	航空旅客吞吐量（万人次）	4 000	949	23.7%	0.039	0.698
	航空货邮吞吐量（万吨）	30	8.6	28.7%	0.017	
	国际航线数量（条）	40	19	47.5%	0.022	
	交通运输从业人员占比（%）	5	4.1	达标	0.101	
东北亚文化创新之都	百万人口专利授权数量（件）	400	160	53.3%	0.028	0.677
	R&D 经费投入占比（%）	3	1.8	60%	0.037	
	普通高等学校在校生数量（万人）	50	57.6	达标	0.082	
	全球 Top500 名高校（所）	3	1	33.3%	0.041	
	受高等教育人口占比（%）	30	16.3	54.3%	0.041	
东北亚国际开放高地	实际利用外资总额（亿美元）	80	50.05	62.6%	0.013	0.421
	国际友好城市数量（个）	30	18	60%	0.023	
	国际游客数量（万人）	400	43	10.8%	0.021	
	外贸进出口总额（亿美元）	300	140	46.7%	0.011	
	国际学生占比（%）	5	2	40%	0.012	
	国际组织与机构（个）	10	4	40%	0.027	

续表

中心城市目标	指标	东北亚区域中心城市参考值（S）	长春现状发展值（R）	建设进展（F）	权重（W）	中心性评价值（Q）
东北亚幸福宜居家园	人均住房面积（m^2）	36	30.1	83.6%	0.023	0.745
	生活垃圾无害化处理率（%）	100	100	达标	0.026	
	人均公园绿地面积（m^2/人）	17	12	70.6%	0.017	
	千人医生数量（人）	6～8	8	达标	0.019	
	文艺活动场次（次）	300	45	15%	0.021	

4 长春在东北亚的地区性中心城市地位

明确建设东北亚区域性中心城市的发展定位，对于长春市新一轮振兴发展具有深远意义。因此，本文除去从纵向比较长春各个中心的发展现状之外，还将长春与东北亚各国的典型城市进行横向对比，对东北亚各地区主要城市的中心性进行排名，明确长春在东北亚的地位，为长春建设东北亚中心城市提供依据。此外，东京、首尔等均为全球城市，其首位度明显高于其他东北亚城市，因此，本文将我国北京、上海、重庆等城市纳入比较范围，虽然这几座城市不在东北亚地域范围内，但是与之进行对比，能更加客观地反映长春在国内外的排名。

数据来源为各个国家城市的统计年鉴、EPS 数据库、世界 500 强数据库、Worldpop 数据库。

4.1 经济繁荣中心及其排名

东北亚地区经济中心城市前三位为东京、上海与北京。东京作为典型的世界城市，其经济规模与高端生产性服务业始终在全球前列（表 6），在东北亚地区具有明显优势。上海作为中国的金融中心，其经济发展水平较为突出。

长春的经济发展处于东北亚地区的中等水平。虽然其经济增速领跑东北亚，500 强企业在东北地区也有比较优势，但是相比于日本、韩国的地区首府城市，其经济总量等方面依然有一定劣势。

4.2 网络枢纽中心及其排名

网络枢纽中心城市前三位是东京、上海与北京。东京在全球城市网络中处于 Alpha+，东京航空客运吞吐量位列全球前三，是最早跨入上亿吞吐量的城市。上海由于其港口货邮吞吐量始终位居全球前十位，其航空客运吞吐量达到了 1 亿人次。北京航空客运吞吐量达到了 9 000 万人次，位居全球第二，航空服务能力在东北亚各国居首位。此外，韩国的仁川、俄罗斯远东的海参崴、日本的沿海城市福冈等在网络枢纽地位中排名也较高（表 7）。

表 6 东北亚经济中心排名

排名	城市	国家	排名	城市	国家
1	东京	日本	16	天津	中国
2	上海	中国	17	仁川	韩国
3	北京	中国	18	京畿道	韩国
4	首尔	韩国	19	重庆	中国
5	大阪	日本	20	青岛	中国
6	名古屋	日本	21	成都	中国
7	广州	中国	22	沈阳	中国
8	京都	日本	23	哈尔滨	中国
9	横滨	日本	24	长春	中国
10	福冈	日本	25	大连	中国
11	千叶	日本	26	乌兰巴托	蒙古
12	广岛	日本	27	新西伯利亚	俄罗斯
13	琦玉	日本	28	哈巴罗夫斯克	俄罗斯
14	釜山	韩国	29	海参崴	俄罗斯
15	大邱	韩国	30	平壤	朝鲜

表 7 东北亚网络枢纽中心排名

排名	城市	国家	排名	城市	国家
1	东京	日本	16	名古屋	日本
2	上海	中国	17	哈尔滨	中国
3	北京	中国	18	青岛	中国
4	广州	中国	19	哈巴罗夫斯克	俄罗斯
5	仁川	韩国	20	沈阳	中国
6	首尔	韩国	21	大连	中国
7	成都	中国	22	琦玉	日本
8	釜山	韩国	23	千叶	日本
9	横滨	日本	24	长春	中国
10	海参崴	俄罗斯	25	平壤	朝鲜
11	福冈	日本	26	广岛	日本
12	重庆	中国	27	大邱	韩国
13	天津	中国	28	新西伯利亚	俄罗斯
14	大阪	日本	29	京都	日本
15	乌兰巴托	蒙古	30	京畿道	韩国

总体而言，长春的网络枢纽中心排名在东北亚地区不具备优势，是未来发展的发力点之一。

4.3 文化创新中心及其排名

依托世界级著名高校等创新资源，东京的文化创新在东北亚地区位列首位，韩国首尔位列第三位。俄罗斯远东地区与蒙古国、朝鲜的文化创新能力相对不足，在东北亚垫底。此外，日本的名古屋、京都等也依托名古屋大学、京都大学等世界级名校带动了城市的文化创新氛围（表 8）。

长春文化创新在东北亚地区位于中等地位，但是在东北地区优势明显，位居首位。

表 8 东北亚文化创新中心排名

排名	城市	国家	排名	城市	国家
1	东京	日本	16	成都	中国
2	北京	中国	17	釜山	韩国
3	首尔	韩国	18	京畿道	韩国
4	上海	中国	19	长春	中国
5	横滨	日本	20	沈阳	中国
6	名古屋	日本	21	大邱	韩国
7	大阪	日本	22	哈尔滨	中国
8	广州	中国	23	重庆	中国
9	京都	日本	24	大连	中国
10	广岛	日本	25	仁川	韩国
11	天津	中国	26	乌兰巴托	蒙古
12	琦玉	日本	27	哈巴罗夫斯克	俄罗斯
13	福冈	日本	28	新西伯利亚	俄罗斯
14	千叶	日本	29	海参崴	俄罗斯
15	青岛	中国	30	平壤	朝鲜

4.4 国际开放中心及其排名

国际开放中心城市前五位分别为东京、北京、上海、首尔和广州。其中，北京最新的城市定位为国际交往中心，其国际吸引力在中、日、韩三国中仅次于东京。东北地区的大连由于是沿海开放城市，其外资投资、外贸进出口额均在东北地区占有一定优势（表 9）。长春在国际留学生人数上有一定优势，但是在国际组织数量和国际游客吸引量上均没有竞争力，因此，长春国际开放中心的建设是未来城市发展的发力点。

表 9 东北亚国际开放中心排名

排名	城市	国家	排名	城市	国家
1	东京	日本	16	琦玉	日本
2	北京	中国	17	沈阳	中国
3	上海	中国	18	千叶	日本
4	首尔	韩国	19	成都	中国
5	广州	中国	20	长春	中国
6	大阪	日本	21	广岛	日本
7	釜山	韩国	22	大邱	韩国
8	天津	中国	23	横滨	日本
9	仁川	韩国	24	哈尔滨	中国
10	名古屋	日本	25	海参崴	俄罗斯
11	青岛	中国	26	京畿道	韩国
12	福冈	日本	27	哈巴罗夫斯克	俄罗斯
13	京都	日本	28	新西伯利亚	俄罗斯
14	大连	中国	29	乌兰巴托	蒙古
15	重庆	中国	30	平壤	朝鲜

4.5 幸福宜居中心及其排名

东北亚幸福宜居中心城市前三位为大邱、仁川和名古屋，中国的成都、青岛和天津等城市排名进入前十。虽然蒙古国的乌兰巴托和朝鲜平壤的经济科技发展相对滞后，但是充足的居住面积与完善的公共服务设施使得城市整体的宜居度较高（表 10）。

大连在东北地区排名最高，长春位居第二，在总排名中位于第 17 位，除去北京、成都等非东北亚地域的城市，其生活宜居水平在东北亚具有一定的优势。

习近平总书记在《之江新语》一书中指出："乐民之乐者 民亦乐其乐。"长春市已建成公园 69 座，建成区绿化覆盖率达到 41.5%，市民出门 500 米见绿的目标基本实现。近日，长春市还通过了《长春市绿色宜居森林城之生态绿地系统规划（2013～2030）》。在幸福道路上加速前行的长春，正努力向绿色宜居森林城迈进，让绿色和宜居成为这座幸福城市的又一张名片。

此外，中科院发布了一份《中国宜居城市研究报告》显示，长春在 40 个潜力城市中排名第 19 位，位列东北地区第二位（表 11）。

表 10 东北亚幸福宜居中心排名

排名	城市	国家	排名	城市	国家
1	大邱	韩国	16	首尔	韩国
2	仁川	韩国	17	长春	中国
3	名古屋	日本	18	海参崴	俄罗斯
4	釜山	韩国	19	广岛	日本
5	成都	中国	20	京畿道	韩国
6	青岛	中国	21	广州	中国
7	天津	中国	22	沈阳	中国
8	乌兰巴托	蒙古	23	琦玉	日本
9	重庆	中国	24	京都	日本
10	东京	日本	25	哈尔滨	中国
11	上海	中国	26	大阪	日本
12	福冈	日本	27	千叶	日本
13	大连	中国	28	横滨	日本
14	平壤	朝鲜	29	哈巴罗夫斯克	俄罗斯
15	北京	中国	30	新西伯利亚	俄罗斯

表 11 《中国宜居城市研究报告》40 个潜力城市

城市	排名	城市	排名
青岛	1	天津	21
昆明	2	合肥	22
三亚	3	沈阳	23
大连	4	南京	24
威海	5	宁波	25
苏州	6	西安	26
珠海	7	武汉	27
厦门	8	贵阳	28
深圳	9	石家庄	29
重庆	10	西宁	30
杭州	11	郑州	31
上海	12	南宁	32
长沙	13	呼和浩特	33
济南	14	拉萨	34
福州	15	银川	35

续表

城市	排名	城市	排名
成都	16	南昌	36
海口	17	太原	37
兰州	18	哈尔滨	38
长春	19	广州	39
乌鲁木齐	20	北京	40

5 结论

对于长春而言，在经济繁荣中心、文化创新中心和幸福宜居方面已经具备了建设东北亚中心性城市的基础，而国际开放与网络枢纽中心的建设方面仍需要着力打造，尤其是长春的航空客运与货邮吞吐量、国际游客等指标的提升需要重点建设。长春建设东北亚中心城市在经济中心、文化创新中心和宜居中心等领域有一定基础，在不久的将来，有实力建设成为东北亚区域性中心城市。

注释

① 参加本次研究工作的主要成员包括翟炜、顾朝林、杨少清、张博、邓永旺、宋云婷、王丹丹。

县域镇村体系规划编制技术导则（草案）

邵　磊　张晓明　顾朝林　贾海发　傅　强

Guidelines for Town and Village System Planning of County (Draft)

SHAO Lei[1], ZHANG Xiaoming[2], GU Chaolin[1], JIA Haifa[1], FU Qiang[3]
(1. School of Architecture, Tsinghua University, Beijing 100084, China; 2. China Center for Urban Development of National Development and Reform Commission, Beijing 100045, China; 3. College of Civil Engineering and Architecture, Shandong University of Science and Technology, Qingdao 266590, China)

1　总则

1.0.1　为促进县域城乡和经济社会协调发展，规范县域镇村体系规划编制工作，提高县域规划的科学性和严肃性，根据国家有关法律法规，制定本规划编制技术导则。

1.0.2　本导则适用于县、县级市和旗以及具有县级行政级别的林区、特区和矿区。设区城市的外围市辖区，也可以参照本导则编制行政辖区镇村体系规划。

1.0.3　本导则所称的县域镇村体系规划，定位于县域空间开发、生态保护和城乡建设的基础性、总控性规划。县城关镇总体规划、其他镇总体规划、乡规划、村规划以及县域乡村建设规划的编制，应以县域镇村体系规划为依据。

1.0.4　县域镇村体系规划的规划区范围覆盖县级行政辖区的全部地域。

1.0.5　县域镇村体系规划的规划期限一般为20年，且宜与相关上位规划期限相一致。

1.0.6　编制县域镇村体系规划，应贯彻创新、协调、绿色、开放、共享的新发展理念，落实主体功能定位，统筹城镇、农业、生态三类空间发展与布局，协调开发与保护，推进“多规合一”。

1.0.7　编制县域镇村体系规划，应与县域的国民经济和社会发展、国土空间开发与保护相衔接，通过县情调查发现县域发展的优势和机遇、面临的问题和挑战，以村镇建设为抓手，描绘县域空间发展和美丽村镇建设的蓝图。

作者简介
邵磊、顾朝林、贾海发，清华大学建筑学院；
张晓明（通讯作者），国家发展和改革委员会城市和小城镇改革发展中心；
傅强，山东科技大学土木工程与建筑学院。

1.0.8 编制县域镇村体系规划，应以经批准的省域城镇体系规划，直辖市、地级市城市总体规划为依据，并符合国家和省现行的有关方针政策、法律法规和技术标准、规范的规定。

2 术语

2.0.1 县（county）：经国务院批准设置的县级行政区。

2.0.2 县级市（county-level city）：经国务院批准设市的县级行政区，一般由地级行政区代管。

2.0.3 旗（banner）：内蒙古自治区特有的县级行政区。

2.0.4 市辖区（city-governed district）：特别行政区、直辖市、地级市下设的行政区。

2.0.5 县域（administrative region of county）：县级人民政府行政管辖地域。

2.0.6 县城区（seat of government of county）：县级人民政府驻地的建成区和规划建设发展区。

2.0.7 县域镇村体系（town and village system of county）：县级人民政府管辖地域内，经济、社会和空间发展有机联系的镇（乡）和村庄群体。

2.0.8 中心镇（key town）：县域镇村体系规划中，在经济、社会和空间发展中所发挥的辐射带动作用超出自身行政辖区的镇。

2.0.9 一般镇（town）：县域镇村体系规划中，中心镇以外的镇。

2.0.10 中心村（key village）：县域镇村体系规划中，设有兼为周围村服务的公共设施的村。

2.0.11 基层村（basic-level village）：县域镇村体系规划中，中心村以外的村。

2.0.12 城镇空间（urban development space）：以城镇建设和发展城镇经济为主体功能的国土空间，包括城镇建设空间和工矿建设空间。

2.0.13 农业空间（agricultural space）：以农产品生产和农村居民生活为主体功能的国土空间。

2.0.14 生态空间（ecological space）：具有自然属性，以提供生态服务或生态产品为主体功能的国土空间。

2.0.15 基本生态控制线（basic ecological line）：为维护生态框架完整，确保生态安全，依照一定程序划定的生态保护范围界线。

2.0.16 永久现代农村边界线（permanent modern countryside boundary）：永久保留农村地域景观风貌及永久从事现代化农业生产地区的界线。

2.0.17 城镇开发边界线（urban development boundary）：城镇建设可以扩张的界线，包括现有建成区和未来城镇建设拓展空间。

2.0.18 禁建区（construction restricted area）：对生态、安全、资源环境、城市功能等对人类有重大影响的地区，一旦破坏很难恢复或造成重大损失，原则上禁止任何城镇开发建设行为。

2.0.19 限建区（construction limited area）：生态重点保护地区、根据生态、安全、资源环境等需要控制的地区，城市建设用地需要尽量避让，如果因特殊情况需要占用，应做出相应的生态评价，提出补偿措施。

2.0.20　生活圈（life circle）：某一特定地理、社会聚落范围内的居民日常生产、生活活动所涉及的圈域。

3　规划目标

3.0.1　县域镇村体系规划编制应以基本实现社会主义现代化为总目标，落实乡村振兴战略和新型城镇化战略，注重从县域经济高质量增长、社会发展和谐幸福、乡村建设美丽现代、基础设施适度超前、社会设施便民便利、生态环境自然优美等方面提出规划目标。

3.0.2　县域镇村体系规划编制应围绕规划目标确定相关指标体系，由县域总体发展、镇村体系建设和生态环境保育三个部分、六大类、41 个指标组成（表 3.0.2）。东部和中部地区县域镇村体系规划编制以达到该指标体系为下限。

表 3.0.2　县域镇村体系规划指标体系

	类别	序号	指标名称	单位	目标值[1]
县域总体发展	经济发展	1	GDP	元	视具体情况而定
		2	人均 GDP	元	≥25 000
		3	研发经费支出占 GDP 比例	%	≥2.5
		4	第三产业增加值占 GDP 比例	%	≥50
		5	地方财政收入	亿元	视具体情况而定
		6	非农从业人员比例	%	≥90
	社会发展	7	户籍人口城镇化水平	%	≥35
		8	常住人口城镇化率	%	≥50
		9	基尼系数	#	≤0.4
		10	城乡居民收入比	以农为 1	≤2.80
		11	城镇登记失业率	%	≤6
		12	平均受教育年限	年	≥10.5
		13	城乡居民基本养老保险覆盖率	%	≥90
		14	城乡居民基本医疗保险	%	≥90
		15	基本社会保险覆盖率	%	≥90
		16	每千人医生数	人	≥2.8

续表

	类别	序号	指标名称		单位	目标值[1]
县域总体发展	生活质量	17	城镇居民人均可支配收入		元	≥18 000
		18	农村居民人均可支配收入		元	≥8 000
		19	恩格尔系数		%	≤40
		20	人均住房使用面积		m^2	≥27
		21	居民文教娱乐服务支出占家庭消费支出比例		%	≥16
		22	平均预期寿命		岁	≥75
镇村体系建设	空间开发	23	城镇、农业、生态三类空间比例		%	视具体情况而定
		24	开发强度		%	落实上级分解指标
			其中	城镇空间	%	
				农业空间	%	
				生态空间	%	
		25	三线占国土空间比例		%	视具体情况而定
			其中	城镇开发边界线	%	
				永久现代农村边界线	%	
				基本生态控制线	%	
		26	城镇建设用地规模		km^2	视具体情况而定
		27	农村居民点建设用地规模		m^2	视具体情况而定
		28	耕地保有量指数		%	≥100
	基础设施	29	农村自来水普及率		%	≥80
		30	城市生活污水处理率		%	≥95
		31	城乡生活垃圾无害化处理率		%	≥85
		32	燃气普及率		%	≥92
	基础设施	33	中心村公交到达率		%	100
		34	固定宽带家庭普及率		%	≥70
		35	移动宽带家庭普及率		%	≥85
		36	公路网密度		$km/100km^2$	≥70
生态环境保育		37	森林蓄积量		hm^2	视具体情况而定
		38	单位 GDP 能耗		吨标准煤/万元	≤0.84
		39	重点工业企业废水排放达标率		%	100
		40	城市绿化覆盖率		%	≥40
		41	空气质量优良率		%	≥95

4 空间分类与划分

4.1 空间类型

4.1.1 树立新发展理念，按照主体功能区规划，在全面摸清并分析县域国土空间本底条件的基础上，划定城镇、农业、生态空间，以及基本生态控制线、永久现代农村边界线、城镇开发边界线，作为县域空间开发强度管控和主要控制线落地依据。

4.2 三条控制线划定

按照国家统一规定，使用有关主管部门制定的技术规范划定三条控制线。

4.2.1 基本生态控制线。以促进县域经济社会发展为目标，积极推进多规融合和“多规合一”，结合生态敏感与重要性的评价，落实空间管制规划，明确划定水源涵养区、生态保护红线区、生态环境敏感区，强化自然维育和生态保护，保护农村生态安全格局。其中：①水源涵养区，县域规划的重要内容，以保持和提高水源涵养、径流补给和调节能力，同时保护生物多样性，保持水土，维护水自然净化能力为原则划定。②生态保护红线，是指在生态空间范围内具有特殊重要生态功能、必须强制性严格保护的区域，是保障和维护国家生态安全的底线。③生态环境敏感区，指对区域总体生态环境起决定性作用的大型生态要素和生态实体，其主要特征是对区域具有生态保护意义，一旦受到任何破坏将很难有效恢复，也可以是规划用来阻隔城市无序蔓延、防止城市人居环境恶化的非城市化地区。在县域镇村体系规划中，将生态环境敏感区划分为以下两类：一是自然生态环境敏感区，包括地形坡度、高程不适合开发建设的山地地区、沼泽、河流湖泊地区、沿海湿地地区以及森林资源密集分布地区等；二是灾害敏感区，包括地下水漏斗区、采矿沉陷区等。

4.2.2 永久现代农村边界线。包括：①永久基本农田，即县域土地利用总体规划中，按照一定时期人口和社会经济发展对农产品的需求，依法确定的不得占用、不得开发、需要永久性保护的耕地。永久基本农田及其边界线划定时应统筹考虑耕地质量、产出效率和集中连片程度。②永久农村地区，一是经济部门以农牧副渔等第一产业为主，以基本农田保护区为基础的农村地域；二是历史文化名村或传统村落。永久农村地区划定以自然村为基本单位。

4.2.3 城镇开发边界线。按照资源环境承载能力状况和开发强度控制要求，兼顾城镇布局和功能优化的弹性需要，划定城镇开发边界。城镇开发边界由两类区组成：①刚性增长边界控制线。城镇最大可能的规划建设用地范围，也是城市建设用地不得逾越的生态底线，具有永久性，不得任意改动。根据用地评价结果，结合建设用地规模边界、重点发展区域和重点建设项目选址，划定明确的各城镇最大的规划建设用地范围。②弹性增长边界控制线。城市弹性增长边界是表示未来一定时期内的城市建设用地可能扩展范围，具有时效性，会随城市发展的需要进行调整，但其空间范围应限于刚性增长边界控制线范围内。

4.3 三类空间划定

根据有关主管部门制定的技术规范，开展县域全覆盖的资源环境承载能力评价和国土空间开发适宜性评价，根据评价结果，结合三条控制线成果划定。

4.3.1 生态空间。一般的，将划定的基本生态控制线区域划入生态空间。天然草原、退耕还林还草区、天然林保护区、生态湿地等，原则上应划定为生态空间。对于评价结果为生态功能重要性高或生态环境脆弱性高的区域，应按照生态优先原则，划定为生态空间。

4.3.2 农业空间。将划定的永久现代农村边界线区域，划入农业空间。对于评价结果为城镇建设适宜度和农业生产适宜度都高，且生态功能重要性、生态环境脆弱性不高的区域，若为农产品主产区，则一般考虑保障粮食安全，优先划定为农业空间。

4.3.3 城镇空间。将划定的城镇开发边界范围内区域，划入城镇空间。对于评价结果为城镇建设适宜度和农业生产适宜度都高，且生态功能重要性、生态环境脆弱性不高的区域，若为优化开发区或重点开发区，则一般考虑集中布局城镇建设，划定为城镇空间。

5 空间开发利用

5.1 空间开发与管理

5.1.1 以三类空间和三条控制线为依据，实行全县域空间开发和治理。

5.1.2 生态空间治理。①基本生态控制线区治理：基本生态控制线划定后，严禁不符合功能定位的各类开发活动，严禁任意改变用途；因重大基础设施、重大民生保障项目建设等需要调整的，由省政府组织论证，提出调整方案，按程序报批；因国家重大战略资源勘查需要，在不影响主体功能定位的前提下，经依法批准后予以安排勘查项目。②一般生态区治理：水源地确保水质不降低，水量不减少；水源涵养区保证生态调节功能的森林、湿地，确保面积不减少。维护生物多样性，任何开发建设活动不得破坏珍稀野生动植物的重要栖息地，不得阻碍野生动物的迁徙通道。禁止毁林开垦耕地，禁止围湖造田和侵占江河滩地。禁止城镇建设，禁止新增农村居民点，严格控制现有村庄数量和规模，鼓励人口外迁。严格控制采矿建设和独立工业建设，允许适度建设生态旅游服务设施，但必须符合开发强度及相关控制要求。

5.1.3 农业空间治理。①永久基本农田区治理：永久基本农田一经划定，任何单位和个人不得擅自占用或改变用途。一般建设项目不得占用永久基本农田，重大建设项目选址确实难以避让永久基本农田的，在可行性研究阶段，必须对占用的必要性、合理性和补划方案的可行性进行严格论证，并通过国务院主管部门用地预审；农用地转用和土地征收依法依规报国务院批准。②一般农业区治理：加强土地整理，提高耕地质量。优化村庄布局，适度集中、集聚建设，实行农村居民点建设规模总量和强度双控。禁止城镇建设，禁止产业集中连片建设，禁止采矿建设。允许进行必要的区域性基础设施建设、生态环境保护建设、旅游开发建设及特殊用途建设，但必须严格控制开发强度和影响范围。

5.1.4　城镇空间治理。①城镇开发建设区（即城镇开发边界内的区域）治理：优化城镇功能布局，优先满足基本公共服务设施用地需求，预留区域性基础设施通道并严格规划控制。提高土地利用效率，注重从增量土地开发向存量土地利用转变。注重城市历史文化保护与传承，禁止破坏性开发建设，对具有历史文化价值的街区必须予以保留、保护。②城镇开发建设预留区治理：大部分土地在规划期内土地利用类型不改变，按原土地用途使用。在不突破规划期城镇建设用地总规模的前提下，当城镇开发建设布局需要调整时，可按程序在城镇开发建设区和城镇开发建设预留区之间进行调整置换，规划期内调整幅度原则上不得大于规划城镇建设用地总规模的 15%。

5.2　禁建区和限建区划定

5.2.1　在三类空间和三条控制线划定的基础上，考虑地质、水系、绿地、环境、文物等因素进一步划定禁建区和限建区。

5.2.2　永久禁止建设区。根据有关法律、法规，协调城乡规划、土地利用总体规划、林业发展规划、环境功能区划等相关规划，结合城市实际情况，将各级自然保护区的核心区及缓冲区、各级风景名胜区、各级森林公园、各级地质遗迹保护区、各级地质公园、各级文物保护单位的保护范围、坡度大于 25%的山地及林地、重点生态公益林（包括重点防护林、重点特殊用途林）、永久基本农田、一级水源保护区、主干河流、湖泊、水库、滩涂、沼泽地、主要河湖的蓄滞洪区、地质灾害危险区、煤矿采空区等区域划定基本生态控制线，作为永久禁止建设区。

5.2.3　限建区。结合用地适宜性评价划定严格限建区和一般限建区。

5.2.4　县域禁建区和限建区的划定参照表 5.2.4。

表 5.2.4　县域禁建区和限建区划定

序号	要素大类	具体要素	空间管制分区	
			禁建区	限建区
1	工程地质条件	工程地质条件较差地区	#	●
2	地震风险	活动断裂带	#	●
3	水土流失防治	25° 以上陡坡地区	#	●
		泥石流危害沟谷	#	危害严重、较严重
		水土流失重点治理区	#	●
		山前生态保护区	#	●
4	地质灾害	泥石流、砂土液化等危险区	#	●
		地面沉降危害区	#	危害较大区、危害中等区
		地裂缝危害区	所在地	两侧 500m 范围内
		崩塌、滑坡、塌陷等危险区	●	#

续表

序号	要素大类	具体要素	空间管制分区	
			禁建区	限建区
5	地质遗迹与矿产保护	地质遗迹保护区、地质公园	#	●
		矿产资源保护	#	●
6	河湖湿地	河湖水体、水滨保护地带	#	●
		水利工程保护范围	#	●
7	水源保护	地表水源保护区	一级保护区	二级保护区、三级保护区
		地下水源保护区	核心区	防护区、补给区
8	地下水超采	地下水严重超采区	#	严重超采区
9	洪涝调蓄	超标洪水分洪口门	●	#
		超标洪水高风险区	#	●
		蓄滞洪区	●	#
10	绿化保护	自然保护区	核心区、缓冲区	实验区
		风景名胜区	特级保护区	一级保护区、二级保护区
		森林公园、名胜古迹区林地、纪念林地、绿色通道	#	●
		生态公益林地	重点生态公益林	一般生态公益林
		种质资源地、古树群及古树名木生长地	●	#
11	污染物集中处置设施防护	固体废弃物处理设施、垃圾填埋场防护区、危险废物处理设施防护区	#	●
		集中污水处理厂防护区	#	●
12	民用电磁辐射设施防护	变电站防护区	110kV 以上变电站	#
		广播电视发射设施保护区	保护区	控制发展区
		移动通信基站防护区、微波通道电磁辐射防护区	#	●
13	市政基础设施防护	高压走廊防护区	110kV 以上输电线路的防护区	#
		石油天然气管道设施安全防护区	安全防护一级区	安全防护二级区
14	噪声污染防护	高速公路环境噪声防护区		两侧各 100m 范围
		铁路环境噪声防护区	#	两侧各 350m 范围
		机场噪声防护区	#	沿跑道方向距跑道两端各 1~3km，垂直于跑道方向距离跑道两侧边缘各 0.5~1km 范围
15	文物保护	国家级、市级文物保护	文保单位	建设控制地带
		区县级文物保护单位、历史文化保护区	#	●
		地下文物埋藏区	#	●

注：●表示该项应列为禁建区或限建区；#表示空缺；文字说明表示该项相应内容应列为禁建区或限建区。

5.3 城乡用地分类

5.3.1 为推进“多规合一”，有效衔接土地利用规划、城乡规划等现有用地分类，县域城乡用地分类按土地使用的主要性质划分为建设用地、农业用地和生态用地三大类，共12中类、26小类。

5.3.2 县域城乡用地类别应采用字母与数字结合的代号，各地类名称、代号和涵盖范围见表5.3.2。

表5.3.2 县域城乡用地分类

类别代码			类别名称	范围
大类	中类	小类		
H			建设用地	包括城乡居民点建设用地、区域交通设施用地、区域公用设施用地、特殊用地、采矿用地等
	H1		城乡居民点建设用地	县、镇、乡、村庄以及独立的建设用地
		H11	县城区建设用地	县城区内的居住用地、公共管理与公共服务用地、商业服务业设施用地、工业用地、物流仓储用地、交通设施用地、公用设施用地、绿地
		H12	镇建设用地	非县人民政府所在地镇的建设用地
		H13	乡建设用地	乡人民政府驻地的建设用地
		H14	村庄建设用地	农村居民点的建设用地
		H15	独立建设用地	独立于县城区、乡镇区、村庄以外的建设用地，包括居住、工业、物流仓储、商业服务业设施，以及风景名胜区、森林公园等的管理和服务设施用地
	H2		县域交通设施用地	铁路、公路、港口、机场和管道运输等区域交通运输及其附属设施用地，不包括中心城区的铁路客货运站、公路长途客货运站以及港口客运码头
		H21	铁路用地	铁路编组站、线路等用地
		H22	公路用地	高速公路、国道、省道、县道和乡道用地及附属设施用地
		H23	港口用地	海港和河港的陆域部分，包括码头作业区、辅助生产区等用地
		H24	机场用地	民用及军民合用的机场用地，包括飞行区、航站区等用地
		H25	管道运输用地	运输煤炭、石油和天然气等地面管道运输用地
	H3		县域公用设施用地	为区域服务的公用设施用地，包括区域性能源设施、水工设施、通信设施、殡葬设施、环卫设施、排水设施等用地
	H4		特殊用地	特殊性质的用地
		H41	军事用地	专门用于军事目的的设施用地，不包括部队家属生活区和军民共用设施等用地
		H42	安保用地	监狱、拘留所、劳改场所和安全保卫设施等用地，不包括公安局用地
	H5		独立工矿用地	采矿、采石、采沙、盐田、砖瓦窑等地面生产用地及尾矿堆放地

续表

类别代码			类别名称	范围
大类	中类	小类		
E			农业用地	主要承担农产品生产功能的用地
	E1		种植用地	用于各种农业种植的用地
		E11	基本农田	指按照一定时期人口和社会经济发展对农产品的需求，依法确定的不得占用的耕地
		E12	一般耕地	除基本农田之外的耕地
		E13	人工草地	人工种植牧草的区域，不包括绿化草地、退耕还草草地
		E14	其他种植用地	用于种植的其他农用地
	E2		养殖水面	专门用于水产养殖的坑塘水面及相应附属设施用地
	E3		农业配套用地	包括设施农用地、农田水利用地、坑塘水面及田坎
		E31	设施农用地	直接用于畜禽养殖、作物栽培、水产养殖、设施农业，以及晾晒场、粮食果品烘干、粮食和农资临时存放、大型农机具临时存放等农业生产活动所必需的配套设施用地
		E32	农田水利用地	人工修建用于引、排、灌的渠道及其相应附属设施用地
		E33	坑塘水面	主要用于农业生产、蓄水量<10 万 m^3 坑塘常水位岸线所围成的水面，不含养殖水面
		E34	田坎	耕地中主要用于拦蓄水和护坡，南方宽度≥1.0m、北方宽度≥2.0m 的地坎
Z			生态用地	主要承担生态服务和生态系统维护等功能的用地
	Z1		湿地	指常年或者季节性积水地带和水域
		Z11	自然湿地	包括沼泽湿地、湖泊湿地、河流湿地、滨海湿地等自然湿地
		Z12	人工湿地	包括重点保护野生动物栖息地或者重点保护野生植物的原生地等人工湿地
	Z2		林地	指成片的天然林、次生林和人工林覆盖的土地
		Z21	生态公益林	以保护和改善人类生存环境、维持生态平衡、保存物种资源、科学实验、森林旅游、国土保安等需要为主要经营目的的森林、林木、林地，包括水源涵养林、水土保持林、防风固沙林、农田牧场防护林、护岸林、护路林等各类防护林以及国防林、实验林、母树林、环境保护林、风景林、名胜古迹和革命纪念林、自然保护区林等特种用途林
		Z22	一般林地	公益林地之外的其他林地
	Z3		天然草原	包括纳入基本草原保护管理的基本草原和一般草原
		Z31	基本草原	依据国家基本草原保护制度，纳入基本草原保护管理的各类草地
		Z32	一般草原	纳入基本草原之外的其他草原
	Z4		其他生态用地	其他生态用地，包括冰川及永久积雪、盐碱地、沙漠、裸地、戈壁、苔原等

5.4 产业空间布局

5.4.1 经济与产业发展。县域经济与产业发展应按照主体功能定位，准确分析把握未来发展环境和趋势，充分发挥市场配置资源的决定性作用，体现区域比较优势和本地发展实际，提出清晰合理的经济与产业发展总体思路。

5.4.2 产业布局。依据国土空间开发保护战略格局，结合三类空间和三条控制线管控要求，明确产业园区、产业走廊（组团）、产业片区等的空间布局。

5.4.3 在县域产业布局基础上，明确产城融合发展建设指引。①产业新城建设。提出对接发达地区或中心城市，从产业配套、产业分流、产业分工、产业特色、产业转移等方面加强产业互动的发展策略。按照以产促城、以城带产、产城融合的原则，明确促进产业跨越式发展和城镇环境质量提升的产业新城建设指引。②特色小镇建设。基于地域特色、生态特色、文化特色等特色环境因素，提出强化特色产业发展的策略，并以打造具有明确产业定位、文化内涵、旅游特征和一定社区功能的产城乡一体化综合体为目标，明确开发建设指引。③田园综合体建设。选择有基础、有优势、有特色、有规模、有潜力的乡村和产业，按照农田田园化、产业融合化、城乡一体化的发展思路，提出以农民合作社为主要载体，以自然村落、特色片区为开发单元的田园综合体建设方案，并明确集循环农业、创意农业、农事体验于一体的农业综合开发策略。

6 镇村体系规划

6.1 县域生活圈组织

6.1.1 根据县域居民获取公共服务设施所适宜付出的时间和通勤成本，把整个县域划分为由基本村生活圈、日常生活圈构成的二级生活圈层系统。

6.1.2 县域生活圈的确定应结合镇村布局、地形条件、居民生活习惯情况等，按照服务需求特征和常用交通方式确定。①基本生活圈的划分以县域内镇区居民点为中心，以城乡村村通的公共汽车车程最大 30 分钟的地域范围为一个基本生活圈。②日常生活圈以县城为中心，将全县域作为一个日常生活圈，居民出行时间大致为城乡公共汽车 20～60 分钟。

6.2 镇村居民点体系

6.2.1 以资源环境承载能力、县域总体发展定位为基础，预测县域总人口规模和城镇化水平，以及规划期城镇人口。

6.2.2 县域村镇居民点体系由县城—县域副中心镇、重点镇、特色镇—一般镇、乡驻地和特色小镇—中心村—基层村五级组成（表 6.2.2）。

6.2.3 村镇等级确定原则：①以人为本、科学规划的原则，结合当地历史文化传统和风俗习惯，充分尊重农民意愿；②布局合理、规模适中的原则，一般在镇域范围内合理确定中心村，服务半径 3km 左右，有相应的集中条件，村庄有一定规模；③基础优先、辐射带动的原则，综合考虑现有乡镇、村庄的经济社会发展情况，确定经济实力较强、基础设施、公共服务设施较为完备的乡镇和村庄为中心镇和中心村；④分区分类指导、逐步实施的原则，根据地理位置、地形地貌等不同类型村庄的实际情况，确定不同层次、适合本地实际情况的标准，对各种类型村庄实行分类指导，注重实效。

表 6.2.2　县域城镇类型

等级	城镇类型	概念	规划编制指导思想
一级	县城	县域政治中心所在地	县域政治、经济、文化、教育、医疗、交通、物流中心
二级	县域副中心镇	在县域经济社会发展中承担片区中心的建制镇	规划建设成为县域经济、文化、教育、医疗、交通、物流、农技的地方中心，市政设施和社会设施配置达到县城标准，配套建设重点中学（高中）、地段医院
	重点镇	在县域内被国家部委、省市人民政府确定重点发展的建制镇	突出城镇优势提升城镇综合实力和竞争力，在镇域规划建设产业园和生态农业区，集聚人口、集聚产业，市政设施和社会服务设施达到或超过县城配置水平
	特色镇	指具备一种以上发展优势特色的建制镇	注重挖掘提炼镇域特色要素，划定特色空间，保护特色资源，集中发展特色产业
	卫星镇	位于城市周边、区位和交通优势明显的建制镇	依托母城的基础设施与公共服务设施发展，充分利用母城的资本、技术与市场等要素辐射，加快发展，逐步形成为自立性城镇
三级	一般镇	一般建制镇	合理引导集中、集聚、集约的经济产业发展，构建镇域生活圈，将市政基础设施与公共服务设施向镇域地区延伸覆盖
	乡驻地	乡政府所在地	

6.3　重点镇的确定

6.3.1　重点镇选择标准：①区位条件好，交通便利；②镇区人口规模较大，从事非农产业的人口所占比例明显高于本地平均水平，或者镇区人口持续稳步增长；③经济实力较强，国内生产总值、财政收入、人均收入、非农产业比例等主要经济指标均高于本地平均水平，或在产业、资源、旅游和历史文化方面有一定优势和特色；④非农产业特色鲜明，产业规模稳步增长，吸纳农村劳动力能力强，对周围地区有辐射能力，能带动周边地区经济和社会发展；⑤基础设施和公共服务设施水平比较完善。

6.3.2　按表 6.3.2 的评价体系，对各镇的自然因素、经济因素、社会因素、基础设施因素进行定量与定性分析。

表 6.3.2　重点镇综合评价体系

<table>
<tr><th>一级指标</th><th colspan="2">二级指标</th><th>评价依据</th></tr>
<tr><td rowspan="10">自然因素</td><td colspan="2">水资源</td><td>河流、人均水资源</td></tr>
<tr><td colspan="2">土地资源</td><td></td></tr>
<tr><td rowspan="3">其中</td><td>耕地</td><td>面积、人均面积</td></tr>
<tr><td>基本农田</td><td>面积、人均面积</td></tr>
<tr><td>土地储备</td><td>可供开发建设用地</td></tr>
<tr><td colspan="2">矿产资源</td><td>矿产种类、开采储量</td></tr>
<tr><td colspan="2">旅游资源</td><td>自然保护区、文物古迹等级</td></tr>
<tr><td colspan="2">森林植被</td><td>覆盖率</td></tr>
<tr><td colspan="2">区位条件</td><td>与周边市镇关系及区位交通</td></tr>
<tr><td rowspan="4">经济因素</td><td colspan="2">GDP</td><td>总量、人均 GDP、近年经济增长率</td></tr>
<tr><td colspan="2">农业生产</td><td>农牧副业发展、特色农业、名优产品</td></tr>
<tr><td colspan="2">乡镇企业</td><td>总量、数量、产值、名优产品</td></tr>
<tr><td colspan="2">人均收入</td><td>历年人均收入增长率、在县内排名</td></tr>
<tr><td rowspan="6">社会因素</td><td colspan="2">劳动力资源</td><td>人数、文化程度</td></tr>
<tr><td colspan="2">非农人口</td><td>从事非农生产、外出务工人数</td></tr>
<tr><td colspan="2">教育水平</td><td>幼、小、中学数量，入学率</td></tr>
<tr><td colspan="2">社会保障体系</td><td>完善程度</td></tr>
<tr><td colspan="2">公共服务体系</td><td>完善程度</td></tr>
<tr><td colspan="2">医疗卫生</td><td>医疗设施、千人医务人员数量</td></tr>
<tr><td rowspan="9">基础设施因素</td><td colspan="2">交通条件</td><td></td></tr>
<tr><td rowspan="2">其中</td><td>对外交通</td><td>铁路、公路、港口可达性</td></tr>
<tr><td>对内交通</td><td>道路系统、人均道路面积、公交设施</td></tr>
<tr><td colspan="2">供电设施</td><td>供电量、人均数</td></tr>
<tr><td colspan="2">供水设施</td><td>供水量、自来水普及率</td></tr>
<tr><td colspan="2">排水设施</td><td>污水处理量、污水处理率</td></tr>
<tr><td colspan="2">电信设施</td><td>容量</td></tr>
<tr><td colspan="2">供暖设施</td><td>供暖量、方式、供暖普及率</td></tr>
<tr><td colspan="2">防洪抗灾设施</td><td>重现期、完善程度</td></tr>
</table>

6.4 中心村的确定

6.4.1 根据县域经济、产业发展趋势和水平，确定中心村数量和空间分布。

6.4.2 按下述条件，通过定性和定量分析选择中心村。①区位条件好。交通便捷，具备良好的用地、供水、环境等自然条件。②辐射范围广。在经济流向、交通联系、社会联系、历史沿承、服务范围上具有一定的联系，体现较强的辐射力。③经济支撑强。产业基础较好，现有经济实力较强或发展潜力较大，有利于特色农业产业经济发展。④人口规模大。选择现状行政村人口在全县现状行政村平均人口规模之上的行政村。⑤设施配套全。基础设施配套较完善，公共服务设施较齐全。⑥位于基本农田保护区、地域文化特色明显的村庄。

6.5 特色镇（村）和永久农村确定

6.5.1 根据自然资源和历史文化基础，选择具有特色产业、历史文化遗存和传统风貌的镇和村庄实施保育规划。

6.5.2 为了确保粮食安全、生态安全和乡村文化延续，选择农业高产地区、特色农业地区划定为永久农村地区，实施基本农田建设和美丽乡村建设。

6.6 镇村建设指引

6.6.1 城镇建设指引。围绕优化建设布局、增强城镇综合承载能力和应急管理水平、传承历史文脉等方面，分别提出县城、中心镇、特色镇、一般镇及乡驻地发展建设指引。

6.6.2 乡村发展建设指引。针对三类空间和三条控制线的不同特点，根据不同农业生产组织方式特点和自然生态管控要求，分类明确乡村布局、整治、建设的原则和要求，以及乡村基础设施建设和公共服务设施建设标准，乡村人居环境改善要求和措施，村庄建设特色风貌引导和控制要求等。①城镇开发边界线、基本生态控制线、永久基本农田范围内，原则上禁止新增农村居民点用地，区内所有农村居民点应有序引导搬迁，实施生态移民，由政府统筹安排，集中安置。②位于城镇空间的农村居民点，应围绕增强服务城市、带动农村、承接转移人口等方面的要求，研究提出提高规划建设管理水平、集约高效利用土地资源、高效发展城郊观光农业、促进社区化发展等方面的思路和举措。③位于农业空间的农村居民点，应围绕服务农业发展、方便农民生活、适应农村人口转移集聚和村庄变化趋势，研究提出农业生产资料配置、提升自然村落功能和集聚效应、推进山水林田路综合整治、保持乡村自然风貌、农村居民点整理和空心村改造等方面的思路与举措。④位于生态空间的农村居民点，要围绕强化生态功能定位、提高生态产品供给能力的要求，研究提出控制村庄建设规模、发展适宜生态经济、有序引导人口外迁、推进生态保护建设等方面的思路和举措。

6.6.3 乡村发展和保护指引。按照发展中心村、保护特色村、整治空心村的原则，分类提出科学引导农村居民点建设、保护和传承乡村地域文化特色等方面的举措。按照积极发展、适度发展和控制发展三种发展方式指导建设。①积极发展型。积极引导中心村发展建设，对确定为中心村、通过若干村庄组合形成中心村的村庄或新建较大规模村庄，完善基础设施和公共设施配套，并引导周边小型的规划撤并村农民向中心村集中。②适度发展型。对部分确定为一般村（基层村）的村庄，引导其在自身基础上适度发展，可保留其现有较好基础的居民点，不接受邻近村庄并入，不扩大规模，主要进行旧村改造和环境整治。③控制发展型。主要是发展条件差、规模小、空心空置、受地质灾害威胁等自然村，严格控制新建房屋，不进行设施环境整治改造，逐步引导其人口迁出，撤并入中心村。

6.6.4 镇村建设用地标准。由各省、自治区、直辖市根据山区、丘陵、平原等所处的不同地区制定不同的人均建设用地标准。

7 支撑体系建设

7.0.1 注重交通设施、水利设施、通信设施、供电系统、供热系统、防灾减灾系统等各项设施统筹安排、共建共享和有效管理。

7.1 综合交通体系规划

7.1.1 建立以高速公路和铁路为主骨架，以公路、铁路等枢纽为节点，干线公路、铁路为发展带，点、线和面有机结合，连接顺畅、换乘便捷的现代化综合交通网络，营造与县域定位相适应的对外交通运输体系。

7.1.2 依托铁路、高速公路和干线公路，形成以中心城区为交通运输中心，以重点镇为交通节点，一般乡镇为客货运网点的三级枢纽节点层次。其中，交通运输中心指同时具有对外和城区内客流集散换乘两大功能的综合性枢纽；交通节点指以集散和换乘对外客流为主的客运枢纽；客货运网点主要服务于乡镇内部客流的集散换乘。地区性运输枢纽的建设，应当统筹考虑建设用地需求，确保交通与城镇协调发展。合理安排各级客运站、货运站、客货一体化站，加强各种交通方式之间的“无缝衔接”。

7.1.3 推进城乡公交化。在各乡镇设置中转换乘站，在途经各中心村或乘客集中点设置停靠站、候车站。一、二级公路和中间有双实线或隔离带的公路都必须建港湾式停靠站；中心村或乘客集中点，应根据客流需要设置港湾式停靠站；在城乡公交线路沿途合理设置简易停靠点，为城乡公交车提供临时停靠点。将慢行交通作为区内联系的辅助出行方式和公共交通的补充，优先在地理条件合适的城区或旅游区发展自行车旅行服务，为自行车出行提供设施和管理保障。

7.1.4 交通设施空间布局应符合三类空间和三条控制线管控要求。①在生态空间内，交通设施布局原则上须避让生态保护红线区，可在一般生态区布局，道路线型和断面应单独设计，尽可能减少对生态环境的破坏；强调道路的通行功能，严格限制周边用地开口。②在农业空间内，交通设施布局原则上须避让永久基本农田区，可在一般农业区布局，强调通行功能，限制周边用地开口。③在城镇空间内，交通设施布局应与用地布局、其他设施布局协调，确定交通线路规划控制范围，并符合城市规划的相关技术要求。

7.2 水务设施规划

7.2.1 城乡供水规划。统一确定全县生活用水量、水质标准、水源及卫生防护、水质净化和给水设施以及管网布置模式。①建立多水源供水体系。水源的选择应符合下列规定：水量应充足，水质应符合使用要求；应便于水源卫生防护；生活饮用水、取水、净水、输配水设施应做到安全、经济和具备施工条件；选择地下水作为给水水源时，不得超量开采；选择地表水作为给水水源时，其枯水期的保证率不得低于90%；水资源匮乏的镇应设置天然降水的收集贮存设施。②给水模式。建立合理高效的水资源配置和供水安全保障体系，中心城区和有条件的乡镇由中心城区水厂统一供水，偏远乡镇采用“成片供水+单独供水”，保障生活用水安全。

7.2.2 城镇排水规划。中心城区及条件允许的镇排水体制采用雨污分流制，排水管道布局与城市路网建设相协调。加快镇村地区的污水系统建设，逐步向集中式污水处理系统过渡。

7.2.3 城乡和农田水利设施规划。①根据地形条件确定各灌区灌排渠系的布置形式，一般可分为山区丘陵型灌区（分干渠沿等高线布置和垂直等高线布置两种形式）、平原型灌区（包括山麓平原型灌区、冲积平原型灌区、低洼平原或平原坡地型灌区等）、圩垸型灌区（分为一圩一站或一圩多站），各有不同的灌排渠系布置形式。②干渠规划需考虑到使灌区绝大部分能自流灌溉、工程安全稳定、工程量小，占地少、便于施工和管理等要求，做到“居高临下、合理穿绕、灌排分开、长藤结瓜、少占耕地、方便群众”。③农田水利设施规划原则如表7.2.3所示。

7.2.4 防洪排涝规划。①防洪规划与当地江河流域、农田水利、水土保持、绿化造林等的规划相结合，统一整治河道修建堤坝、圩垸和蓄、滞洪区等工程防洪措施。②根据洪灾类型（河洪、海潮、山洪和泥石流）选用相应的防洪标准及防洪措施，实行工程防洪措施与非工程防洪措施相结合，组成完整的防洪体系。③按现行国家标准《防洪标准》（GB50201）的有关规定执行；县域内各镇区防洪规划除应执行本标准外，还应符合现行行业标准《城市防洪工程设计规范》（CJJ50）的有关规定。④邻近大型或重要工矿企业、交通运输设施、动力设施、通信设施、文物古迹和旅游设施等防护对象的镇，当不能分别进行设防时，应按就高不就低的原则确定设防标准及设置防洪设施。⑤修建围埝、安全台、避水台等就地避洪安全设施时，其位置应避开分洪口、主流顶冲和深水区，其安全超高值应符合表7.2.4的规定。

表 7.2.3　农田水利设施规划指引

农田水利设施	规划原则
灌溉干、支渠	（1）干、支渠应布置在灌区的较高位置，尽可能地扩大自流灌溉控制的面积。可以沿灌区上部边界与等高线成较小的角度布置，也可以布置在灌区内部的分水岭上。 （2）干、支渠要比较顺、直，尽量使渠线最短，但是遇到难工、险工，和不利的地理、地质条件时，也要合理绕线，以达到既保证安全行水，又使基建投资和管理运行费最省。 （3）干、支渠的布置要有利于能将当地的小型塘库连接起来，以便统一调配水源。 （4）干、支渠布置除了以地形条件为主外，还应考虑行政区划和土地边界，尽可能使一个用水单位在一条渠道上用水。 （5）除灌溉以外，要考虑干、支渠的综合利用，如在山丘区要考虑集中落差，进行水力发电；在平原及圩区要考虑通航的要求。 （6）干、支渠布置要考虑排水系统的布置，一般不能破坏当地的天然排水水系，尽量减少干、支渠与天然河、沟相交。万不得已需要交叉时，要用建筑物通过，切不可盲目切断天然排水水系
排水干、支沟	（1）排水干、支沟的布置应位于其所控制排水面积的最低处，应尽量利用原有的天然河沟，进行必要的截弯取直，扩宽加深，加固堤岸等措施。 （2）灌区排水要与灌区的防洪统一考虑，在有坡面径流流入灌区的上部边缘，应布置截流沟，就近排入河道或纳入排水干沟。 （3）在有地下水浸入的地带，应布置地下水截流沟，将拦截的地下水就近排入河道或纳入干、支沟。在水稻区与旱作区交界处亦应布置截流沟，防止抬高旱作区的地下水位。 （4）应当采用分片自流排水的方法，高水高排，能直接排入近旁河沟的排水支沟，就不必纳入干沟。 （5）排水系统的承泄区如为河流，应选河水位低于干沟出口水位，河岸稳固平直的河段，尽量做到自流排水

表 7.2.4　就地避洪安全设施标准

安全设施	安置人口（人）	安全超高（m）
围埝	地位重要、防护面大、人口≥10 000 的密集区	＞2.0
	≥10 000	2.0～1.5
	1 000～＜10 000	1.5～1.0
	＜1 000	1.0
安全台、避水台	≥1 000	1.5～1.0
	＜1 000	1.0～0.5

7.3 信息设施规划

7.3.1 电信规划。结合当地的经济社会发展需求，确定固定电话、移动电话用户普及率（部/百人）。电信局（所）分为电信中心局、电信支局、电信所和电信服务点四个等级。电信局（所）的选址宜设在环境安全和交通方便的地段。通信线路规划宜采用埋地管道敷设：①应避开易受洪水淹没、河岸塌陷、土坡塌方以及有严重污染的地区；②应便于架设、巡察和检修；③宜设在电力线走向的道路另一侧。

7.3.2 广播电视网。广播、电视线路应与电信线路统筹规划。

7.3.3 三网融合。按照统一规划、统一建设、统一管理的原则，推动三网融合。合理布局互联网发展的基础空间，推进电信网、有线电视网、互联网等信息网络的互联互通、资源共享。同时支持三网融合技术在应急管理、执法管理、教育科研、医疗卫生、交通运输、人力资源、社会保障和环境监测等领域的应用，推广应用地理信息公共服务平台，促进政务工作与地理信息技术有机结合，逐步实现行政服务高效化、便捷化。

7.3.4 邮政系统规划。邮政局（所）的选址应利于邮件运输、方便用户使用。

7.4 能源设施规划

7.4.1 科学预测规划期末县域最大电力负荷。供电负荷的计算应包括生产和公共设施用电、居民生活用电。用电负荷可采用现状年人均综合用电指标乘以增长率进行预测。

7.4.2 根据上位规划和省电网规划，确定重要电源节点。电网规划应符合下列规定：①县域电网电压等级宜定为220kV、110kV、66kV、35kV、10kV和380V/220V，采用其中3～4级和三个变压层次；②科学布局变电站，变电所的选址应做到线路进出方便和接近负荷中心；③利用公路、水系和绿带规划建设供电走廊。

7.4.3 推进城乡能源供应系统的变革。城镇地区以管道燃气或管道天然气为主要气源；乡村地区以液化石油气为主要气源，条件成熟时推动农村地区的电气化。

7.5 公共服务设施建设

7.5.1 县域公共服务设施建设应坚持“以人为本”理念，构建不同层次生活圈，对基本公共服务设施实施分级建设，满足城乡居民多层次、多方面的发展需求，促进公民享有基本公共服务的权利平等、机会均等、效果均等，提高公共服务资源的空间配置效率。

7.5.2 根据人口、城镇化发展趋势和空间战略格局，提出各层级基本公共服务统筹衔接和优质公共服务资源共建共享的布局指引，以及公共教育、医疗卫生、社会保障、文化体育等各类公共服务设施的布局方案。

7.5.3 在各个生活圈层配置与之对应的公共服务设施项目，教育、文体、医疗卫生、社会福利等各项设施的具体配置参照表 7.5.3。

表 7.5.3 基于县域生活圈的公共设施配置

设施分类	序号	设施项目	基本生活圈	日常生活圈
教育设施	1	高中	◎	●
	2	初中	●	●
	3	小学	●	●
	4	幼儿园	●	●
文化体育设施	5	图书馆（室）	●	●
	6	文化中心（站）	●	●
	7	运动场	●	●
医疗卫生设施	8	县级医院	○	●
	9	卫生院	●	●
	10	妇幼保健站	◎	●
	11	社区（村）卫生所	●	●
社会福利设施	12	社会福利院	●	●
	13	社区服务中心	●	●

注：●表示该项目必须设置，◎表示该项目根据实际门槛人口决定是否设置，○表示该项目不必设置。

8 生态环境保育

8.1 建构生态安全格局

8.1.1 以维持生态系统服务功能为根本要求，结合生态功能重要性和生态系统脆弱性分析，以水源涵养、水土保持、防风固沙、生物多样性维护等各类自然保护地为基础，通过构筑生态廊道，使县域范围的生态空间与城镇空间、农业空间中的点状、片状生态斑块有机结合、相互联通。①生态廊道。设计连通性与传输性强的生态廊道体系，制定生态廊道的维护和修复措施，包括限制开发的行为、生态保护与建设的要求等。②生态斑块。建立生态斑块清单，明确各斑块的空间分布、生态要素状况、主要问题，明确生态斑块的限制开发要求，制定保护与修复措施。③自然保护地。对于国家公园、自然保护区、水源保护区、森林公园、湿地公园、地质公园、海洋保护区等各自然保护地，系统建立以国家公园为主体的自然保护地体系，明确保护层级、空间布局与分阶段保护建设目标，提高管护能力。

8.1.2 区分生态功能区的主要生态功能，明确区域范围、生态要素状况、突出生态问题等，制定包括环境准入负面清单、人口与资源开发的约束性要求、生态保护与治理要求等措施，研究提出有针对性的生态保护修复思路和举措。①水源涵养类型区。提出维护或重建湿地、森林、草原等生态系统，严格保护自然植被，加强植树造林，实施退耕还林、退牧还草工程等方面的思路和举措。②水土保持类型区。提出加强流域综合治理、控制水土流失、防止植被退化等方面的思路和举措。③防风固沙类型区。提出转变畜牧业生产方式、保护沙区湿地、实行封禁管理等方面的思路和举措。④生物多样性维护类型区。提出保持并恢复野生动植物物种和种群的平衡、防御外来物种入侵、保护自然生态系统与重要物种栖息地等方面的思路和举措。

8.2 保护农村生态环境

8.2.1 促进农业生产方式转型。农村产业发展应改变以高投入为主要特征的传统粗放型农业生产方式，通过加大农业生产科技投入，逐步建立完善的农技推广体系，以循环经济理念为指导，调整优化产业结构，积极发展现代农业、特色农业、绿色农业和生态农业。尤其应注重积极搭建生态产业链，合理构建富有当地特色的产业链，将生产过程向农业价值链的两端延伸，结合物质再循环、生物共生、现代农业技术建设综合的农业生产体系。

8.2.2 加快农业现代化进程。①在农业生产过程中，在减少化肥和农药使用的同时，应积极推广生态治理技术，为农村污染综合整治提供多种低影响治理方式。在治理农作物害虫危害方面应从单纯靠农业治理向生物技术手段转变，提倡生物防除、物理防除；水环境污染治理可采用好氧生物治理技术、人工湿地等综合生态系统。②推进农业科学技术创新和应用，如测图配方施肥技术、可降解薄膜技术、生态物质循环技术等，合理组织农业生产。③结合农村自然条件和地理区位，划分出各种农业部门的适宜区和适种地区，集中进行农业生产、环境治理和管理工作，形成商品性生产为主的农业生产基地，并配套基础设施建设。例如，鼓励集中饲养家禽家畜，做到人畜分离，建设畜牧养殖业生产基地。集中型饲养场地的选址应满足卫生和防疫要求，宜布置在村庄（居民点）常年盛行风向的下风向以及通风、排水条件良好的地段，并应与村庄（居民点）保持防护距离，配置合理规模的垃圾；分散家庭饲养场所应结合生产辅助用房布置，并与住宅生活居住部分适当隔离，满足卫生防疫要求。渔业生产基地应结合航运和水系保护要求，合理选择用于养殖的水体，合理确定养殖的水面规模，配套基本的水环境防治设施。

8.2.3 搭建农村环境污染治理体系。根据地方发展实际需要，搭建农村环境污染治理体系。引导制定相关环境污染治理方面的管理制度、污染治理激励制度、治理协作制度等制度条例，通过法律、行政、经济手段加速农村地区环境治理进程。

8.3 环境污染治理

8.3.1 强化农村环境治理。建立河长制度，明确治理主体及其责任，加大治理河湖水系水环境污染治理力度；开展土壤污染摸底调查，划出农田土壤污染、周边水体富营养化、地下水源和农产品污染治理区，进行集中治理；对种植大棚、地膜覆盖普遍应用地区，开展农村白色污染集中治理；集中污水处理，防治农田灌溉污染。

8.3.2 乡镇企业污染治理。根据乡镇工业企业与畜牧养殖业快速发展的需要，针对乡镇工业数量多、布局散、设备简陋、技术落后，对资源能源消耗过高等问题，推动产业进园区，集中治理污染排放物。

8.3.3 生活垃圾污染治理。建立农村生活垃圾分类制度，废止农村生活垃圾露天堆放场地和填埋场地，推动农村生活垃圾资源化和回收利用。

8.4 生态修复工程

8.4.1 在林场保护与建设、湿地保护与恢复、生物多样性保护体系建设、水土流失治理、山洪灾害易发区和废弃矿山的生态恢复等方面提出系统的生态修复工程与措施。

8.4.2 城镇开发边界内还应制定绿带、绿心等生态空间营造措施，并提出促进开发建设活动绿色化、低碳化的生态保护指引。

9 成果要求

9.0.1 县域镇村体系规划成果应包括文本、图纸和附件。附件包括规划说明书、专题研究报告和基础资料汇编等。

9.0.2 县域镇村体系规划应包括以下图纸：

①区位图；

②县域重要资源和设施分布图；

③县域三类空间和三条控制线划定图；

④县域禁限建区划定图；

⑤县域土地利用规划图；

⑥县域第二、第三产业布局图；

⑦县域生活圈组织示意图；

⑧县域镇村居民点体系规划图；

⑨县域综合交通体系规划图；

⑩县域水务规划图；

⑪县域信息和能源系统规划图；

⑫县域基本公共服务设施规划图；

⑬县域生态环境保护规划图；

⑭县域环境污染治理和生态修复工程图。

10 规划管理与实施

10.0.1 县域镇村体系规划由县级人民政府统一组织编制、实施。县各部门、各单位和各乡镇共同维护其严肃性与权威性，严格执行强制性内容，切实保障本规划对全县经济增长、社会发展和城乡建设的指导与调控作用。

10.0.2 强化县域镇村体系规划与经济社会发展规划、土地利用规划、城镇建设总体规划等的协调和联动机制，对其他各类规划进行“一张图”统一管理。

10.0.3 严格执行规划确定的县域三类空间和三条控制线管控原则，特别对生态保护红线、永久基本农田和城镇开发边界实施统一刚性控制，凡在县域范围内的土地利用和各项建设活动，均应符合县域镇村体系规划有关要求。

10.0.4 建立健全县域镇村体系规划监督检查制度；发挥各级人民代表大会、政协、各基层社区组织，以及社会团体、公众在城市规划实施全过程中的监督作用；建立重大问题的政策研究机制和专家论证制度，将公众参与引入规划编制、管理的各个阶段增强县域镇村体系规划透明度和公信力。

10.0.5 对县域镇村体系规划实施情况进行动态评估，定期对县域镇村体系规划各项内容的执行情况进行全面总结，原则上每两年进行一次评估。

致谢

本导则是国家科技支撑计划课题“县、镇（乡）及村域规划编制关键技术研究与示范”的成果（课题编号：2014BAL04B01）之一，在2017年10月26日召开的“县、镇（乡）及村域规划编制关键技术研究与示范课题”研究成果评议咨询会上，得到国家发展改革委员会城市和小城镇改革发展中心主任徐林、住房和城乡建设部科技与产业化中心主任俞滨洋、国土资源部规划司处长苗泽、环境保护部规划与财务司处长贾金虎、中国城镇规划设计研究院院长方明、中国城市规划设计研究院教授级高工蔡立力、中国建筑设计研究院所长熊燕的指导和帮助，特此鸣谢！

注释

① 目标值参考了国家全面建成小康社会的目标值及部分县（市）的县域镇村体系规划中确定的目标值。

附录 A
（资料性附录）

县域总人口预测方法和适用范围

方法	公式或原理	适用条件
环境容量法	根据环境条件来确定县域允许发展的最大规模	适用于发展受自然条件限制比较大的地区
综合增长率法	$P=P_0(1+r+r')^n$ 其中：P 为规划期末的预测人；P_0 为起始年份的现状人口规模；r 为自然增长率；r'为机械增长率；n 为规划年限	适用于难以确定基本人口规模或生产性劳动人口规模的城市，需要有历年人口规模自然增长和机械增长方面的调查资料
Logistic 预测法	考虑到人口规模总数增长的有限性，提出了人口规模总数增长的规律，随着人口规模总数增长，人口规模增长率逐渐下降。数学模型为 $P=M/(1+e^{a+bt})$。其中：P 为人口规模或者城镇化水平；M 为人口增长极限值；a 和 b 均为参数；e 为自然对数的底；t 为年数（或距起始数据年份）	人口规模发展速度处于下降阶段，适合流动人口规模预测
年均增长法	$\Delta P=(P_n-P_1)/(n-1)$；$P_N=P_0+N\cdot\Delta P$ 其中：P_1、P_n 为历史资料中的第 1、第 n 年的人口数；n 为历史资料的数据个数；ΔP 为年均增加人数；P_0、P_N 为规划基期年、规划期年的总人口数；N 为规划年限	适合于人口增长相对稳定的县
线性回归法	$y=aX+b$ $y=a\ln X+b$ $y=ae^{bx}$	各种线性回归模型对各地人口规律适用性不尽相同，往往同时使用几种方法后选取拟合度较高的方法
就业增长弹性系数法	$P=P_t/C$；$P_t=P_0\cdot(1+\Delta GDP)^t\lambda$；$\lambda=\Delta P/\Delta GDP$ 其中：P 为预测年份的常住人口；P_t 为预测年份的就业人口；P_0 为预测基年的就业人口；C 为就业人口占常住人口的比例；λ 为就业增长弹性系数；ΔP 为就业人口年增长率；ΔGDP 为地区生产总值年增长率；t 为预测年限	市场化较高的地区。依据经济增长速度和就业弹性系数的发展趋势，通过估计就业人口规模及其在常住人口中的比例，从而间接预测满足经济增长所需的人口规模

附录 B
（资料性附录）

中心城区人口预测方法和适用范围

方法	公式或原理	适用条件
综合增长率法	$P=P_0(1+r+r')^n$ 其中：P 为规划期末的预测人数；P_0 为起始年份的现状人口规模；r 为自然增长率；r'为机械增长率；n 为规划年限	适用于难以确定基本人口规模或生产性劳动人口规模的城市，需要有历年来城市人口规模自然增长和机械增长方面的调查资料
职工带眷系数法	人口规模=带眷职工人数×（1+带眷系数）+单身职工	更多地应用于新建工矿城镇的人口规模或大型园区植入带来的人口规模的部分估算
线性回归法	$y=aX+b$	各种线性回归模型对各地人口规模适用性不尽相同，往往同时使用几种方法后选取拟合度较高的方法
	$y=a\ln X+b$	
	$y=ae^{bx}$	
剩余劳动力转移法+全域分配法	$P_t=P_0(1+K)^n+Z_t\cdot(1+a)[f\cdot P_1(1+k)^n-s/b]$ 其中：P_t 为 t 年城镇总人口预测值；P_0 为基期城镇总人口数；K 为镇区人口年自然增长率；Z_t 为农村剩余劳动力进镇比例；a 为带眷系数，取 0.4；f 为农业劳动力占周围农村总人口比例（一般为 45%～50%）；P_1 为城镇周围农村现状人口总数；k 为城镇周围农村自然增长率；s 为城镇周围农村耕地面积；b 为每个劳动力额定担负耕地数量（一般为 1.4～1.7hm^2）；n 为预测年限	根据现状县中心城区人口占县城城镇总人口的比例和对县城人口发展趋势的判断，预测目标年份县中心城区人口占县城城镇总人口的比例，远而推算出目标年份县中心城区的人口。适用于城镇化水平较低，有大量剩余劳动力转移的城镇，适用于县城和乡镇驻地的规模预测

中国城市社会阶层空间分异及变化：基于职业地位视角

于涛方

Spatial Differentiation and Variation of Social Stratification in Chinese Cities: From the Perspective of Occupational Status

YU Taofang
(School of Architecture, Tsinghua University, Beijing 100084, China)

Abstract Market economy, globalization, urbanization, variation of the ways of production and organization, social stratification, and differentiation of social spaces are gradually becoming the focus in academic filed. Based on the data from the 5th and 6th Population Census in 2000 and 2010, this article analyzes the social stratification of county-level cities in China is from the perspective of occupational status. It focuses on the important carrier of urbanization, megacity regions, and analyzes the structure and variation of its social stratification spaces. The research has several conclusions. Firstly, the social stratification of China's urban area has obvious spatial and regional characteristics, and corresponds with cities' economic scale, politic status, and functional specialization. Secondly, the stratification of megacity districts as well as non-megacity districts is getting more obvious. Thirdly, megacity regions of different locations, different development phases, and different functions vary to a large extent. Eastern China and developed megacity regions are transferring into a stage driven by upper class.

Keywords social stratification spatial pattern; megacity regions; employment class; social stratification typologies

作者简介
于涛方，清华大学建筑学院。

摘　要　市场经济、全球化、城镇化以及生产和组织方式的变化，使得城市社会分层和社会空间分异日益成为学术界与社会关注的焦点问题。本文以第五次人口普查和第六次人口普查的“职业从业人员”统计数据为基础，对中国城市地区进行社会阶层分异、社会阶层分化类型和变化的空间视角研究；并聚焦于当前城镇化的重要载体——巨型城市区尺度，对其进行社会阶层空间格局和变化研究。研究发现：第一，中国城市地区的社会阶层分化具有显著的空间地域性特征，并且与城市经济规模和政治等级性、功能专门化等有一定的关联；第二，巨型城市区和非巨型城市区的阶层分化日益拉大；第三，巨型城市区之间在不同地带、不同发展阶段、不同功能驱动类型等方面也存在显著的差异性。总体来看，东部地区、发达的巨型城市区呈现进一步向社会上层主导发展演化的趋势。

关键词　社会阶层空间分异；巨型城市区；职业地位；社会阶层类型划分

社会阶层/分层（social stratification）是以一定的标准区分出来的社会集团及其成员在社会体系中的地位层次结构、社会等级秩序现象，体现着社会不平等。在目前西方社会学研究中，社会分层与阶级、阶层经常混同使用，以分层研究取代阶级、阶层分析。而当前中国社会学研究中，社会分层概念与阶级、阶层概念并用。社会分层的意义较为宽泛，并涵盖阶级、阶层。一种具有一定代表性的意见认为，分层内容具体包括阶级、阶层、层界（格尔哈斯·伦斯基，1988）。从社会学理论出发，分层本质上讲的是社会资源在各群体中是如何分布的，因此，资源的类型和占有水平也就常常成为划分阶层、社会地位的标准。相比较而言，可以用来分层的资源中，以下资源最为重要，即生产资料资源（马克思、米尔斯、布雷弗曼、赖特等人的主张）、财产或收入资源、市场资源（韦伯等人）（以上三种属于经济资源）、职业或就业资源（涂尔干、丹尼·贝尔、戈德索普等人）、政治权力资源（韦伯、达伦多夫、普兰查斯等人的主张）、文化资源（凡勃仑、布迪厄、迪马季奥等人的主张）、社会关系资源（雅各布斯、布迪厄等人）、主观声望资源（沃纳、伦特、米克、伊尔斯、帕森斯）、公民权利资源（马歇尔等人）以及人力资源（舒尔茨、贝克）。

其中职业是社会学家常用的分类标准，因为职业本身包含了权力、财富、声望等内容，具有丰富的内涵。不同职业所具有的社会声望、教育程度、经济收入和财富以及生活方式、价值观念往往有很大的差别（陈婴婴，1995）。这种划分方法得到了广泛的实践运用和验证。

改革开放30年来，中国社会结构发生了重大变迁。迄今为止，中国社会仍然处在分化、解组、整合、流动比较剧烈的时期。研究证明，社会分化和社会分层已经成为激化社会矛盾的重要背景，几乎所有社会冲突都与分层问题有关，社会分层是今日中国关乎社会安全、和谐、稳定的研究领域。在此背景下，转型时期的中国城市地区也经历着巨大的社会变化，推动着社会群体的重新分化和空间分异。也正是基于此，诸多国内外社会学学者从不同的理论角度出发，选取现实生活中的经验资料，对转型期中国城市社会分异和分层[①]现象加以论述（Zhou，2004；Bian，1994；Yeh et al.，1995；顾朝林、克斯特洛德，1997；冯健、周一星，2003；李志刚等，2007；周春山等，2016；塔娜、柴彦威，2017）。从国家视角，越来越多的学者开始关注整体层面的城市社会经济空间格局变迁以及人文地理区划（方创琳等，2017；刘涛等，2015）。同时，一些学者，尤其是社会学领域的学者，借助职业分层等人口普查数据、抽样调查数据，对中国进行整体的理论和实证研究，强调城市分层的根源和新阶层的兴起等问题（李强，2008；李强、王昊，2014；孙立平，2004；陆学艺，2002）。也有一些部门在更大的尺度做了统计分析，如朱长存和孔令金（2013）对河北省人口普查数据做了比较研究[②]。在城市地区层面，研究主要集中在北京、广州（魏立华等，2007；周春山等，2016）等特大城市，强调社会分层的空间格局和空间变迁。

2000年以来，随着市场化和城市化的进行，要素流动在国家范围内不断加速。同时，政治和经济改革也在不同方面影响着中国整体的社会经济发展。相应的，城市之间在不断形成分化，城市分层日益复杂和系统化。为此，有必要在全国层面展开城市社会阶层的空间类型学分析以及社会阶层分化的空间趋向研究，目前城市空间视角方面的成果还很少见，尤其在县级单元的整体社会分层的研究基本上为空白。

1 本文研究内容、数据来源、研究方法和空间界定

1.1 研究内容、数据来源和研究方法

基于“职业地位”视角，本文内容包括如下两大部分：第一，基于职业结构视角的中国城市地区

（县级单元）整体社会空间分异分析、社会阶层类型和相关因素分析，以及2000～2010年的变化和机制分析；第二，基于职业结构视角的巨型城市区社会阶层分异分析，以及2000年以来中国巨型城市区社会阶层分异的变迁研究。

本文数据主要来自2000年、2010年第五次人口普查和第六次人口普查数据。人口普查长表中有"职业大类"指标，包括："国家机关、党群组织、企事业单位负责人""专业技术人员""办事人员和有关人员""商业、服务人员""生产、运输设备操作人员及有关人员""不便分类的其他从业人员""农、林、牧、渔、水利生产人员"。

本文借用经济学中的区位熵（location quotient）对不同社会层级的空间分异进行分析。区位熵可用以衡量某一社会阶层从业者在某一特定城市分布的相对集中程度，进而判别该城市对某一社会阶层的吸引力，其数学表达式如下：

$$LQ_i = \left(O_i \Big/ \sum_{i=1}^{n} O_i \right) \Big/ \left(P_i \Big/ \sum_{i=1}^{n} P_i \right)$$

其中，LQ_i是城市i内某一社会阶层聚集的区位熵，O_i为i城市某一阶层人数，P_i为全国所有阶层从业人员总数，n为城市总数。若某城市某一阶层的LQ_i为1，则表示该城市i阶层的聚集程度与全国相同；若LQ_i大于1，则表示该阶层从业者在该城市相对集中，LQ_i值越大，则集中程度越高，该城市对这一阶层从业者的相对吸引力越大。

1.2 研究范围和构成

本文关于全国城市地区的研究以县级城市为基本研究单元，其采用的行政划分主要以2000年标准为基础。但2000～2010年，由于行政区划变革，根据变化情况进行研究单元的相应合并或者拆分，总体上，其研究单元包括2 321个县级单位（包括县、县级市、旗以及地级城市的市辖区等）。在巨型城市区的研究部分，本文所涉及的巨型城市区主要包括如下几大类和层级（图 1）：成熟型巨型城市区、准巨型城市区、雏形巨型城市区和潜在巨型城市区。其中成熟型巨型城市区有3个，分别是以北京为中心的京津走廊、以上海为中心的长江下游地区（或长三角地区）、以广州和深圳等为中心的粤港澳地区（珠三角地区）；准巨型城市区有5个，分别是成德绵地区、大重庆地区、辽中地区、闽东南地区和大武汉地区；雏形巨型城市区有7个，分别是关中地区、大济南地区、大郑州地区（或郑汴洛走廊）、石家庄—太原走廊、温州—台州走廊、大青岛地区、长株潭地区；潜在巨型城市区有 11个，分别是兰州—西宁走廊、徐州—济宁走廊、黔中地区、大乌鲁木齐地区、呼和浩特—包头走廊、北部湾地区、大哈尔滨地区、大长春地区、滇中地区、大合肥地区和大大连地区。各类巨型城市区合计有26个，从各类巨型城市区经济等指标来看，三大巨型城市区土地面积占全国的比重为1.5%，然而承担的人口却高达13.7%，非农就业比重占25.9%，人力资本比例超过30%。整体上，巨型城市区已经成为中国经济和城镇化发展的重要载体，成为中国要素集聚的重要目的地。根据上述的界定结果，各类巨型城市区总计占全国面积的 4.0%，然而在各方面都贡献巨大。

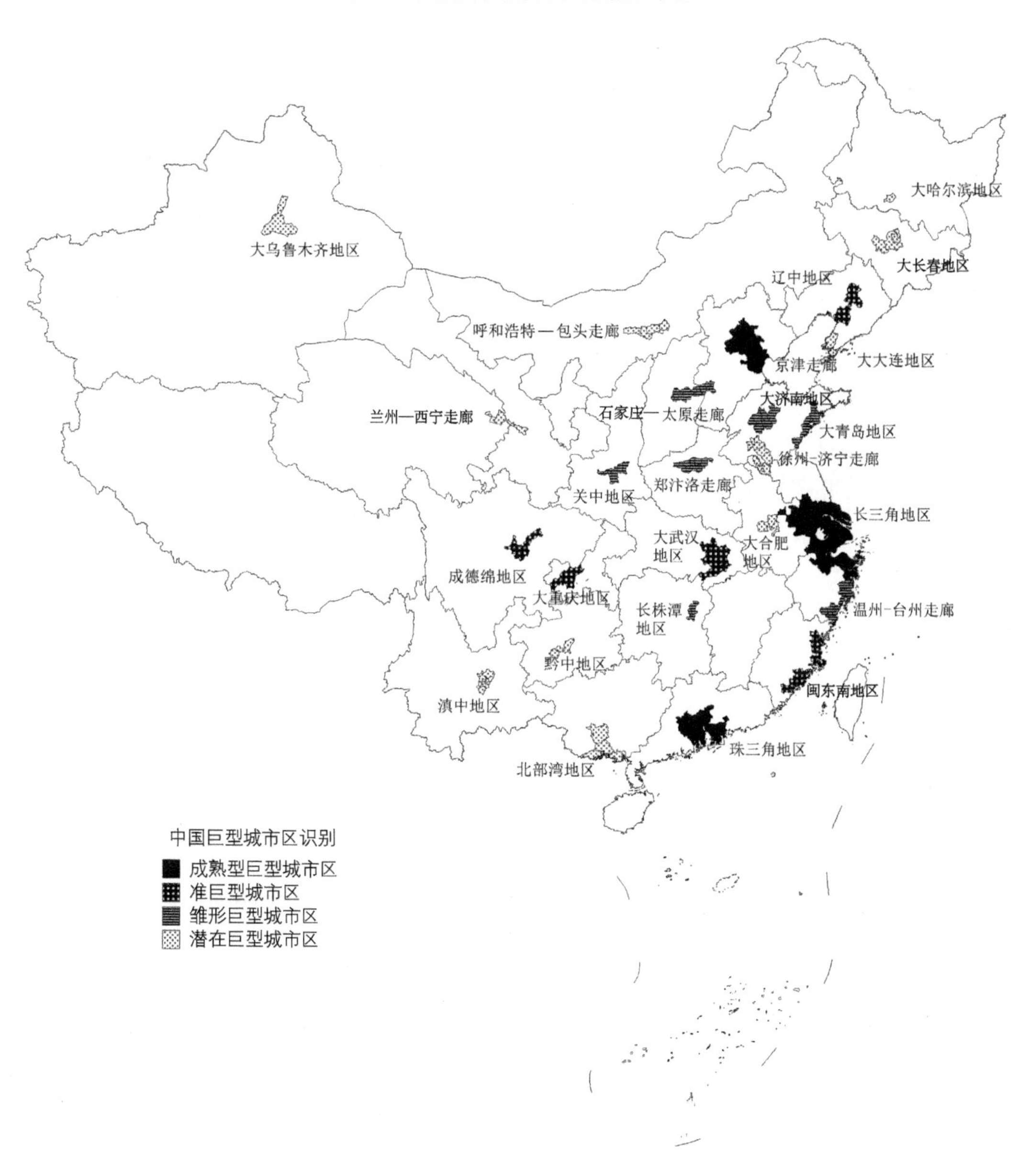

图 1　中国巨型城市区层级和空间格局示意

资料来源：于涛方，2013。

2 中国城市社会阶层空间分异和类型学分析

从职业视角，陆学艺、李强、朱长存等人已有相关的划分标准，做了分类标准和命名。其中李强将中国社会分层命名为“最上层、上层、中上层、中下层、下层、最下层”等类别；陆学艺等（2002）在《当代中国社会各阶层研究报告》中，“以职业分类为基础，以组织资源、经济资源和文化资源的占有状况为标准”，直接将当代中国划分为十大社会阶层，分别是：国家与社会管理者阶层、经理人员阶层、私营企业主阶层、专业技术人员阶层、办事人员阶层、个体工商户阶层、商业服务业员工阶层、产业工人阶层、农业劳动者阶层、城乡无业失业半失业者阶层。而朱长存等则进一步聚类为上等阶层、中等偏上阶层、中等偏下阶层和低等阶层（表 1）。

表 1　朱长存等人的社会阶层划分结果

社会阶层	包含职业
上等阶层	国家机关、党群组织、企事业单位负责人
中等偏上阶层	专业技术人员；办事人员和有关人员
中等偏下阶层	商业、服务业人员；生产、运输设备操作人员及有关人员；不便分类的其他从业人员
低等阶层	农、林、牧、渔、水利生产人员

资料来源：朱长存、孔令金，2013。

由于本文研究单元更加偏向于县市区尺度，因此，借鉴上述职业视角的分层方法对职业分层进行聚类，来验证与相关学者的分层是否一致性。其方法是通过 SPSS 等级聚类方法对 7*2 321 的数据矩阵进行梳理统计分析，分析结果与表 1 基本吻合（图 2）。

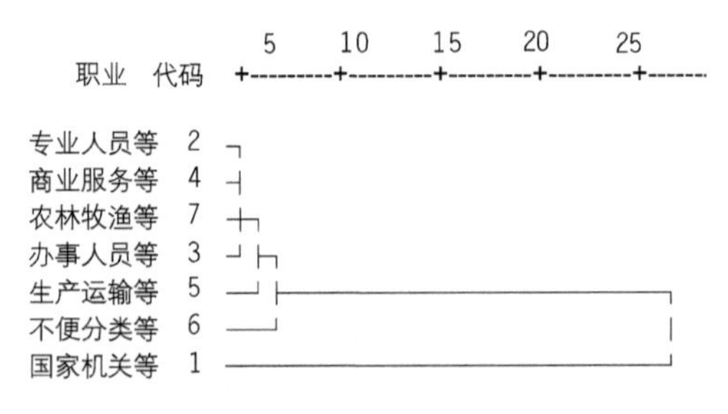

图 2　中国所有县市区职业阶层聚类分析

资料来源：2010 年第六次人口普查资料。

综合起来，本文将中国城市社会阶层分为四类：社会上层、社会中上层、社会中下层、社会下层。（1）“国家机关、党群组织、企业事业单位负责人”为“社会上层”基本指标。实际上，国家与社会管理者阶层，包括中国共产党中央委员会和地方各级组织负责人、国家机关及其工作机构负责人、民主党派和社会团体及其工作机构负责人、事业单位负责人。国家与社会管理者阶层社会地位最高，掌握的社会资源最多，社会影响力最大。企业负责人阶层包括大型国有企业负责人，也包括中小企业负责人和私营企业主。总体而言，企业负责人阶层掌握的社会资源较多。

（2）“专业技术人员”“办事人员和有关人员”为“社会中上层”指标。第一，专业技术人员阶层是社会中间层，拥有较多的人力资本，随着经济社会发展和社会就业结构的高级化，专业技术人员数量增加较快，比例也大大提升。专业技术人员阶层收入较高，消费能力较强，思想活跃开放。第二，办事人员阶层包括行政办公人员、安全保卫和消防人员、邮政和电信业务人员、其他办事人员和有关人员。办事人员阶层也拥有较多的社会资源和较高的消费能力。

（3）“商业、服务业人员”“生产、运输设备操作人员及有关人员”为“社会中下层”指标。第一，商业、服务业人员阶层在城市中人口居多，商业、服务业人员的收入相对较低，拥有的人力资源和其他社会资源比较少。对免费的基本公共服务的需求更为迫切，因此在城市的公共设施规划和建设中应特别考虑他们的需求与分布。第二，“生产、运输设备操作人员及有关人员”等产业工人阶层主要是生产和运输设备操作人员，他们拥有的各类社会资源较少，在工业化比较发达的地区，产业工人阶层往往仅次于商业服务业者，尽管近十年来比例持续下降。他们的收入相对较低，消费能力有限，对基本公共服务的需求也十分迫切。

（4）“农林牧渔水利业生产人员”为“社会下层”指标。农业劳动者阶层是从事农林牧渔业生产的人员，他们拥有的各类社会资源都比较少，属于社会下层，消费能力较低。由于没有更多的能力从市场上满足基本需求，对公共服务的需求十分迫切。尽管北京、上海、广州和深圳等大城市地区的部分农业劳动者阶层，把自家的房屋用于出租，从事所谓的“瓦片经济”，获得了较高收入，一些人甚至有很高的收入，拥有较多的经济资源，但是享受的公共服务较少，其他资源也比较少，社会地位偏下。

2.1 中国城市社会阶层空间分析

一个国家或地区的社会阶层结构可以分为三种类型：一是上小下大的金字塔形，即社会中的社会下层占社会总人口的比重极高，而中间阶层和上层阶层占较低比重；二是两头大中间小的哑铃形，即上层阶层和社会下层在总人口中均占有较大比重，而中间阶层则占有较小的份额，这是一种两极分化严重的不稳定结构；三是两头小、中间大的橄榄形或纺锤形，该结构有庞大的中间层，中间阶层居于主体地位，高、低阶层在总人口中则占有较小的比例。国内外学者公认的理想的社会阶层结构是中间阶层占主体的橄榄形结构。对中国当前不同规模等级的城市阶层分化特征进行整理归纳具体如表 2 所示。从绝对数量和比例来看，由于经济发展阶段和城乡二元差异等原因，中国的城市和区域社会分层呈现显著的金字塔形结构。2010 年，中国城市的社会上层、中上层、中下层和下层的比重分别是 1.77：

11.17：38.77：48.28。

表 2 不同规模等级城市职业地位结构（区位熵）比较

城市等级类型	国家机关、党群组织、企业事业单位负责人	专业技术人员	办事人员和有关人员	商业、服务业人员	生产、运输设备操作人员及有关人员	农林牧渔水利业生产人员
1 000 万以上	2.39	2.36	3.24	1.90	1.47	0.03
500～1 000 万	2.28	1.91	2.22	1.78	1.57	0.19
300～500 万	2.62	2.47	2.33	1.95	1.23	0.19
100～300 万	1.86	1.72	1.86	1.65	1.65	0.27
50～100 万	1.28	1.19	1.18	1.29	1.40	0.66
20～50 万	0.69	0.72	0.64	0.84	0.93	1.17
20 万以下	0.48	0.60	0.52	0.58	0.60	1.44

资料来源：同图 2。

进一步对中国所有县市区单元进行区位熵分析，可见中国城市社会阶层分异整体上呈现比较显著的地域分异特征。

第一，东部地区，尤其是沿海地区，社会下层相对比重较低，社会上层和中等偏下阶层区位熵明显高于其他地区；西部地区和东北地区社会下层区位熵显著高于其他阶层，西部地区的内蒙古和新疆等地区有相对较高比例的社会上层区位熵；中部地区则处于混合状态。

第二，规模等级较高、行政等级较高（尤其是省会城市）地区的社会上层优势显著。2010 年，巨型城市在国家与社会管理者阶层、专业技术人员阶层、办事人员阶层等方面优势显著，在商业服务、生产运输设备操作等阶层也有一定的优势。整体上，社会上层的区位熵随着城镇人口规模等级的上升而上升；同样，在中间阶层以上也是这一规律；而在社会下层，其区位熵随着规模等级的上升而下降。另外，在所有省会城市中，社会上层的区位熵高达 2.21，中等偏上阶层为 2.52，中等偏下阶层为 1.52，社会下层仅仅为 0.18。

2.2 中国城市社会阶层类型学分析

根据上述区位熵结果，进行中国城市地区的社会分层类型分析，并在此基础上形成中国城市社会阶层的空间类型学聚类研究，结果如图 3、图 4 所示。当前中国有 923 个城市的社会阶层分异类型属于金字塔形，即社会的构成基本上以社会下层行业为主导，占所有城市的 40%；280 个左右的城市属于纺锤形，占全部城市的 12.0%；850 个左右的城市为哑铃形结构，占 36.7%；259 个城市属于倒金字塔结构，占 11.1%。

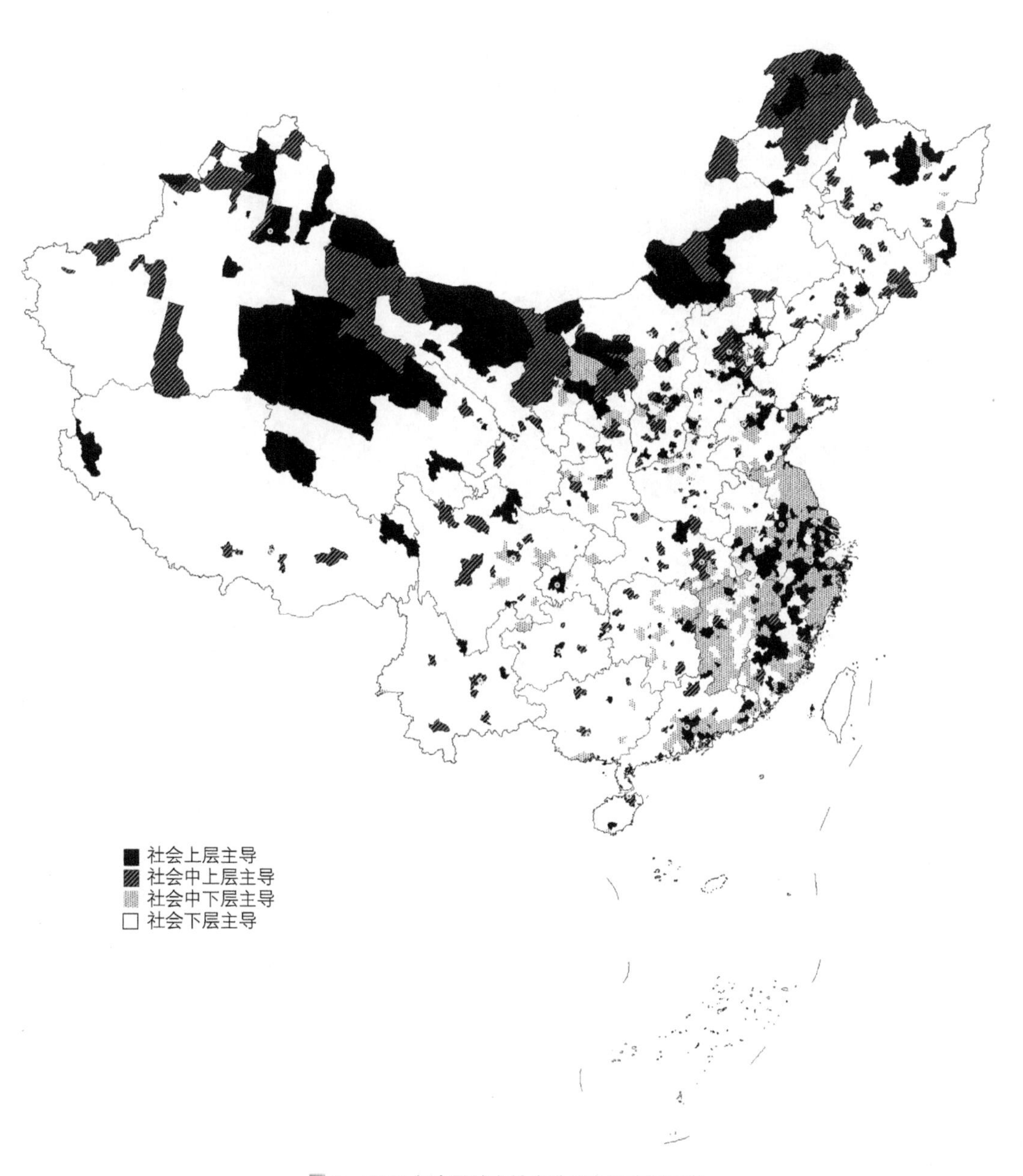

图 3 2010 年中国城市社会阶层主导类型示意

资料来源：同图 2。

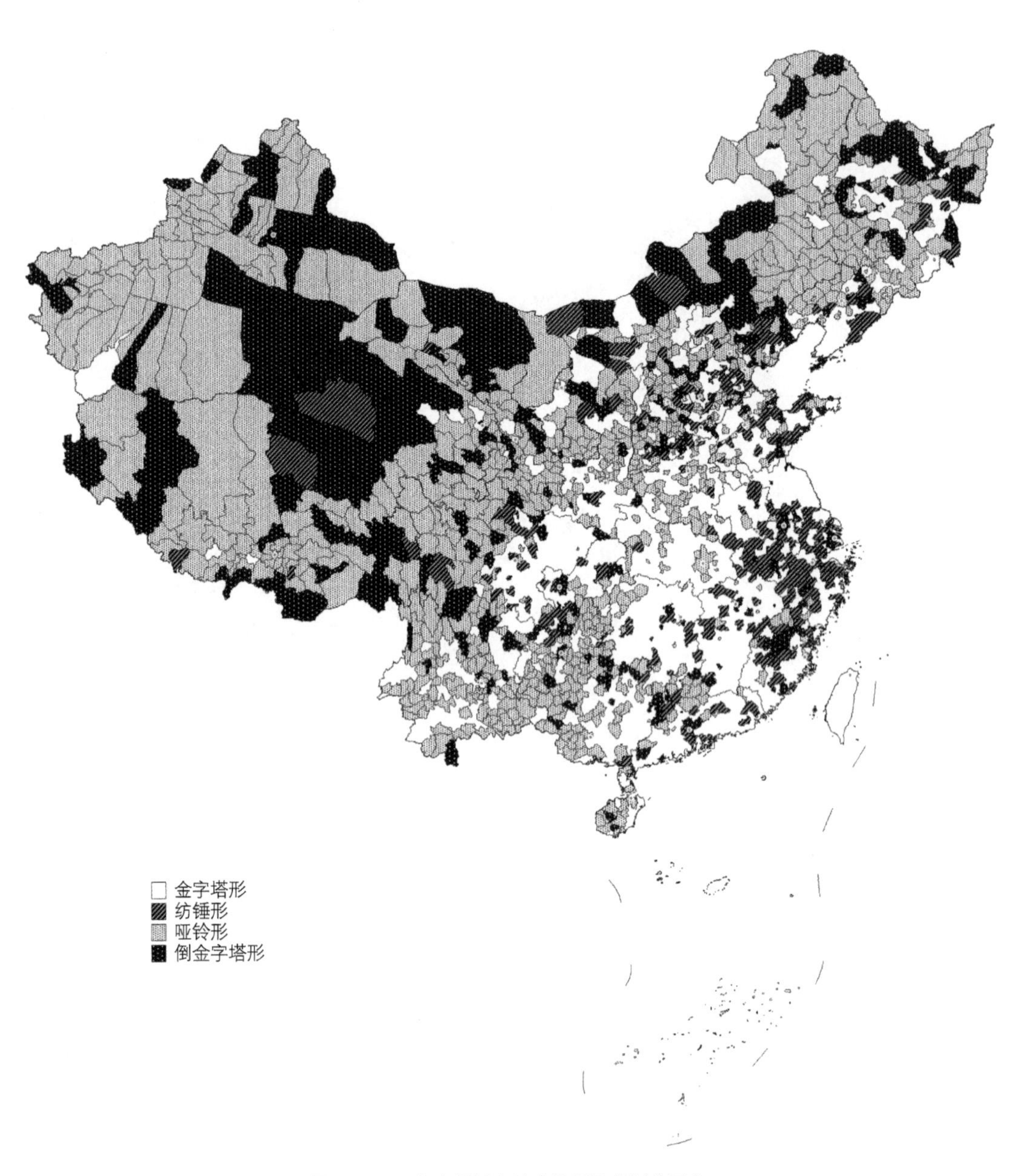

图 4　2010 年中国城市社会阶层聚类划分示意

资料来源：同图 2。

虽然空间分布相对无序，但从地带分异来看，东部地区以哑铃形社会分层结构占主导，其区位熵高达 2.1，其次是金字塔形，区位熵为 1.14，哑铃形结构基本上位于巨型城市区及其周边地区，而金字塔形则基本位于巨型城市区与巨型城市区之间的“经济低谷”地带，如苏北、冀中南、珠三角外围地区等。中部地区以金字塔形结构为主导，西部地区和东北地区都是以纺锤形结构和倒金字塔形结构为主导（表 3）。

表 3　不同社会阶层结构的地带空间差异

	该类型的城市数量				该类型的区位熵			
	金字塔形	哑铃形	纺锤形	倒金字塔形	金字塔形	哑铃形	纺锤形	倒金字塔形
东部地区	269	149	113	57	1.14	2.10	0.52	0.87
中部地区	325	76	147	33	1.40	1.08	0.69	0.51
西部地区	283	41	504	136	0.73	0.35	1.42	1.27
东北地区	51	14	92	32	0.68	0.61	1.32	1.52

2.3　中国城市社会阶层空间分异的相关因素

几十年加速的市场化和私有化过程，使中国城市社会呈现沿着两条轴线分化的趋势：一是在私有化的经济转型中取得成功而导致的分化；二是由于工作单位的政治权力导致的分化。有人强调市场交换是造成阶层等级化的主动力，另外，在实际社会分层过程中，政治和经济因素仍然在同时发挥作用（白杨，2002）。本文主要从功能专门化、人口要素迁移流动、城市分化的规模因素等进行相关因素/机制的探讨。

第一，从功能专门化角度来看，中国城市社会阶层分化与制造业、高端服务业、一般服务业、公共服务业等区域差异直接关联。其中，哑铃形社会分层的一个显著关联因素是制造业和采掘业等第二产业的区位熵远远大于 1.0，其中制造业接近 2.0，这正好解释了为何哑铃形分层类型城市大量集中在东部沿海地区的空间特征。倒金字塔结构的城市高端服务业专门化程度较高，其计算机软件、金融业、房地产业、租赁和商务服务的区位熵均显著高于 2.0。金字塔形分层城市则相对在农林牧渔业和建筑业等方面专门化程度较高。纺锤形一个很重要特点是制造业专门化程度最突出（图 5）。当然，这种功能专门化的总体特征下，还有地域差异性的因素（表 4、表 5）。同样是倒金字塔形城市，东部地区显著表现为“高端服务业”（FIRE 代表金融业和房地产业）主导的专门化特征，公共服务业专门化程度低（仅为 0.88），制造业有一定的优势（区位熵大于 1.0）；中部地区则是相对多样的组合；西部地区在一般服务业和公共服务业方面专门化突出；东北地区则是高端服务业和公共服务业比较突出。

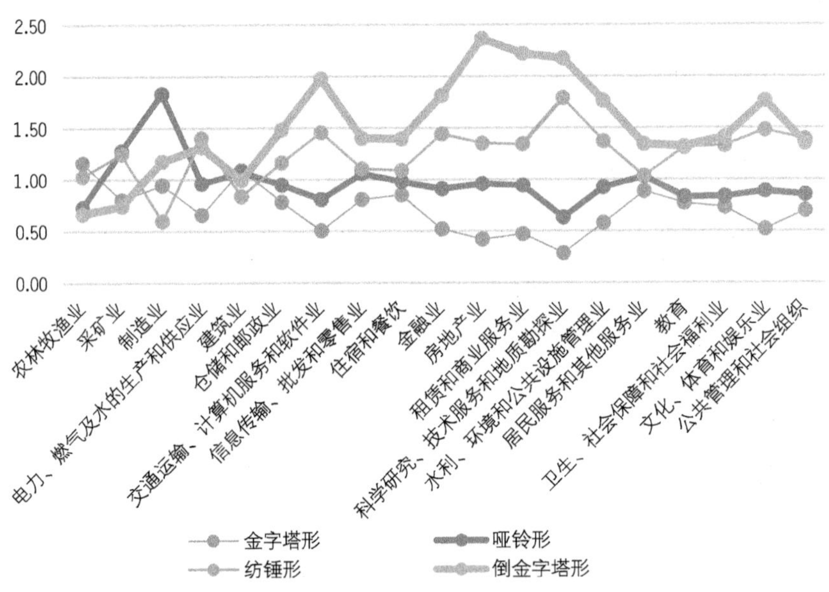

图 5　不同分层类型城市的功能专门化比较

资料来源：同图 2。

表 4　不同地带不同分层类型城市的功能专门化比较

地带	分层类型	采矿业	制造业	高端服务业	一般服务业	公共部门服务业
东部地区	金字塔形	0.49	1.41	0.53	0.86	0.69
	哑铃形	0.34	1.60	0.71	0.77	0.59
	纺锤形	0.80	0.74	1.92	1.05	1.24
	倒金字塔形	0.20	1.07	1.68	1.01	0.88
中部地区	金字塔形	1.21	0.99	0.49	0.98	0.94
	哑铃形	1.80	0.93	0.53	0.96	0.99
	纺锤形	1.94	0.63	1.26	1.14	1.37
	倒金字塔形	1.42	0.71	1.27	1.12	1.18
西部地区	金字塔形	1.15	0.59	1.42	1.18	1.33
	哑铃形	1.35	0.48	1.30	1.18	1.55
	纺锤形	2.72	0.75	0.68	1.06	1.04
	倒金字塔形	1.65	0.68	0.65	1.11	1.05
东北地区	金字塔形	2.41	0.66	0.75	1.29	1.05
	哑铃形	6.27	0.52	0.70	1.25	1.05
	纺锤形	1.70	0.58	1.30	1.24	1.38
	倒金字塔形	1.01	0.69	1.44	1.19	1.30

资料来源：同图 2。

表 5　不同社会分层类型与制造业、FIRE 的关联关系

	金字塔形	哑铃形	纺锤形	倒金字塔形	全国
制造业增长率	80.9	56.6	–0.6	25.6	44.9
FIRE 增长率	71.8	103.1	88.6	123.6	94.0

第二，社会分层与城市化、市场化进程中人口在不同区域间的迁移和流动密切关联（表 6、表 7）。在城镇化水平较低的地方，金字塔形社会分层往往更加突出。在当前工业化的带动下，人口净流入高的城市更多是哑铃形或者倒金字塔形结构，其在不同空间尺度的人口迁入率也反映了这一点。金字塔形地区人口净流入率和人口迁入率最低，而倒金字塔形最高，其次是哑铃形和纺锤形。从变化率来看，金字塔形的人口增长率和净流入人口增长率最低，倒金字塔形最高。

表 6　不同社会分层类型城镇化、人口迁移的关系

类型	城镇化水平	净流入人口比重	就地迁入率	省内迁入率	外省迁入率
金字塔形	38.94	–9.72	5.85	2.57	3.60
哑铃形	53.63	6.40	6.40	5.96	12.02
纺锤形	57.07	3.66	7.88	9.44	5.42
倒金字塔形	68.73	14.44	7.61	12.21	12.62

资料来源：同表 2。

表 7　不同社会分层类型与人口增长、人口流入的关系

	金字塔形	哑铃形	纺锤形	倒金字塔形
人口增长率	0.5	9.6	12.3	20.7
净流入人口增长率	–6.1	3.1	1.1	7.3

资料来源：2000 年第五次、2010 年第六次人口普查数据。

第三，城市社会分层与城市规模的关系（表 8），总体而言，规模越小的城市，社会分层越趋向金字塔形；规模越大的城市，越趋向倒金字塔形社会分层。在中西部的一些中小城市，城市的主要专门化主要是政府管理等，因此在这些城市，其倒金字塔形结构也比较突出。具体来说，①城镇人口 500 万人以上的城市中，绝大多数属于倒金字塔形结构或者纺锤形结构，在 11 个城市里，4 个是倒金字塔形结构（包括上海、广州、南京、重庆），5 个是纺锤形结构（包括北京、天津、武汉、成都、沈阳）。深圳和东莞比较特殊，这两个城市制造业高度发达，哑铃形结构和金字塔形结构比较突出。②100～500 万人城市中，11 个金字塔形结构（无锡市、温州市、淮安市、珠海市、淮南市、惠州市、泉州市、盐城市、昆山市、莆田市、慈溪市）；13 个哑铃形结构（汕头市区、苏州市、中山市、南海市、顺德市、

淄博市、常州市、临沂市、台州市、晋江市、泰安市、江阴市、萧山市）；34 个纺锤形结构（西安市、郑州市、杭州市、长春市、济南市、太原市、昆明市、长沙市、福州市、石家庄市、南宁市、兰州市、南昌市、唐山市、包头市、烟台市、徐州市、银川市、宁波市、洛阳市、海口市、鞍山市、呼和浩特市、吉林市、大庆市、大同市、邯郸市、齐齐哈尔市、衡阳市、南通市、湛江市、保定市、襄樊市、本溪市），这 34 个纺锤形结构城市中，省会城市高达 16 个；另有 14 个属于倒金字塔结构（哈尔滨市、大连市、青岛市、厦门市、合肥市、乌鲁木齐市、贵阳市、柳州市、抚顺市、潍坊市、西宁市、芜湖市、佛山市、扬州市）。

表 8　中国城市社会分层与城市规模的关系

	金字塔形	哑铃形	纺锤形	倒金字塔形	金字塔形区位熵	哑铃形区位熵	纺锤形区位熵	倒金字塔形区位熵
500 万以上	1	1	5	4	0.23	0.76	1.23	3.27
100～500 万	11	13	34	14	0.38	1.48	1.30	1.72
50～100 万	54	25	57	17	0.88	1.36	1.01	1.00
20～50 万	327	103	126	35	1.39	1.45	0.58	0.53
20 万以下	533	137	634	188	0.90	0.76	1.15	1.13

资料来源：同图 2。

3　2000 年以来中国城市社会阶层变化

3.1　2000～2010 年中国城市社会阶层变化

2000 年以来，随着全球化、城市化和工业化进程的深化，中国城市地区的社会阶层变化也出现明显的空间分异特征。

社会阶层变化或者社会流动，指人们的地位、位置的变化。更准确地说，它包括个人或群体在社会分层结构中位置的变化和在地理空间结构中位置的变化两个方面。当然，社会学更注重研究前一个方面，即社会地位高低的变化。像农民工流入城市、工人调动工作、家庭成员几代人的变迁、干部升迁、富裕集团的形成等，都属于社会流动的领域。社会分层与社会流动是一个事物的两个方面，两者密切相关，一个讲的是社会分成高低不同的层次，另一个讲的是人们怎样进入这种层次。

由于 2000 年第五次人口普查和 2010 年第六次人口普查关于职业分类的口径有所变化，因此从变迁分析来看，将不同的职业重新进行分类，总体分为两类，其中“社会上层”包括“国家机关、党群组织、企事业单位负责人”“专业技术人员”“办事人员和有关人员”，社会下层包括“农林牧渔业”以及“商业、服务业人员”“生产、运输设备操作人员及有关人员”“不便分类的其他从业人员”（表 9、

表 10，图 6、图 7）。

第一，规模较大的城市不同阶层的职业规模增长率较快，或者说社会流动在空间上与大城市和大城市地区更加关联。2000～2010 年，城镇人口规模超过 1 000 万的城市社会上层职业增长了 500 万，年均增长率超过 8%，远远高于其他等级。同时，行政等级较高的首都、直辖市和省会城市，其社会上层的增长率也总体超过全国平均水平，2000～2010 年所有省会城市（包括直辖市、省会城市）的社会上层规模变化率年均超过 5.5%，而全国平均水平仅仅为 3.36%。当然不同地区的省会城市增长差异明显，北京、上海、广州、南京、杭州等东部沿海地区城市增长更为显著，而沈阳、长春、哈尔滨等东北地区的省会城市，西安、兰州等西部城市和武汉、太原等中部地区城市增长非常缓慢，低于全国的平均水平。东部地区除了天津外，其他城市都增长迅速。

第二，总体而言，不同等级的城市社会阶层分异有一定程度的收敛。其原因主要在于高等级城市在大量吸引社会上层外，同时还吸引了大量的社会下层。

表 9 2000～2010 年不同规模等级城市社会阶层变化比较

城镇人口规模类别	社会上层规模变化（万）	社会下层规模变化（万）	社会上层规模变化率（%）	社会下层规模变化率（%）
大于 1 000 万	498	625	8.01	3.80
500～1 000 万	254	346	5.23	2.02
300～500 万	284	438	5.48	3.10
100～300 万	450	927	4.75	2.50
50～100 万	425	662	4.23	0.98
20～50 万	344	–209	1.96	–0.10
20 万以下	97	–257	0.58	–0.11
全国	—	—	3.36	0.42

资料来源：同表 7。

表 10 2000～2010 年不同行政等级（省会城市）市辖区社会阶层变化比较

省会城市市辖区	社会上层规模变化（万人）	社会下层规模变化（万人）	社会上层规模变化率（%）	社会下层规模变化率（%）
省会城市合计	887	1 219	5.60	3.06
北京市	131	111	6.13	3.05
上海市	186	226	8.55	4.36
广州市	79	140	7.52	4.06
天津市	27	49	2.77	2.10

续表

省会城市市辖区	社会上层规模变化（万人）	社会下层规模变化（万人）	社会上层规模变化率（%）	社会下层规模变化率（%）
武汉市	26	42	3.02	1.48
重庆市	37	24	6.57	0.95
南京市	43	38	6.58	1.90
沈阳市	25	45	3.57	2.75
成都市	39	56	6.63	3.68
郑州市	29	50	7.99	6.23
杭州市	34	25	9.01	2.86
长春市	10	39	2.40	3.93
太原市	11	20	2.60	2.80
昆明市	11	–7	3.12	–0.68
合肥市	25	40	9.82	7.59
长沙市	19	26	5.90	4.54
乌鲁木齐市	14	26	4.49	3.49
福州市	17	23	5.97	3.72
石家庄市	14	17	4.26	2.82
南宁市	14	37	5.77	3.54
贵阳市	10	14	3.71	1.72
兰州市	8	16	2.75	2.42
南昌市	13	13	5.47	2.51
银川市	13	30	9.81	6.01
海口市	6	20	4.04	3.79
呼和浩特市	8	16	4.04	3.76
拉萨市	1	2	3.31	3.40
西宁市	6	12	5.62	5.06
西安市	20	42	3.69	3.01
哈尔滨市	10	23	2.08	2.40
全国	2 351	2 533	3.36	0.42

资料来源：同表 7。

第三，进一步从全部城市空间差异来看，2000～2010 年社会上层区位熵增长比较显著的主要集中在东部沿海地区的浙江、江苏、福建、广东以及河北省和山东沿海地区；在中部地区，安徽南部地区、湖南省也增长明显；在西部地区主要集中在重庆、成德绵走廊、黔中地区和滇中地区、呼包鄂地区，在新疆和西藏的沿边地区也增长显著。东北地区整体上高端服务业区位熵下滑明显。从社会下层区位熵变化空间特征来看，东部沿海地区区位熵整体下降，但在苏北沿海地区、鲁西北和冀东南沿海地区、海南和广东南部地区社会下层区位熵增长明显。除了东北地区、新疆和青藏高原内陆地区外，其他增长比较迅速的主要集中在中部和西部地区交界的山区。

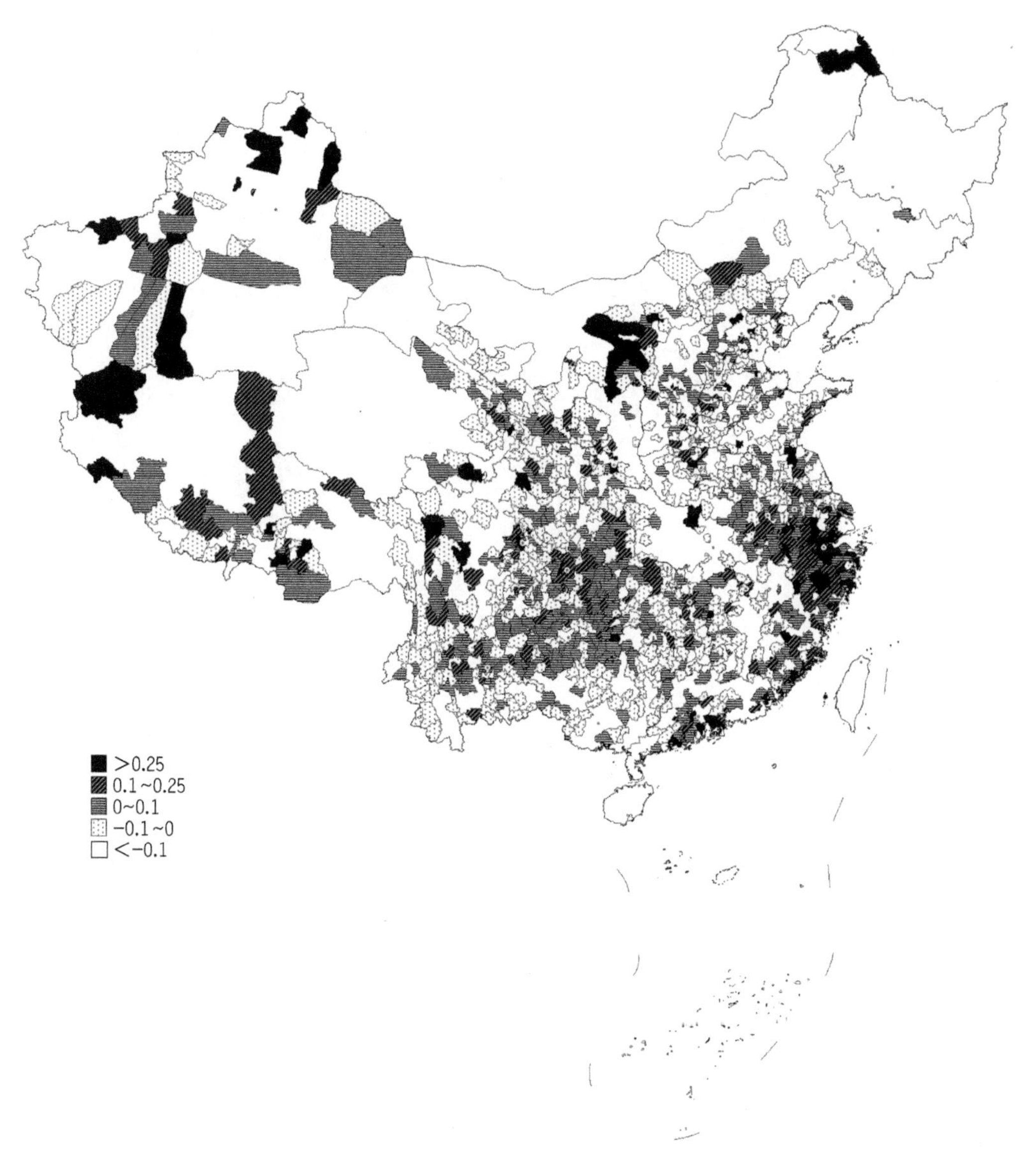

图6 2000～2010年中国城市社会上层区位熵变化示意

资料来源：同表7。

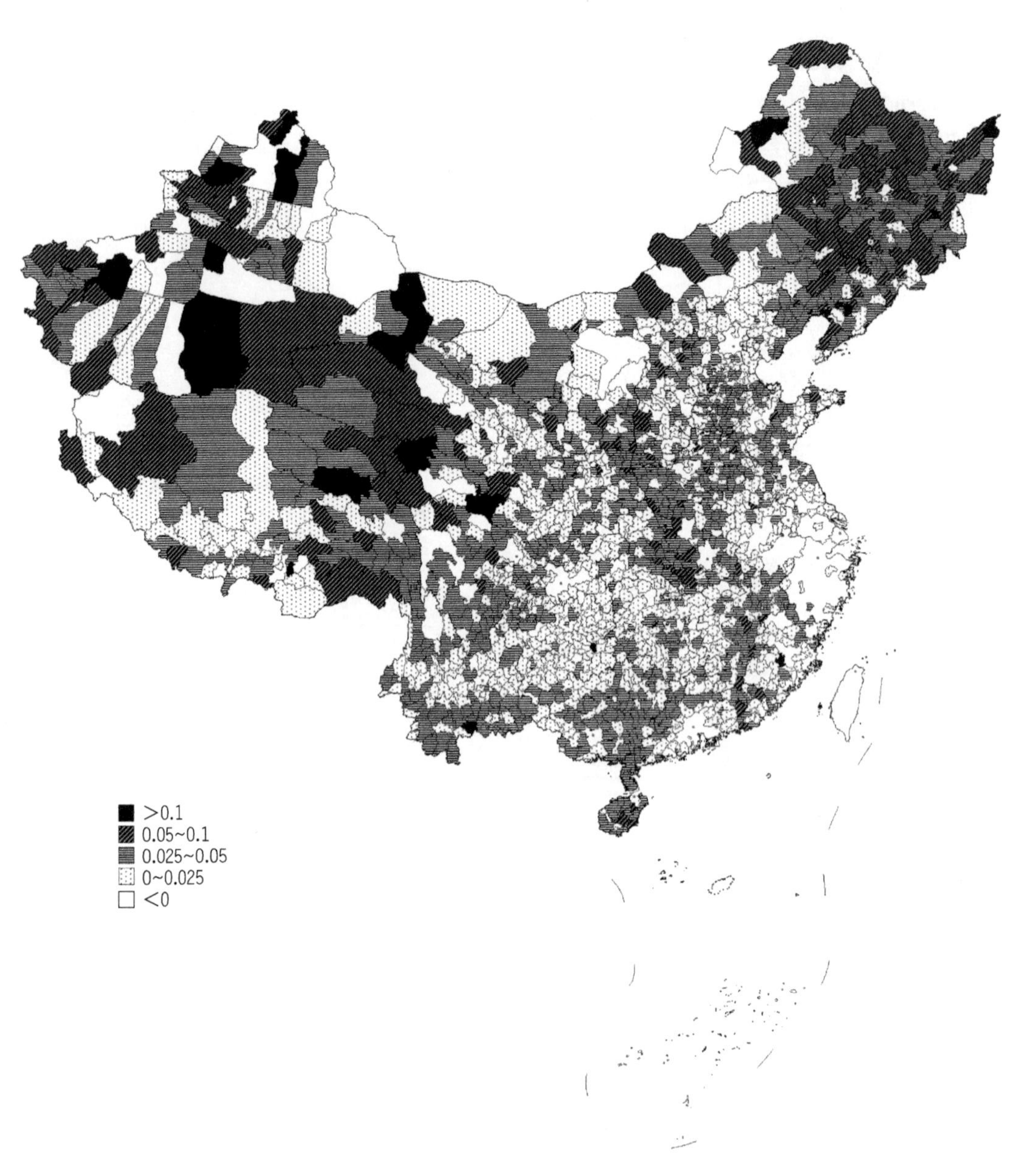

图 7　2000～2010 年中国城市社会下层区位熵变化示意

资料来源：同表 7。

3.2　2000～2010 年中国城市社会阶层变化的关联因素

以 2000～2010 年中国城市中上层阶层比重变化（图 8）为因变量，进行阶层变化的相关因素定量分析。通过分析得出如下结论。

第一，从上层阶层变化与初始年份的城市社会经济属性关系来看，中国城市上层阶层变化的情况与城市等级（城镇人口规模）（图 9）、城市集聚程度（人口密度）（图 10）、城市人口流动（净流入人口比重）（图 11）以及城镇化水平等都有一定的正相关关系，但显著性不高。初始年份人力资本（大学本科及以上）比重越高的地方，城市的上层增长相对越快；初始年份制造业、农林牧渔业、一般服务业越发达的城市，其上层阶层变化的速度相对越快；初始年份"购买型"住房来源比例越高的城市，上层阶层比重变化速度越慢；人均居住面积越高的城市，社会上层阶层的比重增长相对越快。

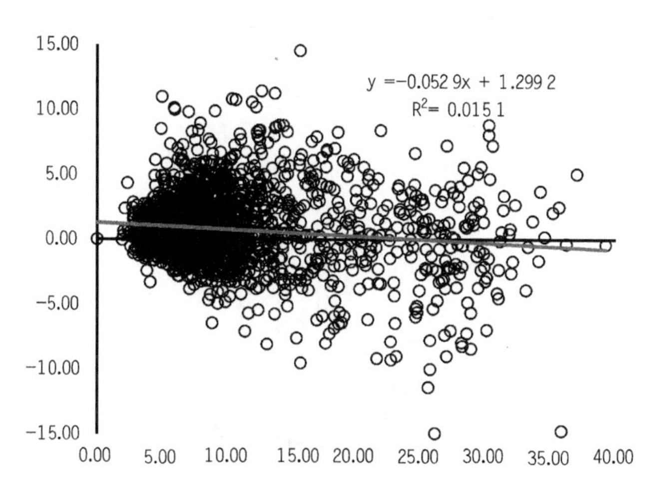

图 8　2000～2010 年中国城市上层阶层比重变化与 2000 年初始年份的回归模拟

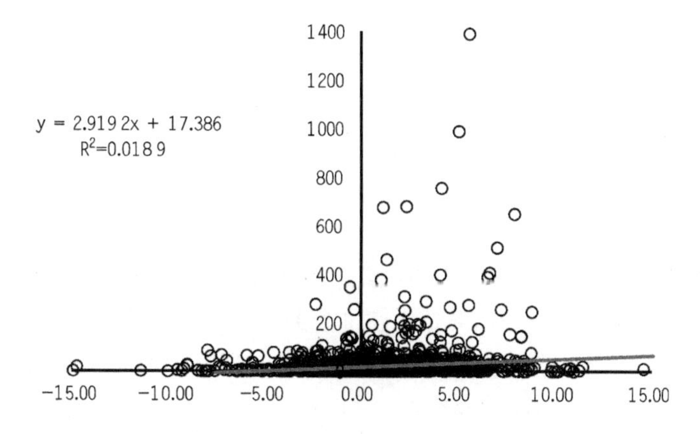

图 9　2000～2010 年中国城市上层阶层比重变化与初始年份城镇人口规模的回归模拟

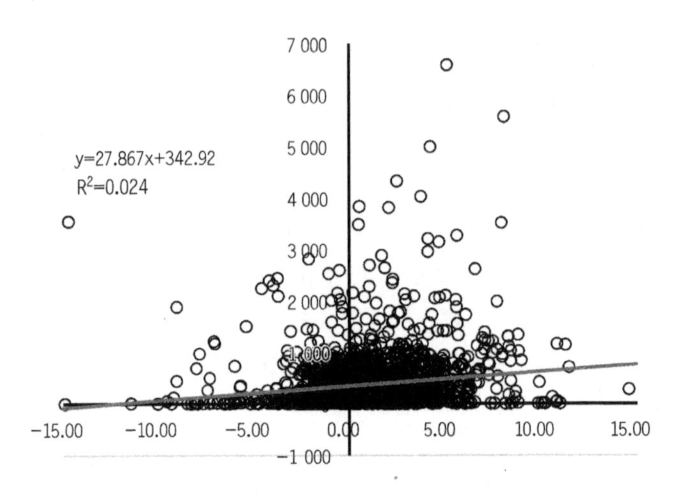

图 10　2000～2010 年中国城市上层阶层比重变化与初始年份人口密度的回归模拟

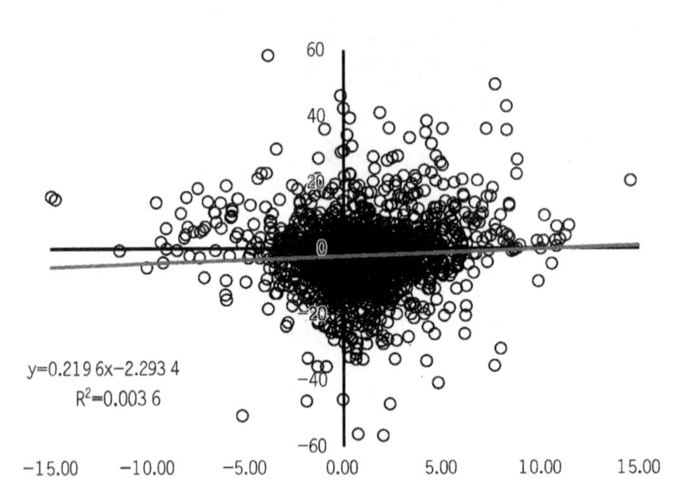

图 11　2000～2010 年中国城市上层阶层比重变化与初始年份人口净流入的回归模拟

第二，从社会上层阶层变化与同时期城市社会经济属性变化的关系来看，2000～2010 年中国城市社会上层增长与人口迁移、本科以上比例增长、高端服务业发展、住房的市场化变化等都有积极的正相关关系，而与常住人口增长、住房自建比例增长等负相关。另外，与制造业增长、一般服务业增长、住宅面积和居住设施水平改善等关联程度不大（表 11）。

表 11 社会上层阶层变化与同时期城市社会经济属性变化的回归模拟

	未标准化系数		标准化系数		
	未标准化 B 系数	标准化误差	标准化 B 系数	T 检验	显著化水平
常数	–0.86	0.11		–7.85	0.00
总人口变化	–0.02	0.00	–0.13	–6.18	0.00
净流入人口增长	–0.01	0.01	–0.07	–2.86	0.00
人口迁入增长	0.09	0.01	0.18	7.99	0.00
本科以上比重增长	0.25	0.04	0.13	6.21	0.00
制造业增长	0.00	0.00	0.04	2.42	0.02
批发和零售贸易餐饮增长	0.00	0.00	0.03	1.46	0.14
FIRE 增长	0.01	0.00	0.21	11.38	0.00
户均面积增长	0.25	0.16	0.03	1.57	0.12
四有设施比重增长	0.02	0.00	0.08	4.33	0.00
租用比例增长	0.09	0.02	0.23	6.00	0.00
自建比例增长	–0.03	0.01	–0.09	–1.77	0.08
购买比例增长	0.04	0.02	0.09	2.36	0.02

资料来源：同表 7。

4 巨型城市区社会阶层空间分异和变迁

4.1 中国巨型城市区整体社会阶层分异

2010 年，中国城市的社会上层、中上层、中下层和社会下层的比重是 1.77∶11.17∶38.77∶48.28；而巨型城市区相应的比例为 3.4∶19.47∶61.06∶16.07。由于农林牧渔业职业主要农业地区，城市里主要表现为“国家机关、党群组织、企事业单位负责人”“专业技术人员”“办事人员和有关人员”“商业、服务业人员”“生产、运输设备操作人员及有关人员”“不便分类的其他从业人员”的阶层分化和差异。因此，对于中国巨型城市区的职业分层视角的分析采用了这些数据。

由于不同的巨型城市区表现为阶层上的类型差异，本文对选取的 26 个巨型城市区进行社会阶层的聚类分析（表 12）。除了传统上的金字塔形、哑铃形、纺锤形社会阶层结构类型外，还包括倒金字塔形。在 26 个地区中，有 11 个属于纺锤形结构，有 11 个属于倒金字塔形，有 1 个属于金字塔形，有 3 个属于哑铃形。其中哑铃形和金字塔形巨型城市区绝大多数都是工业化程度较高的地区。如珠三角地区、闽东南地区、温州—台州走廊、徐州—济宁走廊；中西部地区的巨型城市区绝大多数属于倒金字塔形或者纺锤形，其首要原因是制造业和工业化等发展相对落后。

表 12　2010 年巨型城市区不同阶层区位熵和社会分层聚类

	社会上层区位熵	中上阶层区位熵	中下阶层区位熵	社会分层类型
京津走廊	1.08	1.56	0.83	纺锤形
珠三角地区	1.15	0.90	1.02	哑铃形
长三角地区	1.26	0.97	1.00	倒金字塔形
大重庆地区	1.36	1.11	0.95	倒金字塔形
成德绵地区	1.10	1.15	0.95	倒金字塔形
大武汉地区	1.15	1.18	0.94	纺锤形
闽东南地区	1.09	0.85	1.04	哑铃形
辽中地区	1.09	1.21	0.93	纺锤形
关中地区	1.10	1.25	0.92	纺锤形
大济南地区	1.32	1.08	0.96	倒金字塔形
大郑州地区	1.10	1.27	0.92	纺锤形
石家庄—太原走廊	1.17	1.40	0.88	纺锤形
温州—台州走廊	1.08	0.59	1.12	哑铃形
大青岛地区	1.30	1.00	0.99	倒金字塔形
长株潭地区	1.27	1.36	0.88	纺锤形
兰州—西宁地区	1.30	1.37	0.88	倒金字塔形
徐州—济宁走廊	0.74	0.97	1.02	金字塔形
黔中地区	1.26	1.33	0.89	倒金字塔形
大乌鲁木齐地区	1.57	1.26	0.90	倒金字塔形
呼和浩特—包头走廊	0.74	1.27	0.93	纺锤形
北部湾地区	0.87	1.20	0.95	纺锤形
大哈尔滨地区	1.57	1.47	0.84	倒金字塔形
大长春地区	1.09	1.42	0.88	纺锤形
滇中地区	1.18	1.43	0.87	纺锤形
大合肥地区	1.51	1.23	0.91	倒金字塔形
大大连地区	1.62	1.24	0.90	倒金字塔形
所有巨型城市区	1.18	1.07	0.97	倒金字塔形
中国其他城市	0.84	0.93	1.03	金字塔形

资料来源：同图 2。

4.2 中国巨型城市区内部社会阶层分异

从内部空间单元来看，各个巨型城市区也不尽相同。总体而言，东部沿海地区的巨型城市区单元多属于哑铃形或者纺锤形类型，和上述结论相吻合，基本上是巨型城市区外围制造业主导的地理单元，如京津走廊上的霸州、珠三角的中山市辖区和深圳市辖区以及长三角苏锡常地区的绍兴和宁波等区县。倒金字塔形类型的主要是区域中心城市核心区，如上海市辖区、南京市辖区、武汉、沈阳、重庆、贵阳、广州、乌鲁木齐、青岛以及大连等城市。此外，除了北京、福州等东部城市外，相当数量纺锤形城市主要是中西部、东北等省会城市，如哈尔滨、呼和浩特、兰州、西安、郑州、昆明、南宁等。

4.3 2000～2010年巨型城市区整体社会阶层分异变化

按照同样方法，采用五普和六普数据，对巨型城市区的社会阶层分异变化进行分析(表13、表14)。

第一，巨型城市区和非巨型城市区的阶层分化日益拉大。全国城市来看，2000～2010年，阶层分化不断优化，纺锤形趋势非常明显。相对的，从区位熵变化来看，中国的巨型城市区趋向于倒金字塔化，社会上层区位变化高达0.234，中上阶层区位熵稍低，为0.182，中下阶层则相对萎缩，区位熵下降了0.071；与巨型城市区相比，其他非属于巨型城市区的城市逐步拉大了与巨型城市区的距离，2000～2010年，社会上层区位熵下降了0.213，中上阶层下降了0.167，而中下阶层上升了0.065。通过表13也可以验证这一基本判断，从比重上来看，2000年上层、中上阶层巨型城市区比重为18.11%，其他城市为7.91%，两者相差10.2%，到了2010年巨型城市区的上层、中上阶层比重增长到22.87%，而其他城市仅仅为8.83%，两者的差距从2000年的10.2%，增长到2010年的14.04%。

表13 2000～2010年中国巨型城市区社会阶层比重及其变化(%)

城市地区	2000年社会上层	2000年中上阶层	2000年中下阶层	2000年社会下层	2010年社会上层	2010年中上阶层	2010年中下阶层	2010年社会下层
全国	1.67	8.80	25.06	64.47	1.77	11.17	38.77	48.28
所有巨型城市区	3.03	15.08	50.15	31.74	3.40	19.47	61.06	16.07
中国其他城市	1.21	6.70	16.68	75.41	1.10	7.73	29.56	61.61

资料来源：同表7。

表14 2000～2010年中国巨型城市区社会分层变化类型

	社会上层区位熵变化	中上阶层区位熵变化	中下阶层区位熵变化	分层类型
京津走廊	–0.258	0.342	–0.066	纺锤化
珠三角地区	0.498	0.290	–0.138	倒金字塔化
长三角地区	0.354	0.195	–0.089	倒金字塔化

续表

	社会上层区位熵变化	中上阶层区位熵变化	中下阶层区位熵变化	分层类型
大重庆地区	0.549	0.099	–0.057	倒金字塔化
成德绵地区	0.213	0.042	–0.018	倒金字塔化
大武汉地区	–0.004	0.034	0.003	纺锤化
闽东南地区	0.359	0.183	–0.096	倒金字塔化
辽中地区	–0.157	0.183	–0.038	纺锤化
关中地区	0.078	–0.041	0.027	哑铃化
大济南地区	0.286	0.069	–0.031	倒金字塔化
大郑州地区	–0.243	0.056	0.015	纺锤化
石家庄—太原走廊	0.087	0.226	–0.057	纺锤化
温州—台州走廊	0.624	0.146	–0.117	倒金字塔化
大青岛地区	0.107	0.081	–0.029	倒金字塔化
长株潭地区	–0.033	0.209	–0.043	纺锤化
兰州—西宁地区	0.300	0.089	–0.022	倒金字塔化
徐州—济宁走廊	–0.214	–0.036	0.020	金字塔化
黔中地区	0.120	0.202	–0.053	倒金字塔化
大乌鲁木齐地区	0.378	0.176	–0.059	倒金字塔化
呼和浩特—包头走廊	–0.441	0.202	–0.030	纺锤化
北部湾地区	–0.069	–0.004	0.016	金字塔化
大哈尔滨地区	0.259	0.191	–0.043	倒金字塔化
大长春地区	–0.129	0.167	–0.022	纺锤化
滇中地区	0.235	0.378	–0.118	倒金字塔化
大合肥地区	0.321	0.153	–0.050	倒金字塔化
大大连地区	0.460	0.178	–0.065	倒金字塔化
所有巨型城市区	0.234	0.182	–0.071	倒金字塔化
中国其他城市	–0.213	–0.167	0.065	金字塔化

资料来源：同表7。

第二，发达的巨型城市区往往是向上层化的倒金字塔化发展演化。在26个样本巨型城市区中，有8个属于纺锤化变化类型，除了京津走廊外，其他基本上都是中部、西部和东北地区的巨型城市区，包括大武汉地区、大长春地区、长株潭地区等。2000～2010年，北京市的上层阶层无论是绝对规模、比重，还是相对的区位熵都是显著的负增长，专业人员等激增。绝大多数（15个）属于倒金字塔形变化类型，包括珠三角地区、长三角地区、闽东南地区、大青岛地区、大济南地区、温州—台州走廊等东部巨型城市区，也包括成德绵地区、大重庆地区、大乌鲁木齐地区等西部巨型城市区。关中地区则属于比较明显的哑铃化变化类型，阶层两极分化加剧，中间阶层相对萎缩；而工业化加快的徐州地区和北部湾地区则属于较明显的金字塔化趋势。

4.4 2000～2010 年巨型城市区内部社会阶层分异变化

各个巨型城市区内部也呈现较为复杂的分化特征。

（1）两极分化加剧的哑铃化区县基本上是中西部区域中心城市市辖区或者其毗邻区县，如西安市辖区、巢湖市辖区、钦州市辖区、孝感市辖区，以及青岛的胶州市、合肥的肥东县、扬州的高邮市、成都的崇州市、济宁的邹城市等，一方面反映了社会上层职业的不断集聚，另一方面反映了制造业、商贩贸易的加快发展。

（2）金字塔化的区县占 20%，其中一部分是相对落后的城市市辖区，如鄂州、黄冈、咸宁、营口、渭南、泰安、莱芜、枣庄、徐州、防城港、北海等；另一部分是巨型城市区的外围区县，如京津冀地区的蓟县、宝坻、香河，长三角地区的溧水、高淳、如东、启东、如皋、仪征、句容，珠三角地区的四会等，这些区县高端人力资本积累相对缓慢（甚至是外流），与此同时制造业发展加快。

（3）纺锤化的区县有 73 个，占所有样本的 1/3 左右。其中包括北京、成都、沈阳、武汉、福州、太原、呼和浩特、长沙、长春等省会城市市辖区，也包括珠海、惠州、肇庆、无锡、常州、南宁、南通、宁波、廊坊、黄石、鞍山、抚顺、咸阳、洛阳、包头、徐州、吉林、开封等制造业发展比较发达的地级城市市辖区，而属于此类的县级城市绝大多数位于东部沿海地区（京津走廊地区 5 个、珠三角地区 5 个、长三角地区 12 个，占 73 个区县的 1/3；还包括其他 8 个东部地区区县），中西部和东北地区县级单元只有 13 个。

（4）倒金字塔化单元多达 114 个。其中包括上海、广州、深圳、天津等一线城市。总的来讲，这些单元有 60 个位于三大成熟型巨型城市区，有 22 个是大重庆地区、成德绵地区、闽东南地区以及辽中地区的区县；剩下的 32 个区县中，19 个位于东部地区，只有 13 个位于中西部和东北地区。

总的来看，中国巨型城市区的分层化特征反映了其功能不断高端化、工业化不断发展的特点，尤其与其他非巨型城市区比较而言，更是如此。

5 结论与讨论

进入 20 世纪 60 年代以后，西方各国的城市进入了相对稳定的发展阶段，社会运动的风起云涌，多元化思潮的蓬勃兴起，城市研究的多学科介入和对城市中人作为主体地位的重新认识，以及社会经济和科学技术的迅速发展，对城市研究发展起到了推动作用。城市政策和城市规划在许多层面上已表现出作为一种社会政策特征。其中处于核心位置的社会分层研究深刻地揭示了城市的内在结构，认为不同的阶层有着不同的价值观念，对城市发展有不同的认识并寄有不同的期望，因此，在城市规划和政策制定中评价与综合各阶层的目标、利益要求和行为方式，便成为一个重要内容，也是政策决策取舍的关键。主张规划就是要依据不同的阶层和社区的利益而提出方案，提供多种选择的可能，扩大选择的范围，为各阶层和社区的发展服务。改革开放30多年来，中国社会结构发生了重大变迁。迄今为止，中国社会仍然处在分化、解组、整合、流动比较剧烈的时期。研究证明，社会分化和社会分层已经成为激化社会矛盾的重要背景，几乎所有社会冲突都与分层问题有关，社会分层是今日中国关乎社会安全、和谐与稳定的研究领域。总之，纵观国外趋势和国内形势，在城市研究和城市规划领域加强城市分层的研究具有重要的理论意义与实践意义。

和以前的研究成果不同，本文关于中国社会分层的研究有如下几个特点：第一，更加注重城市地区层面的空间格局和空间过程的分析；第二，注重中国国家层次的研究，并且分析的基本单元细化到县级城市层面。

本文利用第五次人口普查和第六次人口普查的“职业从业人员”统计数据，研究了当前中国城市地区的社会分层空间格局、空间过程和可能的机制，主要的研究结论如下。

第一，中国城市地区的社会阶层分化具有显著的空间地域性特征，并且与城市经济规模和政治等级性、功能专门化等有一定的关联。第二，总体来讲，中国城市的社会分层趋向是向纺锤形变化，但巨型城市区和非巨型城市区的阶层分化日益拉大，巨型城市区趋向于倒金字塔化，社会上层区位变化增长显著，中下阶层则相对萎缩，区位熵下降，其他非属于巨型城市区的城市逐步拉大了与巨型城市区的距离，社会上层区位熵下降，而中下阶层上升；巨型城市区之间在不同地带、不同发展阶段、不同功能驱动类型等方面也存在着显著的差异性，总体来看，东部地区、发达的巨型城市区呈现进一步向社会上层主导发展演化。

发达的巨型城市区往往是向上层化的倒金字塔化发展演化。在26个样本巨型城市区中，有8个属于纺锤化变化类型，除了京津走廊外，其他基本上都是中部、西部和东北地区的巨型城市区，包括大武汉地区、大长春地区、长株潭地区等。2000～2010年北京市的上层阶层无论是绝对规模、比重还是相对的区位熵都是显著的负增长，专业人员等激增。绝大多数（15个）属于倒金字塔形变化类型，包括珠三角地区、长三角地区、闽东南地区、大青岛地区、大济南地区、温州—台州走廊等东部巨型城市区，也包括成德绵地区以及大重庆地区、大乌鲁木齐地区等西部巨型城市区。关中地区则属于比较明显的哑铃形变化类型，阶层两极分化加剧，中间阶层相对萎缩；而工业化加快的徐州地区和北部湾地区则呈现较明显的金字塔形变化趋势。

对于城市社会阶层的研究，还有很多其他的研究视角，包括政治、人力资本等。面向更加复杂、更加分化的社会分层议题，城市规划和城市政策制定者需要更进一步加强研究的关注度，进一步拓展研究的社会、政治、经济等多学科交叉。

致谢

本文受全国哲学社会科学基金面上项目(16BGL203)、清华大学自主科研资助项目(2014z09104)资助。

注释

① 关于社会分层的概念，社会学界已基本达成统一的认识，即社会分层揭示的是不同的社会群体或社会地位不平等的人对那些社会中有价值事物的不均等占有，它体现了社会资源在社会中的不均等分配。但是，社会分层的标准历来是社会学界争议颇大的问题，其主要理论源头是卡尔·马克思的阶级分析理论和马克斯·韦伯的多元分层理论，他们为此后这一领域的研究提供了基本的理论模式。

② 其对河北的分析结论包括：河北省社会阶层结构由倒丁字形向金字塔形转变；河北省社会阶层结构转型进程滞后于全国平均水平（朱长存、孔令金，2013）。

参考文献

[1] Bendix，R., Seymour, M. L. 1966. Class, Status, and Power: A Reader in Social Stratification. New York: Free Press of Glencoe.

[2] Bian, Yanjie. 1994. Work and Inequality in Urban China. Albany, NY.: State University of New York Press.

[3] Yeh, A. G-O., Xu, X. Q., Hu, H. Y. 1995. "The social place of Guangzhou city, China," Urban Geography, 16(7): 595-621.

[4] Zhou, Xueguang. 2004. The State and Life Chances in Urban China: Redistribution and Stratification 1949-1994. Cambridge, United Kingdom: Cambridge University Press.

[5] 白杨. 社会分层理论与中国城市的类中间阶层[J]. 东方论坛—青岛大学学报，2002，（3）：47-52.

[6] 陈婴婴. 职业结构与流动[M]. 北京：东方出版社，1995.

[7] 方创琳，刘海猛，罗奎，等. 中国人文地理综合区划[J]. 地理学报，2017，72（2）：179-196.

[8] 冯健，周一星. 北京都市区社会空间结构及其演化（1982～2000）[J]. 地理研究，2003，22（4）：465-483.

[9] 顾朝林，C．克斯特洛德. 北京社会空间结构影响因素及其演化研究[J]. 城市规划，1997，（4）：12-15.

[10] 李强. 改革开放 30 年来中国社会分层结构的变迁[J]. 北京社会科学，2008，（5）：47-60.

[11] 李强，王昊. 中国社会分层结构的四个世界[J]. 社会科学战线，2014，（9）：174-187.

[12] 李志刚，吴缚龙，高向东. "全球城市"极化与上海社会空间分异研究[J]. 地理科学，2007，27（3）：304-311.

[13] 刘涛，齐元静，曹广忠. 中国流动人口空间格局演变机制及城镇化效应——基于 2000 年和 2010 年人口普查分县数据的分析[J]. 地理学报，2015，70（4）：567-581.

[14] 陆学艺. 当代中国社会阶层研究报告[M]. 北京：社会科学文献出版社，2002.

[15] 格尔哈斯·伦斯基. 权力与特权：社会分层的理论[M]. 杭州：浙江人民出版社，1988.

[16] 孙立平. 转型与断裂：改革以来中国社会结构的变迁[M]. 北京：清华大学出版社，2004.

[17] 塔娜，柴彦威. 基于收入群体差异的北京典型郊区低收入居民的行为空间困境[J]. 地理学报，2017，72(10)：1776-1786.

[18] 魏立华，丛艳国，李志刚，等. 20 世纪 90 年代广州市从业人员的社会空间分异[J]. 地理学报，2007，62(4)：

407-417.
[19] 于涛方. 中国巨型城市地区：发展变化与规划思考[J]. 城市与区域规划研究. 2015，7（1）：16-67.
[20] 周春山，边艳，张国俊，等. 广州市中产阶层聚居区空间分异及形成机制[J]. 地理学报，2016，71（12）：2089-2102.
[21] 朱长存，孔令金. 基于职业地位的河北省社会阶层结构分析[J]. 统计与管理，2013，（5）：56-57.

基于居民出行的广州市空间形态句法分析及热力图验证

金乐天　刘　宣

Space Syntax Analysis and Heat Map Verification of Guangzhou Spatial Structure Based on Residents' Trip

JIN Letian[1], LIU Xuan[2]
(1. School of Geography and Planning, Sun Yat-sen University, Guangzhou 510275, China; 2. School of Political Science and Public Administration, University of Electronic Science and Technology of China, Chengdu 610000, China)

Abstract As a technical method for quantitatively analyzing spatial morphological characteristics, Space Syntax is widely used in many fields such as urban spatial structure analysis and interior design of buildings. However, the existing researches on the analysis of urban spatial structure are more focused on the urban main road, lacking the understanding of urban spatial forms based on residents' commutes. In this research, the road networks in the central downtown area of Guangzhou, including arterial roads, secondary roads and branch road, are all digitized through GIS method and analyzed with syntactic methodology. Furthermore, conclusions from the syntactic analysis are verified by the Easygo heat maps. The results show that: ① The downtown area of Guangzhou has a central radial structure with low intelligibility, and it strengthen residents' dependence on short-distance walking. ②There are obvious local integrator in each district with high better intelligibility, which is friendly to residents. ③Residents' trip data based on heat maps and integration are highly correlated, and it shows a high correlation between workday's data and local integration, and weekends' data and global integration.

Keywords Space Syntax; urban spatial structure; residents' travel; central downtown area of Guangzhou

作者简介
金乐天，中山大学地理科学与规划学院；
刘宣（通讯作者），电子科技大学政治与公共管理学院。

摘　要　空间句法作为一种定量化分析方法被广泛应用于城市空间形态的研究中。然而城市空间形态的句法分析结果受数据深度的影响极大，已有的以城市主干道网络为研究对象的城市空间形态句法分析忽略了居民出行时更多选择的低等级道路，对城市空间形态理解不够深入，而城市空间形态句法分析的有效性也需要科学验证。有鉴于此，本文选取广州市环城高速范围内交通网络完善、经济发展多元的城区为研究对象，通过对主次干道、支路、社区道路的全方位的轴线化，从居民出行角度出发，以句法分析手段对广州市中心城区的空间形态特征做定量分析，并基于 Easygo 热力数据就居民出行的集聚区域是否与此次分析相符进行验证讨论。结果表明：①广州市中心城区空间形态呈中心放射状结构，整体可理解度差，由此加强了居民对短距离出行的依赖；②各区范围内均存在明显独立局部集成核，区域可理解度较好，对居民空间认知友好；③基于热力图的居民日常出行数据和整合度相关性较高，但呈现出工作日与局部整合度相关度较高，周日与全局整合度相关度较高的特征，显示出广州环城高速范围内职住匹配较好，而周末消费娱乐活动集中。

关键词　空间句法；城市空间形态；居民出行；广州市中心城区

1　引言

城市是一定地域范围内的空间实体，它的产生、形成与发展都存在内在的空间秩序和特定的空间发展模式，城市各物质要素空间分布特征及其不同的地理环境形成了不同风格的城市形态（储金龙，2007）。城市空间形态是城市空间的深层结构和发展规律的显相特征（段进，2003）；是相互作用的城市形态诸要素所构成的有机体（于英，2009），因此，对城市空间形态的辨析，有利于了解城市内部要素之间的相互作用和组织，对认识城市的发展规律有着重要意义。

现有城市空间形态研究多采用空间句法分析。空间句法由英国伦敦大学学院（University College London，UCL）的比尔・希列尔提出，是一种在建筑和城市两个层面上，用客观、精确的描述方法调查研究环境在如何起作用并把社会可变因素和空间形态严密联系起来的一种定量化分析方法（郭湘闽、全水，2013），广泛应用于城市交通（程昌秀等，2007）、历史街区分析（王成芳、孙一民，2012）、产业空间布局（何卓书等，2016）、基准地价研究（张伟伟等，2011）等领域，其研究尺度涵盖微观的建筑、村落（Penn，2005；陶伟等，2013）到城市乃至城市圈（Griffiths et al.，2010；Chiaradia et al.，2012），其中最为重要的领域之一仍是城市空间形态（Asami et al.，2001）。现有基于空间句法对城市形态的分析多关注城市内部交通空间作为城市人流物流的承载主体及所搭构的经济、社会基本空间骨架（Turner，2007；高岩、钱璞，2013；赵坚，2008；周素红、闫小培，2005）。在城市形态研究中，空间句法的优势已经得到证明：不仅能作为城市研究一种具体的空间分析模型，而且为解析表面空间深层次社会机制提供了理论范式（丁传标等，2015）。

然而，城市空间形态的句法分析结果受数据深度的影响极大。已有的城市空间形态分析，多以城市主干道网络为研究对象（陈明星等，2005；程昌秀等，2007；Peponis et al.，1997），忽略了低等级道路在社区通达、人流物流动向约束等方面的重要作用，而后者才是居民出行的主要路径，因而决定了道路在商业、居住等方面的价值并对土地价格、交通流量产生深远影响（王新生等，2008；周建高，2013）。另外，虽然小尺度的空间形态研究已开始通过实际人流分布等来验证句法分析结论（覃茜等，2015），但在城市尺度上对空间形态句法分析科学性的验证尚未展开。

有鉴于此，本研究选取广州市环城高速范围内交通网络完善、经济发展多元的城区为研究对象，通过对主次干道、支路、社区道路的全方位的轴线化，从居民出行角度出发，通过句法分析手段对广州市中心城区的空间形态特征作定量分析；并基于 Easygo 热力数据就居民出行的集聚区域是否与分析结果相符进行验证讨论。

广州市已有两千多年的历史，其道路网络经过多年的演变，对城市空间格局以及居民空间出行等方面的影响具有典型性。本次研究范围横跨白云区、荔湾区、越秀区、天河区和海珠区，总面积约 189.97 平方千米（图 1），是广州市城市发展时间最久、机理最为丰富的区域。

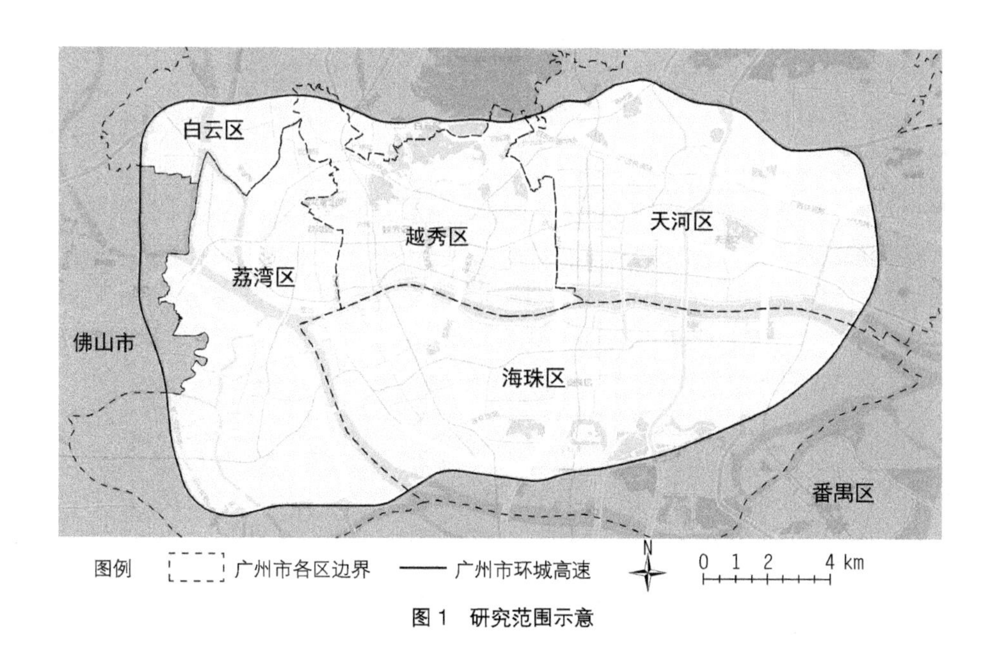

图 1　研究范围示意

2　研究方法与数据处理

句法理论认为，每一个大的空间系统都是由被空间障碍所分割的、相互独立的小尺度空间组成。空间句法就是通过分析每个小尺度空间之间的联系来找出隐藏在大空间系统中的形态规律，其关键在于如何进行空间分割以及对空间联系进行定量性描述（张晓瑞等，2014）。

2.1　空间分割及空间轴线绘制

空间分割是指根据城市或建筑的自由空间情况，把整体空间划分为不同的局部空间。空间分割的主要方法有三种：凸多边形法、轴线法和视域法。凸多边形法一般用于建筑内部空间或者走道的布局；视域法仍然处于探索阶段，应用范围也有一定的局限性，它适用于空间呈现非线性的情形。轴线法是目前应用较多的一种空间分割方法，轴线是根据人们视野中所能看到的最远距离进行绘制。因此，亦可认为轴线图是由最少数目的最长直线组成，可以代表城市形态的基本结构特征（易增林等，2008）。轴线法被广泛用于街道层面的空间形态研究，也是本研究所采用的空间分割方法。基于“轴线应最长最少”的原则，本次研究以百度地图为底图，在 ArcGIS 软件中沿着道路网络绘制空间句法轴线，通过最少的长轴线替代人们视野中能够看见或者到达的公共道路，直至整个自由空间或者街道网络由一系列轴线连接。特殊的交通节点依据特殊原则绘制：交通转盘以四边形处理，道路轴线和四个角相交；圆弧依据不同的弧度用有限的轴线替代。绘制完成后，研究区范围内的轴线总计 32 658 条。将绘制好的轴线导入伦敦大学学院空间句法实验室和空间句法公司共同开发的 Depthmap 软件中进一步处理，将高架立交和地铁出入口用“Link”命令连接，模拟城市快速路和轨道交通的便利性。

2.2 句法指标

句法理论通过绘制关系图解消除了空间规模的影响，使得不同大小的自由空间之间具有可比性，同时在关系图解的基础上，为定量描述空间的相互关系提供了一系列的量化指标。基于连接值（Connectivity）的整合度（Integration）、平均深度值（Mean Depth）及可理解度（Intelligibility）在居民出行难易程度方面以及对城市空间系统的认知程度方面有较好的反映水平，也是本次研究采用的指标（表 1）。本次研究通过计算得到用颜色深浅变化代表参数值高低的轴线图：在整合度图中，深色的

表 1　空间句法指标

名称	公式	含义	意义
连接值	$C_i = k$	和某空间直接相连的其他空间的个数	空间的连接值越低表明该空间的渗透性越差
平均深度值	$MD_i = \frac{\sum_{j=1}^{k} d_{ij}}{k-1}$	系统中一个空间到其他所有空间的最小拓扑距离的平均数	空间的平均深度值越大表示该空间越隐蔽，居民从此处到达外部区域需要经过的空间越多
整合度	$I_i = \frac{k\left[log_2\left(\left(\frac{k+2}{3}\right)-1\right)+1\right]}{(k-1)\lvert MD_i - 1\rvert}$	全局整合度：系统中一个自由空间到达其他所有空间的出行可能性； 局部整合度：系统中一个空间到达其出行距离半径中其他所有空间的可能性	整合度用来衡量一个空间与系统中其他空间之间集聚或离散的程度。整合度值小说明在整个空间系统中，此空间表现为聚集或集成度很弱，居民从其他空间到达此空间的阻碍较多，拓扑可达性较差。 整合度值高（最高值的前 10%）的轴线聚集在一起时所呈现的局部轴线空间分布格局称为集成核（Integrator）。集成核是整片区域空间格局中城市中心性最强的区域，通常集成核范围内的社会经济功能要强于周边其他地区（陈仲光等，2009；王洁晶等，2012）
可理解度	$R^2 = \frac{\left[\sum\left(C_i - \bar{C}\right)\left(I_i - \bar{I}\right)\right]^2}{\sum\left(C_i - \bar{C}\right)^2\left(I_i - \bar{I}\right)^2}$	系统中连接值和整合度之间的相关程度	可理解度用来衡量局部空间结构与整个空间系统之间的相互联系程度。可理解度值低说明个体难以通过局部的可获取信息来感知整个空间的网络结构、建立整个空间系统的导图。一般可理解度较低的城市内部往往有着众多不能有效整合进全局系统的空间，而这些空间会为身处其中的个体带来错误的判断

轴线表示整合度高、空间容易被人感知，浅色的轴线表示整合度低、空间离散；在平均深度值图中则相反，深色的轴线表示平均深度值高、空间隐蔽，浅色的轴线表示平均深度值高、空间出行性好。而可理解度指标的选择则是由于“可理解度意味着个体从某一空间所看见和判断的在多大程度上能够成为我们理解看不见的空间的指引”（Hillier，1996；戴尔顿，2005）。当研究区域轴线不多的时候，我们可以很容易地通过主观观察看出该片区域路网是否清晰明了，但当轴线数量较多时，则需要通过可理解度来评定空间认知的难易程度。

3 案例研究——广州市中心城区空间形态分析

3.1 全局范围有明显的集成核，但可理解度低

空间句法采用全局整合度表达某空间在整个系统中的出行可达性，囊括汽车、轨道交通、步行等众多的可能出行方式。通过图2可以透视广州市中心城区的空间结构特征。从图2（a）可以看出，珠江新城和体育西路商圈共同构成了整个空间系统的核心，金穗路、花城大道、华穗路、体育西路、体育东路等横纵轴线交织呈网状结构，广州大道、猎德大道、天河路、黄埔大道和临江大道等几条跨区长轴线从网状核心向四周发散，将天河区和海珠区、越秀区紧密相连。将全局整合度图和平均深度图相叠加发现两者重合度很高，平均深度值低的轴线集中于天河区珠江新城、体育中心一带，“环市东路—天河路—中山大道西”是整个轴线网络中全局整合度最高、平均深度值最低的轴线，这从空间出行方面也证实了该片区是广州城市中心性最强的区域（表2）。

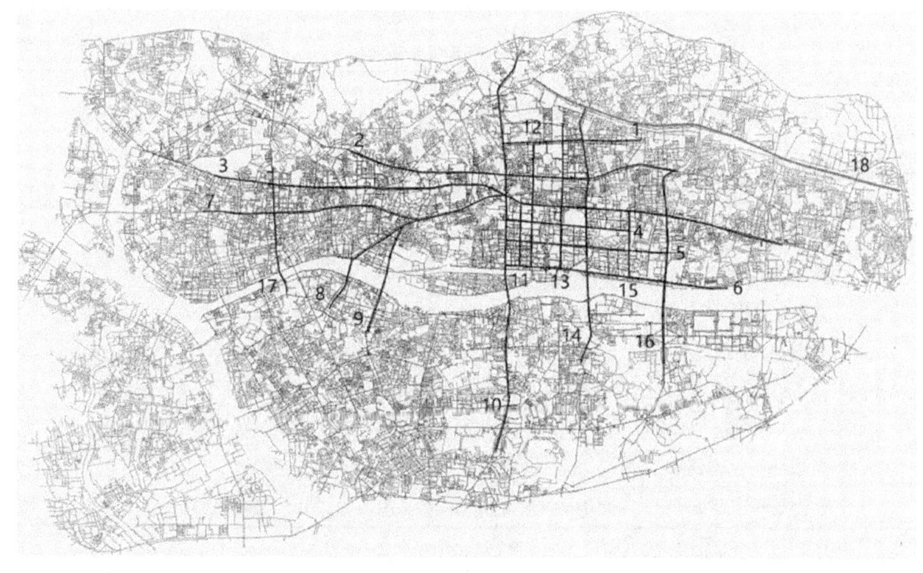

（a）全局整合度轴线图

（b）平均深度轴线图

图 2　广州市中心城区轴线句法测度图

注：图上数字编号所表示的干道名称同表 2。

表 2　广州市中心城区核心干道全局整合度和平均深度值

道路编号	干道名称	全局整合度	平均深度值	道路编号	干道名称	全局整合度	平均深度值
1	天河北路	1.058	12.726	10	广州大道中—广州大道南	1.156	11.735
2	环市东路—天河路—中山大道西	1.165	11.652	11	华穗路	1.085	12.439
3	东风东路—黄埔大道西—黄埔大道中	1.119	12.093	12	体育西路—华夏路	1.112	12.159
4	金穗路	1.075	12.545	13	体育东路—冼村路	1.106	12.224
5	花城大道	1.096	12.320	14	猎德大道	1.079	12.498
6	临江大道	1.084	12.454	15	马场路	1.043	12.900
7	中山路	1.100	13.400	16	华南快速干线	1.027	13.085
8	东华路—江湾路	1.063	12.679	17	解放路	1.050	12.825
9	东湖路—东晓路	1.047	12.849	18	局部广园快速路	0.802	17.527

这一分析结果验证了王洁晶等（2012）基于主要干道的广州市城市空间形态分析的结果，但也显示出新的特征。首先，就天河区东北部以及荔湾区南部而言，集成核的贯通能力仍略显不足。平均深度值最高的地方集中于广园快速路北部和老芳村一带，说明这两片区居民出行需要经过的空间比系统中的其他地方要多，花费的时间要长。其次，对集成核区域低等级道路的分析表明这类道路的整合度也相对较高。如图 2（a）和表 2 所示，贯穿了天河区和周边城区的主要轴线全局整合度值均在 1.100 左右。经统计，与这些主干道直接相连的支路以及较为隐蔽的社区小道的整合度值则分别集中在 1.000 和 0.850 附近，说明广州市中心城区的低级路网作为承担居民全局出行的目标功能也较强，集成核范围内低级道路全局集聚特征明显。

图 3 是广州市中心城区连接度和全局整合度的散点图，可理解度值较低，为 0.218。可见，中心城区的整体空间构型复杂。换言之，居民不易从局部空间感知整体空间，容易“迷失方向”，也意味居民的日常出行可能以局部为主，更依赖于自己熟悉的范围。

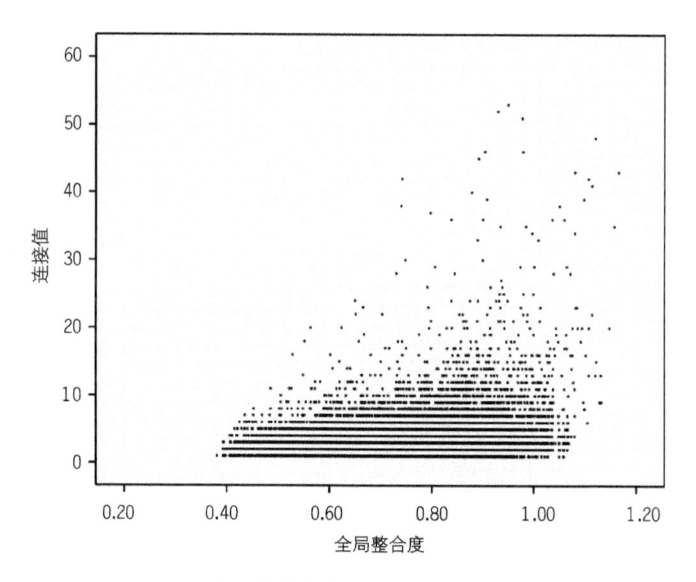

图 3　广州市中心城区全局可理解度散点图

3.2　局部范围有独立的多个集成核，可理解度较好

不同于全局整合度设整个系统任一空间均有出行的可能性，局部整合度关心的是小范围内的出行可能性，学者们多设拓扑半径（R）等于 3 为步行距离范围。图 4 是广州市中心城区的局部整合度轴线图，从图中可以看出局部整合度高值轴线仍然呈现了明显的集聚现象，城市主干道仍然是人们的主要到达区域，但出现了多处集聚核，包括天河区珠江新城、越秀区人民公园附近、海珠区江南西和东晓南一带（表 3）。局部集成核在一定程度上可被认为是对全局集成核难以服务到的范围的补充。

图 4　广州市中心城区局部整合度（R=3）轴线图

表 3　广州市中心城区局部出行主片区属性统计

片区名称	所在城区	核心轴线数量	局部整合度平均值
珠江新城—体育西路	天河区	12	4.237
公园前	越秀区、荔湾区	3	3.926
江南西	海珠区	6	4.054
东晓南	海珠区	5	3.995

图 5 是广州市中心城区连接值和局部整合度的散点图，两者的可理解度系数达到了 0.620，也就是说，局部的独立空间对于周边的城市空间结构有着良好的传达能力，居民能够较为轻易地通过自身所处的空间情况构建附近的城市空间意向。

3.3　热力图和轴线整合度相关性高

空间句法对城市路网轴线化并进行拓扑分析，对居民认知城市的情况进行了模拟，但在实际验证环节的方法却较为薄弱。当研究区域范围小或研究对象为建筑时，学者们常采用问卷调查或计算行人数等方法进行验证（Liu et al.，2017），但这些方法对人力和时间的要求很高、误差较大且无法推广到大范围的轴线分析中去。热力图是近年发展起来的一种互联网新产品，用户通过线下传感器的无间

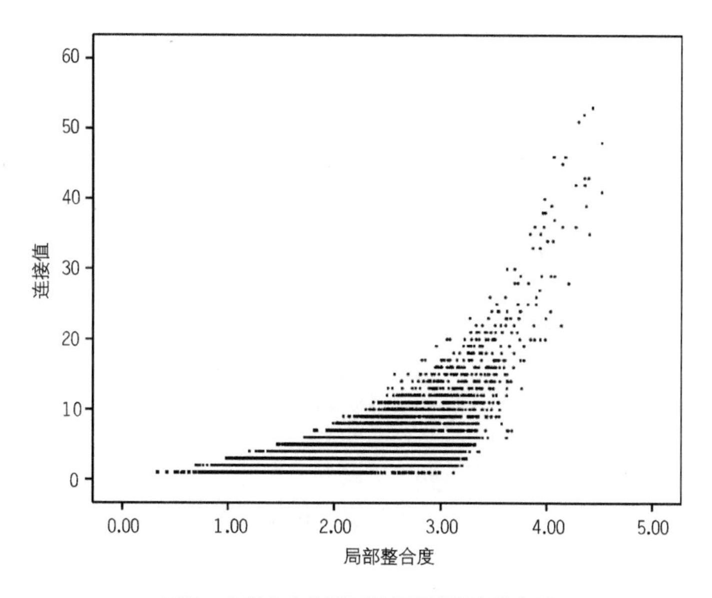

图 5　广州市中心城区局部可理解度散点图

断采集能直接从网站上实时查看每一片区域个体的兴趣焦点。通过将城市轴线图和不同时间段的热力图相匹配，能够方便地找出居民出行和城市空间结构之间的隐藏规律。

本次研究基于 Python 语言编写了网络爬虫工具，利用该工具分时间段从腾讯宜出行软件获取人流热力数据后，通过在 ArcGIS 软件中进行核密度分析并按自然间断法分等级呈现居民出行情况。对比图 6 中的两幅人流密度图可以发现，工作日和周末同一时间段的人流分布有较大差异。工作日人流集聚点小且平局分布在各局部商圈周边。珠江新城是广州市的中央商务区，虽集聚效应较其他片区强且连成片状，但也没有形成大型的人流汇聚中心。相反，周末除了几个大型城中村以外，居民明显集中在以体育西路商圈为中心的几个主要购物娱乐片区。如此的居民出行现象与句法中整合度的分析相符合，即工作日人流分布于各局部集成核服务范围内，而周末人流则有向全局集成核汇聚的趋势。

将热力图和全局、局部整合度轴线图分别叠加并计算两者之间的相关系数（表 4），发现全局整合度和周末热力值较为匹配，而局部整合度和工作日热力图较为匹配。本次研究认为，广州市职住匹配较为合理，研究范围内商务、批发零售等产业均好性较好，居民日常工作与生活多基于短距离出行实现，因此出现了轴线局部整合度和居民工作日出行更匹配的现象。而到了周末，居民有充足的时间丰富自己的生活，体育西路高等级商圈及博物馆、图书馆、少年宫、大剧院等城市综合服务中心的珠江新城汇聚了全市各地的大量人流，这一情况也和珠江新城、体育西路一带是广州中心城区的全局集成核的事实相符合。

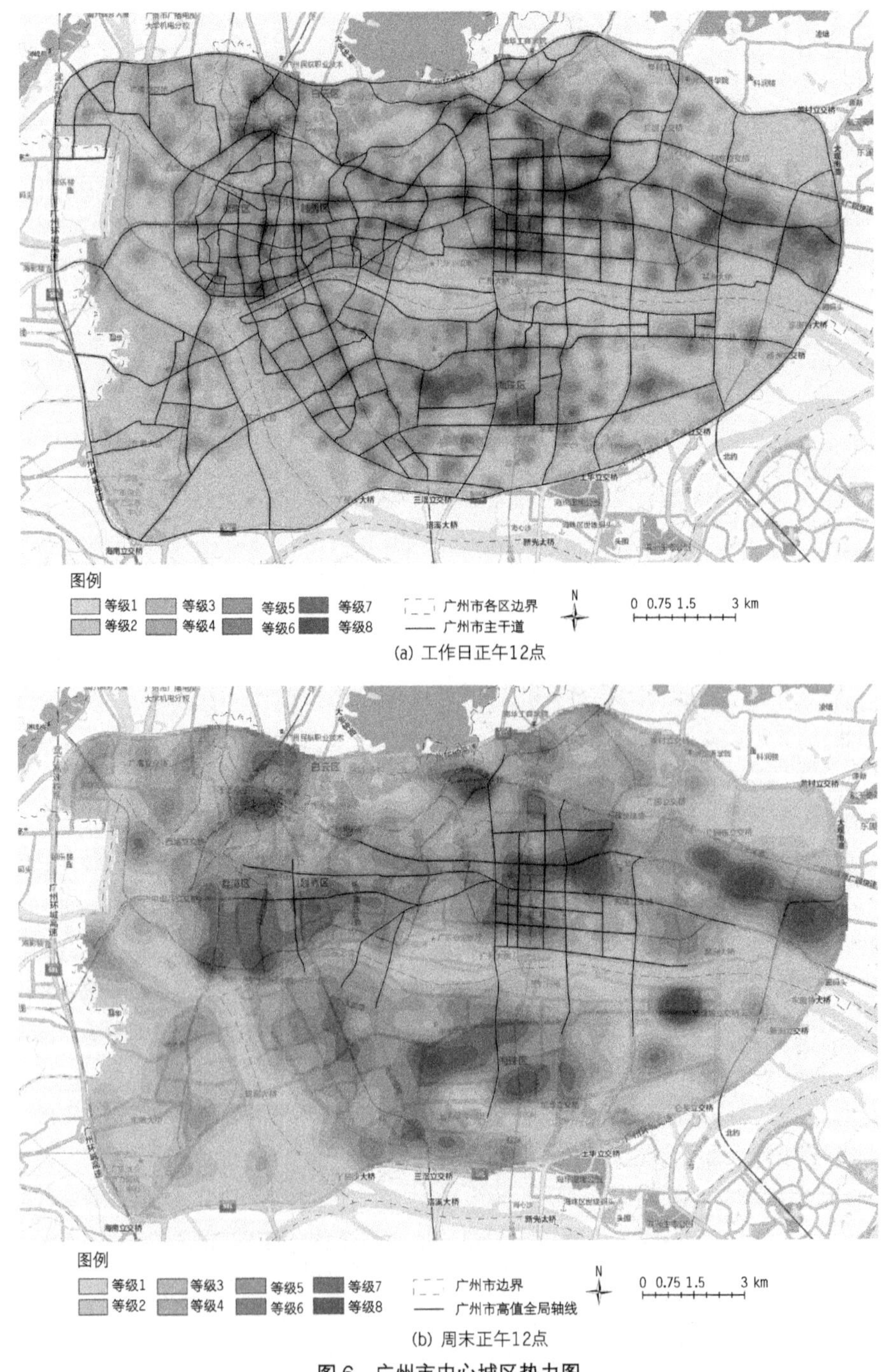

(a) 工作日正午12点

(b) 周末正午12点

图6 广州市中心城区热力图

表 4 整合度和热力值相关系数

指标	工作日热力值	周末热力值
全局整合度	0.589	0.632
局部整合度	0.624	0.564

注：变量均在 0.01 水平上显著相关。

4 结论

空间句法作为一种定量化分析方法被广泛应用于城市空间形态的研究中。然而城市空间形态的句法分析结果受数据深度的影响极大，已有的以城市主干道网络为研究对象的城市空间形态句法分析忽略了居民出行时更多选择的低等级道路，对城市空间形态理解不够深入，而城市空间形态句法分析的有效性也需要科学验证。鉴于此，本次研究选取广州市环城高速范围内交通网络完善、经济发展多元的城区为研究对象，通过对主次干道、支路、社区道路的全方位的轴线化，从居民出行角度出发，以句法分析手段对广州市中心城区的空间形态特征作定量分析；并基于 Easygo 热力数据就居民出行的集聚区域是否与此次分析相符进行验证讨论。结果表明：①广州市中心城区整体空间呈中心放射状结构，以珠江新城为集成核的城市空间交通网络分布密集、可达性高，但全局可理解度低；②各城区有明显纵横分布的主要轴线并汇聚成集成核，局部可理解度较好，易于居民构建个体附近的空间意向；③居民日常出行和不同拓扑范围的整合度轴线存在对应关系，工作日、周末的人流集聚区域分别和局部、全局主要轴线相匹配，显示出广州环城高速范围内职住匹配较好，而周末消费娱乐活动集中。

需要提及的是，城市空间形态的形成是一个极其复杂的过程，受到产业分布、国家政策、城市规划等多方面因素影响。空间句法现仅用作分析空间形态合理性的工具，如何能够结合空间句法动态分析各类因素对空间形态演变的影响规律是今后值得探讨的问题。

致谢

本文受社会科学基金“以城郊农村后生产性转变为特征的新型城镇化路径研究”（14BJY053）、自然科学基金“环境管制影响下的产业空间组织演化机理与地理产业重构研究”（41371138）资助。非常感谢《城市与区域规划研究》审稿老师和编辑部老师对本文提出的宝贵意见。

参考文献

[1] Asami, Y., Kubat, A. S., Istek, C. 2001. “Characterization of the street networks in the traditional Turkish urban form,” Environment and Planning B: Planning and Design, 28(5): 777-795.

[2] Chiaradia, A., Hillier, B., Schwander, C. et al. 2012. “Compositional and urban form effects on centres in Greater London,” Proceedings of the Institution of Civil Engineers: Urban Design and Planning, 165(1): 21-42.

[3] Griffiths, S., Jones, C. E., Vaughan, L., et al. 2010. "The persistence of suburban centres in Greater London: Combining conzenian and space syntax approaches," Urban Morphology, 14(2): 85-99.
[4] Hillier, B. 1996. Space is the Machine: A Configurational Theory of Architecture. Cambridge: Cambridge University Press.
[5] Liu, X., Jin, L., Mason, T. 2017. Considering Patterns and Mechanism of Public Space Use within Commercial Malls in Changsha City, China-A Syntactic Approach. Lisboa: 11th International Space Syntax Sympoisum.
[6] Penn, A. 2005. The Complexity of the Elementary Interface: Shopping Space. Delft: 5th International Space Syntax Symposium.
[7] Peponis, J., Ross, C., Rashid, M. 1997. "The structure of urban space, movement and copresence: The case of Atlanta," Geoforum, 28(3): 341-358.
[8] Turner, A. 2007. "From axial to road-centre lines: a new representation for space syntax and a new model of route choice for transport network analysis," Environment and Planning B: Urban Analytics and City Science, 34(3): 539-555.
[9] 陈明星，沈非，查良松，等. 基于空间句法的城市交通网络特征研究——以安徽省芜湖市为例[J]. 地理与地理信息科学，2005，21（2）：39-42.
[10] 陈仲光，徐建刚，蒋海兵. 基于空间句法的历史街区多尺度空间分析研究——以福州三坊七巷历史街区为例[J]. 城市规划，2009，33（8）：92-96.
[11] 程昌秀，张文尝，陈洁，等. 基于空间句法的地铁可达性评价分析——以 2008 年北京地铁规划图为例[J]. 地球信息科学，2007，9（6）：31-35.
[12] 储金龙. 城市空间形态定量分析研究[M]. 南京：东南大学出版社，2007.
[13] 茹斯・康罗伊・戴尔顿. 空间句法与空间认知[J]. 世界建筑，2005，（11）：41-45.
[14] 丁传标，古恒宇，陶伟. 空间句法在中国人文地理学研究中的应用进展评述[J]. 热带地理，2015，35（4）：515-521+540.
[15] 段进. 城市形态研究与空间战略规划[J]. 城市规划，2003，27（2）：45-48.
[16] 高岩，钱璞. 交通在城市形态演进中的作用[J]. 城市问题，2013，（9）：20-26.
[17] 郭湘闽，全水. 基于空间句法的喀什历史文化街区空间及其更新策略分析[J]. 建筑学报，2013，（S2）：8-13.
[18] 郭湘闽，王金灿. 基于空间句法的深圳东门老街公共空间更新策略研究[J]. 规划师，2014，30（5）：89-95.
[19] 何卓书，许欢，黄俊浩. 基于空间句法的历史街区商业空间分布研究——以广州长寿路站周边街区为例[J]. 南方建筑，2016，（5）：84-89.
[20] 廖敏清. 基于空间句法的长沙城市商业中心空间布局研究[D]. 长沙：湖南大学，2013.
[21] 覃茜，魏皓严，陈超. 广州大学城慢行空间网络的构形与流量分析[J]. 建筑与文化，2015，（4）：87-90.
[22] 陶伟，陈红叶，林杰勇. 句法视角下广州传统村落空间形态及认知研究[J]. 地理学报，2013，68（2）：209-218.
[23] 王成芳，孙一民. 基于 GIS 和空间句法的历史街区保护更新规划方法研究——以江门市历史街区为例[J]. 热带地理，2012，32（2）：154-159.
[24] 王洁晶，汪芳，刘锐. 基于空间句法的城市形态对比研究[J]. 规划师，2012，28（6）：96-101.
[25] 王新生，余瑞林，姜友华. 基于道路网络的商业网点市场域分析[J]. 地理研究，2008，27（1）：85-92.
[26] 吴志军，田逢军. 基于空间句法的城市游憩空间形态特征分析——以南昌市主城区为例[J]. 经济地理，2012，

32（6）：156-161.

[27] 比尔·希列尔，赵兵. 空间句法——城市新见[J]. 新建筑，1985，（1）：62-72.

[28] 易增林，李本新，肖高铭，等. 空间句法在城市形态分析中的作用[J]. 测绘通报，2008，（2）：44-47.

[29] 于英. 城市空间形态维度的复杂循环研究[D]. 哈尔滨：哈尔滨工业大学，2009.

[30] 张伟伟，赵忠君，王敦. 基准地价的空间句法研究——以黄石为例[J]. 测绘科学，2011，36（6）：195-197.

[31] 张晓瑞，程志刚，白艳. 空间句法研究进展与展望[J]. 地理与地理信息科学，2014，30（3）：82-87.

[32] 赵坚. 城市交通及其塑造城市形态的功能——以北京市为例[J]. 城市问题，2008，（5）：2-6+39.

[33] 周建高. 城市路网结构及其对商业影响的中日比较——以天津与大阪为例[J]. 环渤海经济瞭望，2013，（11）：27-31.

[34] 周素红，闫小培. 广州城市空间结构与交通需求关系[J]. 地理学报，2005，60（1）：131-142.

[35] 朱东风. 1990年以来苏州市句法空间集成核演变[J]. 东南大学学报（自然科学版），2005，35（S1）：257-264.

《城市与区域规划研究》征稿简则

本刊栏目设置

本刊设有 7 个固定栏目，分别是：

1. 主编导读。介绍本期主题、编辑思路、文章要点、下期主题安排。

2. 特约专稿。发表由知名学者撰写的城市与区域规划理论论文，每期 1～2 篇，字数不限。

3. 学术文章。城市与区域规划理论、方法、案例分析等研究成果。每期 6 篇左右，字数不限。

4. 国际快线（前沿）。国外城市与区域规划最新成果、研究前沿综述。每期 1～2 篇，字数约 20 000 字。

5. 经典集萃。介绍有长期影响、实用价值的古今中外经典城市与区域规划论著。每期 1～2 篇，字数不限，可连载。

6. 研究生论坛。国内重点院校研究生研究成果、前沿综述。每期 3 篇左右，每篇字数 6 000～8 000 字。

7. 书评专栏。国内外城市与区域规划著作书评。每期 3～6 篇，字数不限。

根据主题设置灵活栏目，如：**人物专访、学术随笔、规划争鸣、规划研究方法**等。

用稿制度

本刊收到稿件后，将对每份稿件登记、编号及组织专家匿名评审，刊登与否由编委会最后审定。如无特殊情况，本刊将会在 3 个月内告知录用结果。在此之前，请勿一稿多投。来稿文责自负，凡向本刊投稿者，即视为同意本刊将稿件以纸质图书版本以及包括但不限于光盘版、网络版等数字出版形式出版。稿件发表后，本刊会向作者支付一次性稿酬并赠样书 2 册。

投稿要求

本刊投稿以中文为主（海外学者可用英文投稿），但必须是未发表的稿件。英文稿件如果录用，本刊可以负责翻译，由作者审查定稿。除海外学者外，稿件一般使用中文。作者投稿用电子文件，电子文件 **E-mail** 至：**urp@tsinghua. edu. cn**。

1. 文章应符合科学论文格式。主体包括：① 科学问题；② 国内外研究综述；③ 研究理论框架；④ 数据与资料采集；⑤ 分析与研究；⑥ 科学发现或发明；⑦结论与讨论。

2. 稿件的第一页应提供以下信息：① 文章标题、作者姓名、单位及通讯地址和电子邮件；② 英文标题、作者姓名的英文和作者单位的英文名称。稿件的第二页应提供以下信息：①200 字以内的中文摘要；②3～5 个中文关键词；③100 个单词以内的英文摘要；④3～5 个英文关键词。

3. 文章正文中的标题、插图、表格、符号、脚注等，必须分别连续编号。一级标题用"1""2""3"……编号；二级标题用"1.1""1.2""1.3"……编号；三级标题用"1.1.1""1.1.2""1.1.3"……编号，标题后不用标点符号。

4. 插图要求：500dpi，16cm×23cm，黑白位图或 EPS 矢量图，由于刊物为黑白印制，最好提供黑白线条图。图表一律通栏排，表格需为三线表（图：标题在下；表：标题在上）。

5. 参考文献格式要求如下：

（1）参考文献首先按文种集中，可分为英文、中文、西文等。然后按著者人名首字母排序，中文文献可按著者汉语拼音顺序排列。参考文献在文中需用括号表示著者和出版年信息，例如（王玲，1983）。

（2）请标注文后参考文献类型标识码和文献载体代码。

- 文献类型/类型标识

  专著/M；论文集/C；报纸文章/N；期刊文章/J；学位论文/D；报告/R
- 电子参考文献类型标识

  数据库/DB；计算机程序/CP；电子公告/EP
- 文献载体/载体代码标识

  磁带/MT；磁盘/DK；光盘/CD；联机网/OL

（3）参考文献写法列举如下：

[1] 刘国钧，陈绍业，王凤翥．图书馆目录［M］．北京：高等教育出版社，1957. 15-18.

[2] 辛希孟．信息技术与信息服务国际研讨会论文集：A 集［C］．北京：中国社会科学出版社，1994.

［3］张筑生．微分半动力系统的不变集［D］．北京：北京大学数学系数学研究所，1983.

［4］冯西桥．核反应堆压力管道与压力容器的 LBB 分析［R］．北京 ：清华大学核能技术设计研究院，1997.

［5］金显贺，王昌长，王忠东，等．一种用于在线检测局部放电的数字滤波技术［J］．清华大学学报（自然科学版），1993，33（4）：62-67.

［6］钟文发．非线性规划在可燃毒物配置中的应用［A］．赵玮．运筹学的理论与应用——中国运筹学会第五届大会论文集［C］．西安：西安电子科技大学出版社，1996. 468-471.

［7］谢希德．创造学习的新思路［N］．人民日报，1998-12-25（10）．

［8］王明亮．关于中国学术期刊标准化数据库系统工程的进展［EB/OL］．http://www. cajcd. edu. cn/pub/wml. txt/980810-2. html，1998-08-16/1998-10-04.

［9］Manski，C. F.，McFadden，D. 1981. Structural Analysis and Discrete Data with Econometric Applications. Cambridge，Mass.：MIT Press.

［10］Grossman，M. 1972. "On the concept of health capital and the demand for health，" Journal of Political Economy，80（March/April）：223-255.

6. 所有英文人名、地名应有规范译名，并在第一次出现时用括号标注原名。

编辑部联系方式

地址：北京海淀区清河嘉园东区甲 1 号楼东塔 7 层《城市与区域规划研究》编辑部

邮编：100085

电话：010-82819552

《城市与区域规划研究》征订

《城市与区域规划研究》为小 16 开，每期 300 页左右。欢迎订阅。

订阅方式

1. 请填写“征订单”，并电邮或邮寄至以下地址：

联系人：刘红妍
电　话：(010) 82819552
电　邮：urp@tsinghua. edu. cn
地　址：北京市海淀区清河中街清河嘉园甲一号楼 A 座 7 层
《城市与区域规划研究》编辑部
邮　编：100085

2. 汇款

① 邮局汇款：地址同上。
收款人姓名：北京清大卓筑文化传播有限公司

② 银行转账：户　名：北京清大卓筑文化传播有限公司
开户行：北京银行北京清华园支行
账　号：01090334600120105468638

《城市与区域规划研究》征订单

每期定价	人民币 42 元（含邮费）				
订户名称				联系人	
详细地址				邮编	
电子邮箱		电话		手机	
订阅	年　期至　年　期			份数	
是否需要发票	□是　发票抬头				□否
汇款方式	□银行		□邮局	汇款日期	
合计金额	人民币（大写）				
注：订刊款汇出后请详细填写以上内容，并把征订单和汇款底单发邮件到 urp@tsinghua. edu. cn。